PATOLOGIA DOS SISTEMAS PREDIAIS HIDRÁULICOS E SANITÁRIOS

Blucher

PROF. ENG. ROBERTO DE CARVALHO JÚNIOR

PATOLOGIA DOS SISTEMAS PREDIAIS HIDRÁULICOS E SANITÁRIOS

5ª edição revista e ampliada

Patologia dos sistemas prediais hidráulicos e sanitários

5ª edição
Editora Edgard Blücher Ltda.

Publisher Edgard Blücher
Editor Eduardo Blücher
Coordenação editorial Rafael Fulanetti
Coordenação de produção Andressa Lira
Produção editorial Departamento de produção
Diagramação Departamento de produção
Ilustrações Marcelo Táparo
Capa Laércio Flenic
Imagem da capa Paula Cortinovis

Blucher

Rua Pedroso Alvarenga, 1245, 4º andar
04531-934 - São Paulo - SP - Brasil
Tel.: 55 11 3078-5366
contato@blucher.com.br
www.blucher.com.br

Segundo o Novo Acordo Ortográfico, conforme 5. ed. do *Vocabulário Ortográfico da Língua Portuguesa*, Academia Brasileira de Letras, março de 2009.

Dados Internacionais de Catalogação na Publicação (CIP) Angélica Ilacqua CRB-8/7057

Carvalho Júnior, Roberto de
Patologia dos Sistemas Prediais Hidráulicos e Sanitários/ Roberto de Carvalho Júnior. - 5ª ed.- São Paulo : Blucher, 2024.

p. 304

Bibliografia
ISBN 978-65-5506-405-6

1. Instalações hidráulicas e sanitárias
2. Construção civil e arquitetura I. Título

22-5003 CDD 696.1

Índices para catálogo sistemático:
1. Instalações hidráulicas e sanitárias

"Dedico este trabalho aos meus queridos
e inesquecíveis avós, Lucato e Lucrécia (in memoriam),
à minha mãe Arleider Lucato, e às minhas filhas,
Lívia Beatriz e Maria Luísa, razão de tudo."

AGRADECIMENTOS

Tive a sorte de contar com bons professores, colegas e colaboradores que, direta ou indiretamente, influenciaram este trabalho. Devo especiais agradecimentos ao engenheiro Prof. Dr. Ercio Thomaz, professor e pesquisador do Instituto de Pesquisas Tecnológicas (IPT) na área de construção civil, que, por meio de sua obra, despertou meu interesse pelo estudo das patologias da construção; ao engenheiro e mestre Sérgio Frederico Gnipper que, por meio de seu valioso trabalho de perícias em sistemas prediais despertou meu interesse pelo estudo das manifestações patológicas dos sistemas prediais hidráulicos e sanitários.

Sou particularmente grato às bibliotecárias Marilda Colombo Liberato (in memoriam) e Ana Paula Lopes Garcia Antunes, que colaboraram nas pesquisas; ao engenheiro Marcelo Taparo, pela elaboração dos desenhos; aos colegas engenheiro Prof. Dr. Marcelo Fabiano Costella e Prof.ª Engª Gabriela Schneider de Souza Bottega, pela colaboração no capítulo sobre a NBR 15575:2021 – Edificações Habitacionais – Desempenho (Parte 6: Requisitos para os Sistemas Hidrossanitários); ao arquiteto Mario Sergio Pini, ex-diretor de relações institucionais da Pini, que sempre acreditou no meu trabalho e tornou-se um grande aliado na luta para a realização do sonho de editá-lo; e à Editora Blucher, pelo apoio e profissionalismo nessa parceria.

Roberto de Carvalho Júnior

www.robertodecarvalhojunior.com.br

rcj.hidraulica@gmail.com

PREFÁCIO 1

De acordo com diferentes pesquisas e vários autores, as instalações prediais de água e esgoto geralmente lideram a ocorrência de patologia nos edifícios: vazamentos, entupimentos, mau cheiro, retorno de espuma e outros problemas se repetem com certa frequência nas edificações habitacionais, escolares, comerciais e outras, causando insatisfações aos usuários, danos colaterais a outros elementos e componentes da construção, e prejuízos à saúde e ao bolso dos seus proprietários, sejam eles públicos ou privados.

Além das patologias visíveis, anteriormente exemplificadas, há patologias ocultas tão ou mais importantes, como a contaminação da água potável em reservatórios ou redes, erosões decorrentes de vazamentos, volume excessivo de água de descarga em vasos sanitários, torneiras e duchas com vazões acima das necessidades, isolação térmica inadequada de tubulações e/ou má localização de aquecedores, repercutindo em demasiada demora na chegada da água quente até os pontos de consumo. O desempenho hidráulico insatisfatório, subpressões ou sobrepressões, geralmente é acompanhado por desperdício de água, recordando-se que até chegar aos pontos de utilização essa água exigiu grandes investimentos em adutoras, reservatórios, estações elevatórias, estações de tratamento e outros.

As falhas mencionadas, e uma série enorme de outros problemas relacionados aos sistemas prediais hidrossanitários, são tratadas de forma bastante objetiva e didática no presente livro, escrito numa linguagem simples, para fácil entendimento de profissionais e estudantes de escolas técnicas e de faculdades de engenharia e arquitetura. Além de contemplar aspectos gerais relacionados a projeto, execução, uso e manutenção das instalações, o autor relaciona diversas recomendações práticas para limpeza de reservatórios de água potável, desentupimento de pias de cozinha e de vasos sanitários, correção de problemas de retorno de espuma e outros, além de incluir diversas propostas para redução dos ruídos gerados nas instalações hidrossanitárias.

Paralelamente à publicação da norma brasileira de desempenho de edificações habitacionais - ABNT NBR 15.575, em vigor desde julho de 2013, o lançamento do presente livro representa importante ferramenta para a otimização das instalações prediais de água fria e água quente, águas pluviais e sistemas de esgotos sanitários. Ele contribui significativamente para a melhoria do desempenho dessas instalações e para a racionalização do consumo de água.

Eng. Ercio Thomaz

Engenheiro Civil, mestre e doutor pela Escola Politécnica da USP. Professor do curso de mestrado do IPT - Instituto de Pesquisas Tecnológicas, das disciplinas de Patologias das Edificações e Qualidade das Construções. Pesquisador do IPT, na área de Construção Civil. Coordenador Geral da Comissão de Estudos ABNT da norma NBR 15.575 - Desempenho de Edificação.

PREFÁCIO 2

O campo de estudo das patologias e do desempenho dos subsistemas de ativos urbanos, compreendendo edificações, sistemas (ex: viário) e redes (ex: gás) tem sido de nosso particular interesse nos últimos anos, em face da temática da Gestão da Manutenção desses mesmos ativos.

Interessou-nos participar da geração de uma plataforma de Engenharia e Informática que desse apoio à efetiva Gestão da Manutenção, antecipando-se e mitigando as ocorrências (já que as manutenções emergenciais são inevitáveis), por meio de inspeções técnicas periódicas dos ativos, possibilitando planejamento, estimativas de custos e controle dos serviços de manutenção.

Nosso esforço de engenharia definiu a montagem de uma base de dados, reunindo especificações, composições de custos, características dos serviços de manutenção, procedimentos de inspeção, de execução, de fiscalização e de conservação, patologias, e programação preditiva (essa programação, em conexão com o ciclo de vida dos produtos, durabilidade, garantias e desempenhos). Certamente, há de se concordar que parte dessas informações está à disposição de interessados, mas absolutamente dispersa nas bibliografias pertinentes ou até mesmo oculta pela indústria, ainda não aculturada pelo vetor da Norma de Desempenho e seus desdobramentos. As patologias foram pensadas e resgatadas para instruir as inspeções periódicas, e a programação preditiva, igualmente, para automatizar os processos de emissão das ordens de serviço de inspeções.

São esses aspectos vivenciados que nos fazem saudar este novo trabalho do já consagrado autor de *best-sellers* didáticos, engenheiro e professor Roberto de Carvalho Júnior. "Patologia dos sistemas prediais hidráulicos e sanitários" é, em suas palavras, uma "cartilha de prevenção" de patologias desses sistemas. As patologias, que geralmente tem origem nas especificações pouco detalhadas de projeto, no uso indevido de materiais, nas falhas de execução, nas omissões de fiscalização, no mau uso e na falta de programação de inspeções periódicas e consequente falta de serviços de manutenção, todas resultam em riscos, danos e prejuízos de alto custo social.

É possível lançar um olhar para um futuro, que esperamos seja próximo, em que projeto, execução e uso estejam justificados por preceitos de adequação e conhecimento técnico, em que os empreendimentos sejam concebidos a partir do custo total, incluindo condições de uso, conservação e manutenção, e as ocorrências e a manutenção preditiva (fundamentada em inspeções periódicas) sejam dominantemente substituídas pela manutenção preventiva (fundamentada pela vida útil). Esse tempo, podemos afirmar, teve a contribuição dos objetivos propostos e alcançados pelo presente texto do engenheiro e professor Roberto de Carvalho Júnior, mais do que oportuno, indispensável para a formação da geração afluente de novos profissionais.

Mário Sérgio Pini

Arquiteto, Ex-Diretor de Relações Institucionais do Grupo Pini.

PREFÁCIO 3

Patologia das construções é uma ciência inspirada na medicina, pois assim como o corpo humano precisa de cuidados, a construção também carece de atenção. Aliás, a edificação muito se assemelha ao corpo humano e entende-se que, se Deus criou o homem a sua imagem e semelhança, também a edificação foi criada a imagem e semelhança do homem. Ora, desde que este percebeu que precisava de proteção, conforto e bem-estar e que não poderia encontrar, exclusivamente na natureza, esses parâmetros, se empenhou em produzir suas proteções e se dispôs a concebê-las e, então, a construí-las. Nesse momento, o homem olhou, primeiramente para si, e fez refletir, nas edificações, os meios de satisfação de suas necessidades e de seus anseios de abrigo. Deste modo, a edificação, como reflexo do corpo humano, se assemelha muito a este: assim como o corpo humano possui ossos, analogamente as edificações têm estruturas; assim como o corpo humano tem carne e músculos que encobrem os ossos, as edificações possuem vedações; assim como temos pele que encobre e protege nossa carne, as edificações possuem revestimentos; da mesma maneira que temos veias e artérias, no nosso corpo, analogamente, as edificações possuem tubulações; da mesma forma que temos nervos, as edificações possuem instalações elétricas e assemelhados; assim como o nariz, a boca, os olhos e os ouvidos são órgãos de intercomunicação entre o interior e o exterior do corpo, as esquadrias (portas e janelas) o fazem às edificações; assim como os cabelos, nossa proteção superior, as edificações possuem coberturas.

É patente que a patologia das construções, ao longo do tempo, se concentrou nas estruturas. Não há dúvidas sobre a importância desses sistemas. Contudo, da mesma maneira que o corpo humano não se constitui unicamente de ossos, também a edificação não se compõe somente de estruturas. Assim, os demais subsistemas merecem igual atenção, principalmente porque, existem, nas edificações, outros subsistemas mais sujeitos a anomalias.

Nesse contexto, a relevância do presente trabalho se mostra no fato de ter preenchido uma importante lacuna, anteriormente existente dentro desta ciência, apresentando-se atualmente como uma publicação única sobre o assunto.

O livro aborda, de maneira extremamente objetiva, as anomalias incidentes em sistemas hidráulico-sanitários e fornece uma orientação precisa, aos profissionais atuantes nessa área, no sentido de combatê-las.

Sua maior importância ainda se observa na participação dentro da hoje tão aclamada"Engenharia Diagnóstica", uma importante área da engenharia civil que se incumbe de investigar as causas das manifestações patológicas das construções e combatê-las de maneira profilática ou mitigatória, desde a sua origem e com a devida eficácia para que não reincidam.

Em tempos que são encontradas consideráveis quantidades de anomalias em edificações, muitas delas diretamente atreladas aos sistemas hidráulico-sanitários, esta publicação se torna essencial à consulta dos profissionais que desejam se especializar na área ou, simplesmente, combater, de maneira eficaz, as anomalias incidentes nesses sistemas, seja na prática de reparos, construções, instalações ou projetos, mediante a inserção de parâmetros que lhes confiram melhor qualidade e maior nível de desempenho.

Prof. Dr. Eng.º Civil José Carlos Gasparim

Doutor em Engenharia pela UNICAMP; Mestre em Engenharia Civil pela Escola Politécnica da USP. Graduado em Engenharia Civil pela Universidade São Francisco. Graduado em Edificações pelo Centro Federal Coordenador nacional do curso de pós-graduação em Engenharia Diagnóstica do Instituto Brasileiro de Educação Continuada (INBEC).

PREFÁCIO 4

É sempre um desafio falar de um livro sobre a Engenharia Diagnóstica, sendo esse um tema novo na Engenharia e também tão amplo, e mais ainda, este sendo assinado em conjunto pelo grande Prof. Roberto de Carvalho Júnior, que sempre nos brindou com excelentes aulas e transmitiu aos nossos alunos todo o seu conhecimento e expertise nessa importante área da Engenharia.

Resolvi, então, escrever sobre aquilo de que mais gostei no trabalho do Prof. Roberto desde a primeira vez que assisti a uma de suas aulas no nosso Curso de Especialização em Engenharia Diagnóstica. Suas colocações e exemplos apresentados sobre esse tema tão fascinante produziam no nosso grupo de alunos, nas diversas turmas em que leciona pelo país, o desejo de se aprofundar cada vez mais nesse assunto. Temos certeza de que toda essa experiência nas salas de aula do nosso citado curso, assim como a relação produzida com nosso corpo discente, faz parte do assunto que originou o livro que ora prefacio. Escrevo, então, sobre o afeto, a sensibilidade e outras várias emoções e reflexões que o trabalho do Prof. Roberto de Carvalho Júnior nos evoca. Quão interessantes e enriquecedores são as descrições feitas por esse pesquisador com formação em uma área ainda desconhecida por muitos, mas de necessidade inconteste a todos os profissionais que atuam na área da construção civil. Leiam como eu com um olhar de admiração e interesse, na certeza de que mesmo sendo um assunto relativamente novo no Brasil a Engenharia Diagnóstica tem tudo para nos abrir novos horizontes na compreensão das ocorrências patológicas das construções. Este livro não só contempla, mas aprofunda e traz novos cenários de conhecimento a todos.

Antônio Bitencourt Nobre

Diretor Executivo INBEC - Instituto Brasileiro de Educação Continuada.

PALAVRAS INICIAIS

As falhas construtivas são comuns e têm sido observadas ao longo da história da construção humana. Um exemplo notável é a Torre de Pisa, localizada no norte da Itália, projetada originalmente para abrigar o sino da catedral de Pisa. Sua construção teve início em 1173, mas logo nos três primeiros andares, foi perceptível uma inclinação leve e progressiva. A torre, de fato, foi erguida já inclinada, o que a tornou mundialmente famosa como um exemplo clássico de patologia na construção.

De acordo com o engenheiro Ercio Thomaz, pesquisador do Instituto de Pesquisas Tecnológicas (IPT), patologia das construções é o "campo da ciência que procura, de forma metodizada, estudar os defeitos dos materiais, componentes, elementos ou da edificação como um todo. Esse estudo envolve o diagnóstico das causas, a identificação dos mecanismos de evolução dos problemas, as formas de manifestação, bem como as medidas de prevenção e recuperação.

Historicamente, ao longo do tempo, a patologia das construções concentrou-se predominantemente nas estruturas das edificações, deixando em segundo plano outros subsistemas igualmente críticos, como os sistemas hidráulicos e sanitários. Esse padrão de negligência reflete-se na prática comum de executar obras sem a devida elaboração de projetos técnicos detalhados para instalações de água fria, água quente, esgoto e águas pluviais

Ademais, na busca por economia máxima, frequentemente são utilizados materiais inadequados e de qualidade inferior, além de uma execução repleta de improvisações e gambiarras devido à ausência de projeto e à baixa qualificação da mão de obra. O uso inadequado das instalações, juntamente com as falhas decorrentes da falta de manutenção adequada ou até mesmo da sua ausência, são fatores que contribuem para a ocorrência de patologia nos sistemas prediais hidráulicos e sanitários.

Essas manifestações patológicas geralmente se apresentam na forma de deficiência no uso de aparelhos sanitários devido a pressões e vazões insuficientes; flutuações nas temperaturas de uso em dispositivos sanitários com água quente; retorno de odores e/ou refluxos de desconectores; retorno de espuma; ruídos decorrentes do funcionamento das instalações; incrustações em tubulações de água; obstruções frequentes em tubulações de esgoto; vazamentos em tubulações, entre outros.

Para destacar a importância desse trabalho, diversas pesquisas conduzidas por diferentes institutos e autores evidenciam que as instalações prediais hidráulicas e sanitárias são frequentemente responsáveis pela maioria das patologias na construção. Além disso, é crucial ressaltar que o estudo das manifestações patológicas nesses sistemas não se limita à correção após o surgimento dos problemas, mas também inclui a possibilidade de intervenção preventiva, especialmente no que diz respeito aos processos de elaboração dos projetos de engenharia.

A publicação da NBR 15575:2013 - Desempenho de edificações habitacionais, cuja versão foi cancelada e atualizada em 2021, representou um marco na construção civil brasileira. Isso porque obriga as construtoras a conceberem e executarem as obras de modo que o nível de desempenho especificado no projeto seja atendido ao longo de toda a vida útil da edificação.

No decorrer de nossa trajetória profissional e acadêmica, ao enfrentar e resolver uma variedade de problemas relacionados às manifestações patológicas em sistemas hidráulicos e sanitários, decidimos desenvolver uma espécie de guia preventivo para aprimorar a qualidade global das construções. Para a elaboração deste livro, utilizamos a bibliografia especializada recomendada e nossa experiência acumulada como projetista de sistemas prediais hidrossanitários, além de nossa atuação como professor na disciplina de Instalações Prediais em cursos de graduação nas áreas de Engenharia Civil e Arquitetura e Urbanismo.

Cabe ressaltar que grande parte da pesquisa sobre patologia em sistemas prediais hidráulico-sanitários foi realizada, especialmente nas revistas Téchne, editadas pela Editora Pini, com colaboração técnica do Instituto de Pesquisas Tecnológicas (IPT) do estado de São Paulo. Além disso, utilizamos manuais e catálogos técnicos de fabricantes renomados de tubos e conexões, como Tigre e Amanco, assim como os catálogos de diversos fabricantes de louças, metais, aquecedores, dispositivos e equipamentos empregados em instalações hidráulico-sanitárias. Durante a pesquisa bibliográfica, selecionamos citações, referências de desenhos e fragmentos de parágrafos importantes encontrados nestas fontes, além de informações obtidas nos sites desses fabricantes.

Aos leitores: apesar dos melhores esforços do autor, do editor e dos revisores, é inevitável que restem pontos a melhorar no texto. Assim, ficarei muito agradecido às comunicações dos leitores que apontem possíveis correções, eventuais enganos ou que contenham sugestões referentes ao conteúdo ou ao nível pedagógico que auxiliem aprimorar edições futuras. Para isso, contactem a editora Blucher ou escrevam diretamente para o autor no endereço eletrônico rcj.hidraulica@gmail.com.

CONTEÚDO

CAPÍTULO 1
Vícios construtivos, defeitos e danos

CONSIDERAÇÕES GERAIS

A publicação do Código de Defesa do Consumidor (CDC) em 11 de setembro de 1990 e da ABNT NBR 15575:2013 – Desempenho de Edificações Habitacionais, cuja versão foi atualizada em 2021, representaram marcos na construção civil brasileira. A Norma de Desempenho trouxe novos parâmetros, obrigando as construtoras a conceberem e executarem as obras de forma que o nível de desempenho especificado em projeto seja atendido ao longo de sua vida útil. Portanto, os elementos, componentes, e os sistemas prediais hidráulicos e sanitários devem apresentar durabilidade compatível com a vida útil prevista em projeto.

A falta de observância do CDC e dessas normas, aliada à utilização de materiais de baixa qualidade e à negligência por parte dos construtores, pode resultar em vícios e defeitos construtivos que comprometem a integridade da edificação e afetam diretamente o conforto e a segurança dos moradores. Portanto, é essencial que todas as etapas da construção, desde o projeto até a execução e a escolha dos materiais, sejam rigorosamente controladas e acompanhadas para garantir o cumprimento dos padrões estabelecidos e a satisfação dos usuários finais.

É fundamental, portanto, que os profissionais da construção civil estejam cientes da importância do cumprimento das normas técnicas, garantindo a qualidade e segurança das edificações, bem como a satisfação e proteção do consumidor.

DEFEITOS E VÍCIOS CONSTRUTIVOS

A norma que fixa as diretrizes básicas, conceitos, critérios e procedimentos relativos às perícias de engenharia na construção civil definindo o que é vício ou defeito construtivo é a ABNT NBR 13752:1996 – Perícias de engenharia na construção civil.

De acordo com a norma, vícios construtivos são "anomalias que afetam o desempenho de produtos ou serviços, ou os tornam inadequados aos fins a que se destinam, causando transtornos ou prejuízos materiais ao consumidor." Esses vícios podem decorrer de falha no projeto, na execução, ou da informação defeituosa sobre sua utilização ou manutenção.

Esses problemas geralmente ocorrem em situações específicas, como um flexível mal apertado ou uma torneira gotejando que não tornam o imóvel impróprio, nem diminuem seu valor. No entanto, um profissional qualificado pode avaliar danos mais significativos. Um vício pode ser caracterizado como uma depreciação no produto ou serviço que compromete a utilidade do bem, resultando em danos de natureza patrimonial.

Defeitos são definidos como "anomalias que podem causar danos efetivos ou representar ameaça potencial de afetar a saúde ou segurança do dono ou consumidor". Um exemplo são elementos mal fixados que representam ameaça de ferir o usuário ou terceiros, como pias e vasos sanitários. No cenário mais grave, um defeito pode resultar em uma construção, que, devido a erros graves de execução ou projeto, desmorona.

As anomalias podem ser:

- Endógenas: provenientes de vícios de projeto, materiais e execução;
- Exógenas: decorrentes de danos causados por terceiros;
- Naturais: oriundas de danos causados pela natureza;
- Funcionais: provenientes de degradação.

Os vícios e defeitos construtivos podem ser classificados como aparentes ou ocultos. Os vícios e defeitos aparentes são facilmente percebidos e podem ser identificados durante a entrega do imóvel. Já os vícios ocultos são aqueles que não são perceptíveis de imediato e que, ao longo do tempo, podem depreciar o valor do edifício ou torná-lo inadequado para o uso a que se destina. Se o consumidor tivesse conhecimento do vício oculto no momento da entrega, poderia ter solicitado um abatimento no preço ou até desistido da compra.

Os danos, por sua vez, são as consequências dos vícios e defeitos que afetam a própria obra, o imóvel vizinho, os bens ou as pessoas dentro dele, ou até mesmo terceiros que não têm relação com o imóvel.

A melhor maneira de comprovar o vício ou defeito do imóvel é através de um laudo pericial elaborado por profissional capacitado, como engenheiro ou arquiteto, devidamente registrado em seu respectivo conselho de classe. Esse documento é fundamental para identificar e documentar de maneira técnica as falhas construtivas, detalhando as causas, os impactos no desempenho da edificação e as medidas necessárias para reparo. O laudo pericial não apenas serve como prova substancial em processos judiciais ou extrajudiciais, mas também orienta os proprietários e responsáveis pela manutenção na adoção das melhores soluções técnicas para garantir a segurança, durabilidade e funcionalidade do imóvel.

Figura 1.1 Exemplos de anomalias (infiltrações e vazamentos).

VIDA ÚTIL DE PROJETO (VUP)

A NBR 15575:2021, que trata do Desempenho de Edificações Habitacionais, estabelece critérios mínimos de Vida Útil de Projeto (VUP) para cada um dos sistemas que a compõem. Para o sistema hidrossanitário, os conceitos estabelecidos na Tabela 5 do Anexo C – NBR 15575-1:2021 devem ser aplicados.

O conceito de Vida Útil de Projeto (VUP), conforme definido na norma, é o seguinte: "Período estimado de tempo para o qual um sistema é projetado, a fim de atender aos requisitos de desempenho estabelecidos nesta Norma, considerando o atendimento aos requisitos das normas aplicáveis, o estágio do conhecimento no momento do projeto e supondo o atendimento da periodicidade e correta execução dos processos de manutenção especificados no respectivo manual de uso, operação e manutenção (a VUP não pode ser confundida com o tempo de vida útil, durabilidade, e prazo de garantia legal ou contratual)."

Tabela 1.1 Prazos de Vida Útil de Projeto (NBR 15575-1:2021).

Sistema	VUP* (anos)		
	Mínimo	Intermediário	Superior
Estrutura	≥ 50	≥ 63	≥ 75
Pisos internos	≥ 13	≥ 17	≥ 20
Vedação vertical externa	≥ 40	≥ 50	≥ 60
Vedação vertical interna	≥ 20	≥ 25	≥ 30
Cobertura	≥ 20	≥ 25	≥ 30
Hidrossanitário	≥ 20	≥ 25	≥ 30

*Considerando periodicidade e processos de manutenção segundo a ABNT NBR 5674:2012 – Manutenção de edificações – Requisitos para o sistema de gestão de manutenção, e especificados no respectivo manual de uso, operação e manutenção entregue ao usuário, elaborado em atendimento à ABNT NBR 14037:2011 – Diretrizes para elaboração de manuais de uso, operação e manutenção das edificações – Requisitos para elaboração e apresentação dos conteúdos.

Na ausência de indicação em projeto, de acordo com a NBR 15575:2021, deve ser adotado 20 anos ou mais para Vida Útil de Projeto (VUP) dos sistemas hidrossanitários. O início dos prazos de VUP é estabelecido como a data de conclusão do edifício habitacional, definida pelo auto de conclusão de edificação, "Habite-se" ou documento equivalente que comprove o término das obra.

Após transcorridos 50% do período de VUP, desde que não haja registro de necessidade de intervenções significativas, presume-se que o requisito de VUP tenha sido atendido, salvo evidências objetivas em contrário. Conforme estipulado na Norma, é recomendável que os fabricantes de componentes utilizados na construção desenvolvam produtos que atendam pelo menos à VUP obrigatória, e que forneçam em documentação técnica específica orientações para manutenção preventiva e corretiva, contribuindo para o cumprimento da VUP.

Cabe aos usuários a responsabilidade de implementar programas de manutenção conforme estabelecido na NBR 5674:2012 - Manutenção de Edificações - Requisitos para o Sistema de Gestão de Manutenção. Isso deve ser feito considerando as diretrizes do manual de uso, operação e manutenção do imóvel, assim como as recomendações técnicas provenientes de inspeções prediais regulares.

PRAZOS PARA RECLAMAÇÃO DE VÍCIOS E DEFEITOS

A ABNT NBR 15575 – Desempenho de Edificações Habitacionais, um conjunto de normas técnicas para a construção civil no Brasil, recomendou prazos de garantias consideradas defensáveis tecnicamente e justas para o consumidor. Esses prazos variam de acordo com cada sistema de edificação e são detalhados na Norma de Desempenho, que estabelece requisitos mínimos de desempenho para edificações habitacionais. É importante observar que esses prazos são aplicáveis a diversos aspectos da construção, como estrutura, instalações, entre outros, e são definidos de acordo com a sua natureza e importância para o desempenho global da edificação.

Além das recomendações da Norma de Desempenho, a legislação brasileira estabelece prazos de garantia e responsabilidade para construções civis. De acordo com o artigo 618 do Código Civil Brasileiro, o prazo de garantia para itens de solidez e segurança da obra é de cinco anos. No entanto, é fundamental ressaltar que este prazo se refere especificamente à garantia contratual, enquanto o prazo prescricional, ou seja, o período durante o qual o consumidor pode acionar judicialmente o construtor em caso de problemas, é de dez anos, conforme previsto no artigo 205 do Código Civil.

É importante mencionar que, quando se trata de vícios ou defeitos de fácil constatação, conhecidos como vícios aparentes, o Código de Defesa do Consumidor (CDC), em seu artigo 26, estabelece um prazo de três meses, contados a partir da entrega do imóvel (chaves), para que o consumidor possa reclamar junto à construtora responsável pela obra. Esse prazo é independente dos prazos de garantia previstos na legislação civil e tem por objetivo garantir que os consumidores possam agir prontamente caso identifiquem problemas em seus imóveis.

Quanto aos vícios e defeitos ocultos, aqueles que não são facilmente identificados em uma inspeção visual, o prazo começa a contar a partir do momento em que tais falhas são descobertas. Após constatado o defeito oculto, o prazo é estendido até o último dia do quinto ano contado a partir da entrega da obra.

Em relação aos defeitos que afetam a solidez e a segurança da obra, ou a saúde do morador, há entendimentos jurisprudenciais de que este prazo pode ser ampliado para até dez anos, contados a partir da entrega das chaves ao consumidor, e não do "Habite-se". No entanto, é importante observar que tais interpretações variam dependendo do contexto jurídico e das instruções específicas de cada caso.

Essas informações são fundamentais para que os consumidores tenham consciência de seus direitos e responsabilidades em relação às construções civis, garantindo uma maior transparência e segurança nas relações entre construtores e compradores.

INSPEÇÃO PREDIAL EM EDIFICAÇÕES

A realização da "inspeção predial" desempenha um papel crucial ao oferecer uma compreensão abrangente do estado de conservação de edifícios. Essa abordagem é essencial para implementar intervenções preventivas, evitando potenciais acidentes e assegurando a preservação tanto das vidas quanto do patrimônio. Além disso, a inspeção predial desempenha um papel significativo na prevenção de manifestações patológicas que possam comprometer a utilização adequada e o funcionamento contínuo da edificação.

O procedimento é essencial ao finalizar uma obra, visando certificar-se de que a construção está em conformidade com o contrato estabelecido. Recomenda-se realizar uma nova inspeção antes de completar 5 anos, a fim de identificar possíveis problemas não detectados na análise inicial. Essa prática proativa contribui para a detecção precoce de questões, permitindo intervenções oportunas e garantindo a durabilidade e integridade da edificação a longo prazo.

Após diversos episódios de desabamentos que ocorreram em diversas cidades brasileiras, legisladores agilizaram a elaboração de leis que dispõem sobre a realização de vistorias técnicas periódicas e a obrigatoriedade da elaboração de laudo técnico de avaliação de edifícios. A legislação referente a "inspeção predial" não é federal, o que dá liberdade para que os Estados e Municípios definam as práticas que devem ser obedecidas em sua região. No geral, a legislação exige a realização de vistoria e laudo de Inspeção Predial (IP), que nada mais é do que um "documento que atesta as condições de estrutura, segurança e conservação da construção". Em determinadas localidades, o laudo deve ser apresentado na prefeitura ou em órgão indicado pela mesma.

Segundo o pesquisador do Instituto de Pesquisas Tecnológicas (IPT) do estado de São Paulo, engenheiro, Ercio Thomaz, "é um erro achar que uma construção será eterna sem haver qualquer tipo de intervenção para corrigir o desgaste que os sistemas construtivos apresentam ao longo da sua vida útil". Por essa razão, os edifícios precisam de avaliação periódica e criteriosa em todas as áreas e sistemas.

Na inspeção predial, avalia-se o real estado de conservação e manutenção da edificação, bem como o grau de criticidade das deficiências constatadas. É importante ressaltar que existem diferentes tipos de inspeção que podem ser realizadas em um edifício. A escolha entre um ou outro modelo depende de alguns fatores, como o grau de profundidade e detalhamento desejado pelo inspetor, a finalidade da inspeção predial, as condições do imóvel e a complexidade dos sistemas instalados, entre outros.

O primeiro passo para se preparar para a inspeção é reunir todos os documentos e dados da edificação, que serão analisados pelo profissional e comparados com o estado atual. O síndico também deverá relatar todo o histórico do local, então é bom ter anotadas as informações relevantes sobre reformas, manutenções, formas de uso, entre outras.

Após o levantamento de dados, que inclui a análise dos projetos, torna-se imperativo conduzir uma vistoria sistêmica na edificação. A análise visual constitui uma etapa importante do processo global, pois permite a observação da sintomatologia apresentada. Esse processo visa identificar possíveis falhas ou anomalias que demandam atenção, proporcionando uma avaliação abrangente e minuciosa para garantir a qualidade e a integridade da construção. A partir desta análise, pode-se recomendar a realização de testes, ensaios e verificações específicas em partes do sistema predial.

É importante ressaltar a importância do "relatório fotográfico" nos relatórios de inspeção predial. Conforme a ABNT NBR 13752:1996 - Perícias de engenharia na construção civil, item 5.2.5 (Fotografias), "a vistoria deve ser documentada com fotografias esclarecedoras, em tamanho adequado, gerais e/ou detalhada; as fotografias devem ser numeradas correspondentemente ao detalhe que se quer documentar e, sempre que possível, datadas pelos profissionais envolvidos no trabalho." O maior problema para a realização desses trabalhos de inspeção reside no fato de que, enquanto alguns municípios preparam leis determinando a obrigatoriedade de inspeção predial, há questionamentos sobre a escassez de profissionais capacitados para realizar tais inspeções, o que pode dificultar a implantação dessas iniciativas, pois preparar um laudo técnico é preciso muito preparo e conhecimento. O profissional capacitado para a inspeção predial pode ser o engenheiro, o arquiteto ou a empresa que presta serviços de conservação e manutenção. O responsável pela inspeção predial deve estar registrado no Conselho de Profissionais: Conselho Regional de Engenharia e Agronomia (CREA) ou no Conselho de Arquitetura e Urbanismo (CAU).

VISTORIA, INSPEÇÃO E PERÍCIA EM SISTEMAS HIDRÁULICOS E SANITÁRIOS

A vistoria nos sistemas prediais hidráulicos e sanitários tem como objetivo realizar uma avaliação abrangente das condições e do funcionamento desses sistemas. Esse processo inclui a elaboração de um plano de vistoria detalhado, a coleta de documentos relevantes, a inspeção visual minuciosa de tubulações e equipamentos para identificar possíveis danos, a realização de testes básicos de funcionamento e, por fim, a elaboração de um relatório detalhado contendo observações e recomendações específicas para manutenção e melhorias necessárias.

A inspeção predial de sistemas hidráulicos e sanitários visa realizar uma análise mais aprofundada das condições técnicas dessas instalações. Os procedimentos de inspeção incluem: verificação das bombas (limpeza, vazamentos, ruídos ou vibrações anormais), a detecção de de infiltrações em cada pavimento do edifício ou problemas de prumada, e a análise dos reservatórios de água para identificar vazamentos, fissuras, ou corrosão em qualquer elemento. Este procedimento envolve uma avaliação minuciosa de todos os componentes da instalação, a realização de testes detalhados, a análise de documentação técnica, e entrevistas com o síndico, zelador e moradores para coletar informações sobre possíveis problemas. Além disso, a inspeção resulta na elaboração de um relatório técnico que aborda aspectos técnicos, apresenta recomendações, e avalia a conformidade do sistema. As medidas de manutenção recomendadas podem incluir a substituição de componentes e equipamentos com defeitos ou próximo do fim de sua vida útil, testes de estanqueidade e limpeza.

A perícia envolve uma investigação aprofundada para determinar as causas de problemas específicos. Os passos incluem a investigação de causa e efeito, a coleta de evidências, análises técnicas detalhadas e a avaliação das responsabilidades envolvidas. O resultado dessa investigação é compilado em um laudo pericial, que pode ser usado em processos judiciais, seguros ou para apoiar decisões estratégicas.

Em todas as etapas, a participação de profissionais qualificados, como engenheiros especializados em sistemas hidráulicos e sanitários, é fundamental para garantir uma avaliação precisa e confiável. Esses especialistas desempenham um papel crucial na identificação de problemas, na elaboração de relatórios detalhados e na contribuição para decisões informadas sobre intervenções e melhorias nos sistemas prediais. A expertise desses profissionais assegura que as soluções propostas sejam eficazes e sustentáveis, proporcionando segurança e conforto aos usuários das edificações.

MANUTENÇÃO DAS INSTALAÇÕES HIDRÁULICAS E SANITÁRIAS

É fato que a maior parte das anomalias e falhas verificadas nas edificações é resultante da negligência de seus gestores em adotar programas eficientes de manutenção predial. A responsabilidade pela manutenção e gestão da edificação é atribuída ao síndico, que deve contratar um profissional qualificado – geralmente um engenheiro ou arquiteto – para realizar essas tarefas. É importante ressaltar que a Inspeção Predial não se confunde com a Manutenção da Edificação, mas sim, funciona como um critério técnico que auxilia na elaboração de um plano eficiente de manutenção.

A manutenção em sistemas hidráulicos e sanitários desempenha um papel fundamental na preservação da eficiência, segurança e durabilidade das instalações prediais. Essa prática é essencial para garantir o bom funcionamento dos sistemas de água potável, esgoto, águas pluviais, segurança contra incêndios e demais componentes hidrossanitários, além de identificar e corrigir pequenos problemas antes que se tornem grandes e mais dispendiosos. Isso ajuda a prevenir vazamentos, entupimentos e outros contratempos que podem causar danos significativos às estruturas e aos ambientes.

O projeto hidrossanitário deve fornecer subsídios para elaboração do "Manual de Operação, Uso e Manutenção" atendendo à ABNT NBR 14037:2011 – Diretrizes para elaboração de manuais de uso, operação e manutenção das edificações – Requisitos para elaboração e apresentação de conteúdos. O manual é uma das principais ferramentas para nortear o uso correto e a manutenção das instalações. Portanto, precisa ser completo, com linguagem clara e simples, para entendimentos de todos os usuários.

Um programa de manutenção que estabeleça claramente procedimentos periódicos de inspeção é fundamental para que a gestão da manutenção predial ocorra de forma racional e economicamente viável. O planejamento da manutenção e a elaboração dos procedimentos correspondentes devem seguir as diretrizes da ABNT NBR 5674:2012 – Manutenção de edificações – Requisitos para o sistema de gestão de manutenção. Para edificações destinadas a fins habitacionais, também é necessário consultar a ABNT NBR 15575:2021 – Desempenho de edificações habitacionais.

Itens obrigatórios do manual incluem: prazos de garantia e assistência técnica, orientações para manutenções preventivas, formas de utilização dos sistemas da edificação e definição de responsabilidades durante o uso da edificação. O manual deve registrar todas as atividades de manutenção realizadas na edificação.

As atividades de manutenção em sistemas prediais hidráulicos e sanitários incluem:

- Verificação da estanqueidade dos reservatórios, sistema de distribuição e peças de utilização, além da capacidade de bloqueio dos registros de fechamento;
- Preservação da qualidade da água através da limpeza dos reservatórios e do sistema de distribuição, verificação do funcionamento de dispositivos de proteção contra refluxo, e inspeção da deterioração e oxidação dos componentes;
- Manutenção geral dos componentes do sistema, como a verificação do funcionamento adequado de peças de utilização e a limpeza de crivos de chuveiros e arejadores;
- Verificação do funcionamento de bombas centrífugas, pressurizadores, válvulas redutoras de pressão, válvulas de alívio e válvulas de segurança de pressão;
- Verificação dos níveis de temperatura, incluindo válvulas termostáticas, dispositivos limitadores de temperatura, verificação da temperatura das fontes de aquecimento;
- Verificação da integridade do material isolante dos tubos e componentes do sistema predial de água quente, bem como o funcionamento das liras e juntas de expansão;
- Manutenção da piscina, incluindo filtragem diária da água, controle do cloro a cada dois dias, retrolavagem dos filtros e aspiração semanalmente.

Os serviços de manutenção devem ser executados por diferentes categorias de profissionais, dependendo da complexidade, do grau de risco envolvido na atividade em questão e das solicitações impostas aos componentes. As administradoras devem orientar e assumir as responsabilidades do síndico dando suporte técnico para a elaboração e implantação do "Programa de Manutenção Preventiva".

Atualmente, existem *softwares* de manutenção e gestão de manutenção que auxiliam no planejamento das atividades. Além disso, algumas empresas se especializaram nesse tipo de serviço, oferecendo soluções customizadas para os edifícios.

Entretanto, o maior desafio em nosso país é a ausência de uma cultura que valorize a necessidade de manutenções periódicas em edifícios. Outro desafio significativo é a falta de informação técnica sobre como proceder para a manutenção adequada dos edifícios, o que muitas vezes resulta em descuidos que comprometem a integridade e a longevidade das construções.

Normas importantes da ABNT

- NBR 13752:1996 – Perícias de engenharia na construção civil;
- NBR 5674:2012- Manutenção de edificações – Requisitos para o sistema de gestão de manutenção;
- NBR 14037:2014 – Diretrizes para elaboração de manuais de uso, operação e manutenção das edificações – Requisitos para elaboração e apresentação dos conteúdos;
- NBR 16280:2015 – Reforma em edificações – Sistema de gestão de reformas – Requisitos;
- NBR 16747:2020 – Inspeção predial – Diretrizes, conceitos, terminologia e procedimentos;
- NBR 15575:2021 – Edificações habitacionais – Desempenho – Parte 6: Requisitos para os sistemas hidrossanitários.

CAPÍTULO 2
Patologia em sistemas prediais hidráulicos e sanitários

CONSIDERAÇÕES GERAIS

O termo "patologia", é derivado da língua grega e pode ser traduzido como o estudo (lógos) das doenças (páthos). Assim como ocorre com os seres humanos, as patologias da construção civil podem se manifestar por diversas razões. Os sintomas (manifestações patológicas) requerem estudo para prescrição do tratamento adequado. A ocorrência de patologia nas edificações implica custos adicionais (prejuízos financeiros), atraso de cronograma, insatisfação de clientes, ações jurídicas, perda de confiança na empresa responsável pela construção, entre outros. Nos casos mais graves, podem ocorrer acidentes sérios como desabamentos ou evacuação devido ao comprometimento da estrutura predial.

A atividade da Engenharia Diagnóstica é conhecida como o "*checkup*" das edificações e pode ser comparada com a Medicina. Ela é responsável pela conservação e manutenção de edificações, avaliando a durabilidade e o desempenho técnico das instalações. Essa área da engenharia trabalha em cima da necessidade de realizar perícias e assistências técnicas, com o intuito de obter o diagnóstico da saúde das edificações. Portanto, é indiscutível a sua importância para prevenir problemas em sistemas prediais hidráulicos e sanitários.

O sistema hidráulico de um edifício pode ser analogamente comparado ao sistema circulatório do corpo humano. Assim como as doenças cardiovasculares (como cardiopatia isquêmica, acidente vascular cerebral, infarto do miocárdio, entre outras) representam a principal causa de morte no mundo, de acordo com estudos de diversos institutos e autores, a maior incidência de patologia da construção está vinculada aos sistemas hidráulicos e sanitários. As falhas nesse sistema podem ter origem em várias etapas, como na fase de projetos, na qualidade dos materiais utilizados, na execução da obra, que pode envolver falhas de mão de obra e/ou fiscalização, ou mesmo na omissão do construtor. Além disso, na fase de uso, as falhas podem surgir devido à operação e manutenção inadequadas das instalações.

ORIGEM DAS MANIFESTAÇÕES PATOLÓGICAS EM EDIFICAÇÕES

A avaliação do desempenho das edificações após sua ocupação e uso é essencial para garantir a segurança, funcionalidade e conforto dos usuários, além de promover a durabilidade dos edifícios. Essa necessidade de avaliação contínua motivou diversos países, com longa tradição na construção de qualidade, a realizarem levantamentos sistemáticos para identificar a origem das falhas e implementar melhorias.

As manifestações patológicas nas edificações geralmente têm origem em falhas de projeto, falhas de execução, uso de materiais de baixa qualidade, manutenção deficiente ou até no uso inadequado das instalações. Além disso, o processo construtivo acelerado, impulsionado pela demanda do mercado, pode resultar em erros que comprometem o desempenho das estruturas.

A evolução tecnológica dos materiais de construção e das técnicas de projeto e execução, embora tenha trazido avanços, também contribuiu para o declínio da qualidade em algumas construções mais recentes. Atualmente, muitas obras são realizadas com grande rapidez, sem o rigor necessário no controle de materiais e serviços, o que aumenta o número de patologias. A identificação precoce dessas falhas é fundamental para evitar o agravamento dos danos e garantir a segurança, durabilidade e funcionalidade das edificações.

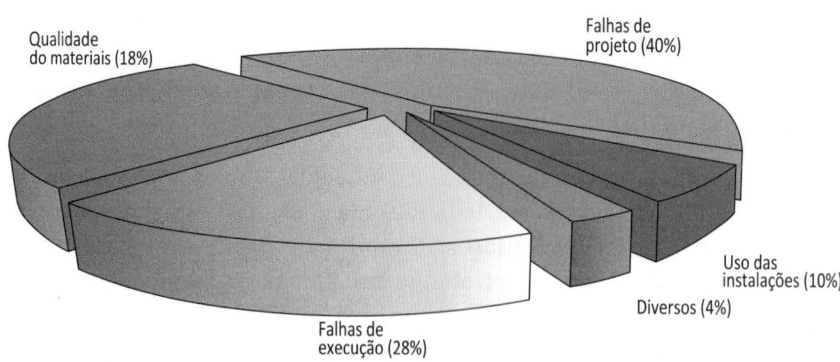

Figura 2.1 Origem das manifestações patológicas em edificações, segundo estudos europeus.

CAUSAS DE PATOLOGIA EM SISTEMAS HIDRÁULICOS E SANITÁRIOS

Segundo o engenheiro Sérgio Knipper, diretor da Gnipper e Engenheiros Associados, em entrevista ao AECweb, as principais causas de patologia em sistemas prediais hidráulicos e sanitários se devem as falhas na fase de elaboração do projeto (quase 50% de incidência) e erros de execução (quase 30%). De acordo com um trabalho apresentado no VII Workshop Brasileiro de Gestão do Processo de Projeto na Construção de Edifícios, que ocorreu em Curitiba em 2007, foram realizadas diversas perícias em sistemas prediais hidráulicos e sanitários pelos engenheiros Sérgio Frederico Gnipper e Jorge Mikaldo Jr., na cidade de Curitiba-PR. Foram selecionados 24 edifícios residenciais novos e antigos, julgados mais representativos pelos autores, cujos laudos técnicos apresentam certas patologias recorrentes, grande parte das quais poderá ser evitadas em edifícios ainda a serem projetados e construídos, sob a presunção da experiência acumulada.[1]

A Tabela 2.1 apresenta a frequência qualitativa de incidência de inconformidades e patologias manifestas nesses edifícios, subdividas em água fria (AF), água quente (AQ), combate a incêndio (INC), gás liquefeito de petróleo (GÁS), esgoto sanitário (ESG) e águas pluviais (AP). Na coluna "outros" estão apontadas patologias e inconformidades relevantes não relacionadas diretamente com esses subsistemas, mas associadas às tubulações como um todo.

As patologias apresentadas pelos sistemas prediais hidráulicos e sanitários são bastante diversas, sendo que as mais frequentes estão associadas aos sistemas de água fria e esgoto sanitário. Apesar de representarem menor risco do que as vinculadas ao sistema predial de gás combustível, costumam causar muitos aborrecimentos e desconfortos aos usuários dessas instalações. Os laudos técnicos revelam certas falhas recorrentes, que poderiam ser evitadas em edifícios ainda a serem projetados e construídos, aproveitando a experiência acumulada (retroalimentação dos projetos).

É importante ressaltar que o tempo de ocupação do edifício não tem relação direta com a incidência de falhas construtivas nos sistemas prediais. A evolução tecnológica dos materiais de construção e das técnicas de projeto e execução também contribuiu para o declínio da qualidade na construção civil e para o aumento do número de patologias em construções mais recentes. Atualmente, por questões econômicas, as obras são conduzidas com grande velocidade e poucos rigores no controle de materiais e serviços. A negligência no projeto hidrossanitário, a utilização de materiais de qualidade inferior e a baixa qualificação da mão de obra também acabam comprometendo a qualidade final da obra.

1 Fonte: MIKALDO JÚNIOR, Jorge; GNIPPER, Sérgio. *Patologias frequentes em sistemas prediais hidráulico-sanitários e de gás combustíveis decorrentes de falhas no processo de produção do projeto.* In: VII Workshop Brasileiro de Gestão do Processo de Projetos na Construção de Edifícios. Curitiba, PR, 2007.

Tabela 2.1 Características dos edifícios × patologias e inconformidades existentes.

Edifícios periciados	Ano da ocupação	Anos em uso até a perícia	Número de pavimentos	Número de apartamentos	Número de itens patologias/inconformidades existentes							
					AF	AQ	INC	GÁS	ESG	AP	Outro	Total
Edifício 1	1965	38	06	24	15	02	03	02	02	02	03	29
Edifício 2	1984	17	23	18	13	02	01	03	04	-	04	27
Edifício 3	1985	17	24	18	10	04	-	04	19	07	04	48
Edifício 4	1986	14	17	14	12	05	01	04	20	03	03	48
Edifício 5	1989	16	09	10	22	05	-	08	20	09	02	66
Edifício 6	1992	09	21	32	08	01	-	-	07	02	02	20
Edifício 7	1995	08	16	78	20	-	02	2	13	09	03	49
Edifício 8	1995	08	18	54	30	-	02	-	19	11	03	65
Edifício 9	1996	08	20	56	14	06	-	09	11	06	03	49
Edifício 10	1997	05	07	08	21	10	-	06	20	12	03	72
Edifício 11	1997	04	22	64	10	-	-	01	12	01	-	24
Edifício 12	1998	04	22	72	27	01	01	08	18	08	04	67
Edifício 13	1998	06	25	42	13	07	-	08	16	07	03	54
Edifício 14	1999	05	21	60	17	01	01	07	12	01	03	42
Edifício 15	2000	02	11	16	21	05	-	02	17	14	04	63
Edifício 16	2000	04	11	14	20	04	01	07	22	13	04	71
Edifício 17	2001	04	28	144	22	12	-	08	27	13	06	88
Edifício 18	2001	02	06	24	20	08	03	10	10	06	01	58
Edifício 19	2001	05	27	22	27	11	01	05	24	16	06	90
Edifício 20	2003	03	13	45	23	17	01	06	23	10	07	87
Edifício 21	2003	04	27	21	39	22	02	10	24	12	05	114
Edifício 22	2003	04	18	112	40	-	01	10	29	22	07	109
Edifício 23	2004	02	12	24	14	04	-	10	16	06	03	53
Edifício 24	2004	01	27	27	28	10	02	03	24	08	04	79

FALHAS DE PROJETO

As instalações prediais constituem subsistemas que devem ser integrados ao sistema construtivo proposto pela arquitetura, de forma harmônica, racional e tecnicamente correta. É essencial que haja uma coordenação eficiente e um entrosamento adequado entre o arquiteto e os profissionais contratados para a elaboração dos projetos complementares.

A falta de coordenação e entrosamento entre esses profissionais pode resultar em falhas nos processos de produção dos projetos. Essas falhas, muitas vezes, só se tornam evidentes durante a execução da obra, gerando inúmeras improvisações para solucionar os problemas surgidos. Isso pode acarretar atrasos na construção, custos adicionais e comprometimento da qualidade final do empreendimento.

Nesse contexto, o projeto hidrossanitário desempenha um papel fundamental. Ele abrange a concepção e o dimensionamento de todas as instalações de água fria, água quente, esgoto sanitário, águas pluviais e outros sistemas relacionados. Um projeto hidrossanitário bem elaborado considera não apenas as necessidades funcionais do edifício, mas também aspectos técnicos, normativos e de sustentabilidade.

A importância do projeto hidrossanitário vai além da simples definição de tubulações e dispositivos. Ele é essencial para o bom desempenho do edifício, garantindo conforto, segurança e durabilidade às instalações, além de minimizar os problemas durante a construção e ao longo da vida útil da edificação.

Entretanto, de acordo com alguns estudos, um elevado percentual de patologia nas edificações é originado nas fases de planejamento e projeto. Algumas dessas falhas só são percebidas depois que a obra é executada, durante o uso das instalações, causando aborrecimentos e prejuízos ao usuário (proprietário) do imóvel. Esses problemas são geralmente mais graves do que aqueles relacionados à qualidade dos materiais e aos métodos construtivos. Isso se explica pela falta de investimento dos proprietários, sejam eles públicos ou privados, em projetos mais elaborados e detalhados. A busca por projetos mais baratos frequentemente resulta na necessidade de adaptações e improvisações durante a execução da obra e, posteriormente, em problemas de ordens funcional e estrutural do edifício.

Na construção civil, um projeto mais barato pode se transformar em uma construção onerosa, repleta de vícios e falhas construtivas. Na fase de projeto dos sistemas prediais hidráulicos e sanitários, os erros podem ocorrer por falhas de concepção sistêmica, erros de dimensionamento, ausência de especificações de materiais e de serviços, insuficiência ou inexistência de detalhes construtivos, falta de compatibilização entre os projetos envolvidos na construção do edifício e descumprimento ou inobservância de prescrições legais, regulatórias e normativas, particularmente das normas técnicas correlatas da ABNT.

Para evitar falhas de projeto, o primeiro passo é a contratação de um engenheiro (projetista), qualificado para a elaboração do projeto hidráulico-sanitário. Na hora da contratação também é importante garantir com o engenheiro contratado o acompanhamento dos processos de execução e de realimentação do projeto, com a confecção do projeto *as built* incluído. Para a realização desses serviços, devem ser estipulados honorários à parte.

Também podem ocorrer falhas devido ao não entendimento do projeto na hora da execução. De nada adianta um excelente projeto, se ele não for rigorosamente seguido durante a etapa de montagem ou execução na obra. A interface entre projeto e execução deve estar bem alinhada, pois, caso contrário, pode causar prejuízos futuros, quando a correção do problema pode ser muito mais difícil e onerosa. Por essa razão, é importante informar ao projetista contratado, após fase de ocupação, sobre os problemas ocorridos, a fim de aperfeiçoar os próximos projetos.

Dada a complexidade e variedade dos componentes que constituem o sistema hidrossanitário e a fim de que ele atenda à NBR 15575-1:2021 (vida útil ≥ 20 anos), considerando ainda que a vida útil também é função da agressividade do meio ambiente, das características intrínsecas dos materiais e dos solos, os componentes podem apresentar vida útil menor do que aquelas estabelecidas para o sistema hidrossanitário como vida útil de projeto. Assim, no projeto deve constar o prazo de substituição e manutenções periódicas pertinentes, em atendimento a NBR 5674:2012 – Manutenção de edificações -Requisitos para o sistema de gestão de manutenção.

FALHAS DE CONCEPÇÃO SISTÊMICA

A quantidade e a complexidade dos equipamentos utilizados em instalações prediais vêm crescendo significativamente nos últimos anos. Nas instalações de água e esgoto, por exemplo, é possível listar uma série de itens que até pouco tempo não faziam parte do escopo básico dos edifícios residenciais. Entre esses itens estão estações de tratamento de esgoto, sistemas de medição individualizada de água, aparelhos de aquecimento solar, equipamentos de reúso e tratamento de águas pluviais, entre outros.

O grande desafio para os projetistas de instalações é organizar todos esses sistemas em um espaço físico restrito, que está cada vez mais limitado pelo projeto de arquitetura.[2] Essa limitação espacial pode resultar em falhas de concepção sistêmica, onde a falta de coordenação entre os diferentes sistemas pode levar a problemas operacionais, manutenção dificultada e menor eficiência do sistema como um todo.

2 Fonte: NAKAMURA, Juliana.Cada coisa em seu lugar. Techné, São Paulo, Pini, n. 156, p. 30-32, mar. 2010.

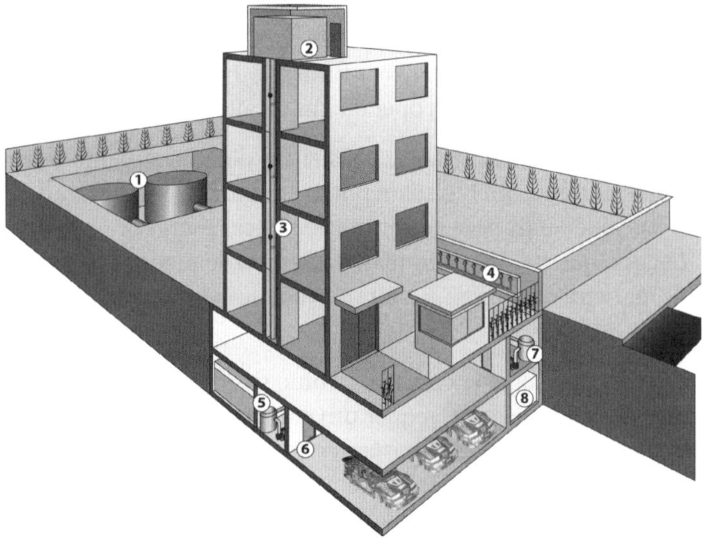

1 – Estações de tratamento de esgotos

Precisam estar na quota mais baixa do terreno para evitar estações elevatórias (bombas). Também requerem local livre do tráfego de veículos e, preferencialmente, o mais longe possível da edificação por causa do mau cheiro que eventualmente podem emanar.

2 – Reservatórios superiores de água

Como o próprio nome indica, devem estar acima dos pontos de consumo. Tanto nos reservatórios inferiores quanto nos superiores, o mais importante é dimensioná-los corretamente.

3 – Válvulas redutoras de pressão

Podem ser alocadas junto ao *shaft* de descida de água fria.

4 – Central de gás

Além de ser corretamente dimensionada, precisa estar em ambiente externo, com ventilação. Deve-se evitar a instalação em subsolo. Embora a norma permita em alguns casos, recomenda-se que a central de gás esteja fora da projeção da edificação.

5 – Reservatórios de água inferiores

Podem ficar no subsolo.

6 – Bombas de recalque de água fria

Podem ser instalados no subsolo, mas devem estar próximas ao reservatório inferior.

7 – Bombas de recalque para incêndio (ex.: hidrantes e chuveiros automáticos)

Devem estar junto à reserva de incêndio. Podem ser colocadas em local superior ou inferior, desde que acessível.

8 – Reservatório para combate ao incêndio

O dimensionamento depende da legislação local. Em cidades que exigem reserva muito grande, o reservatório deve ser colocado no subsolo ou no pavimento térreo.

Figura 2.2 Organização dos equipamentos prediais.

Fonte: Ernesto Salem Engenharia (Techné, São Paulo, Pini, n. 156, p. 30-32, mar. 2010).

Falhas de concepção sistêmica nos sistemas hidráulicos e sanitários podem incluir a inadequada disposição das tubulações, que pode causar interferências entre os sistemas de água potável e esgoto, aumentando o risco de contaminação cruzada. Além disso, a falta de previsões adequadas para expansões futuras ou para a manutenção dos equipamentos pode resultar em dificuldades operacionais e altos custos de reparo.

Outro ponto crítico é a integração dos sistemas de aquecimento e tratamento de água. Equipamentos de aquecimento solar, por exemplo, precisam estar bem integrados com os sistemas convencionais para garantir a eficiência energética e a continuidade do fornecimento de água quente. Sem um planejamento adequado, esses sistemas podem não funcionar de maneira otimizada, resultando em desperdício de recursos e insatisfação dos usuários.

A adoção de novas tecnologias e conceitos, como sistemas de medição individualizada e equipamentos de reúso de água, requer um entendimento profundo das interações entre esses sistemas e os componentes existentes. Projetos mal concebidos podem resultar em problemas como falta de espaço para a instalação de hidrômetros de medição individualizada em edifícios de vários pavimentos, falta de espaço na casa de bombas e ruídos causados por bombas centrífugas instaladas de maneira inadequada em subsolos de edifícios, sem tratamento acústico adequado. Além da organização desses dispositivos e equipamentos em áreas comuns, o arquiteto deve dimensionar corretamente as áreas molhadas (banheiro, cozinha e lavanderia), considerando as necessidades ergonômicas dos usuários e os aparelhos sanitários que serão utilizados.

Portanto, para evitar falhas de concepção sistêmica, é crucial que os projetistas e engenheiros colaborem estreitamente com arquitetos e outros profissionais envolvidos no projeto. O uso de softwares de modelagem e simulação pode auxiliar na visualização e resolução de possíveis conflitos entre os sistemas, assegurando uma integração eficiente e segura de todos os componentes.

FALHAS DE COMPATIBILIZAÇÃO

Os projetos de arquitetura e estrutura interferem diretamente no projeto hidráulico sanitário. Por esse motivo, é essencial estudar e identificar pontos de conflito, antecipando soluções em colaboração com os demais projetistas. O arquiteto ou engenheiro responsável pelo gerenciamento de projetos deve promover reuniões periódicas de compatibilização com os projetistas contratados para a elaboração dos projetos complementares (estrutural, hidráulico, elétrico etc.). Os profissionais responsáveis pelos projetos devem trabalhar em conjunto para desenvolver projetos compatibilizados e integrados de forma harmônica, racional e tecnicamente correta ao sistema construtivo proposto pela arquitetura.

Em determinadas situações, devido a incompatibilidade do projeto de instalações com o projeto estrutural, é muito comum os responsáveis pela execução dos empreendimentos definirem soluções sem consultar os projetistas responsáveis pela edificação. Um exemplo frequente desse improviso, particularmente em edifícios de pavimentos sobrepostos, é a execução de "bonecas" para esconder prumadas de água, esgoto e águas pluviais, devido à interferência física com elementos de outros sistemas da edificação (vigas, pilares etc.). Esses improvisos e "gambiarras" em obra resultam na perda de qualidade de uso e, em alguns casos, podem até comprometer a segurança de uma edificação.

Outro exemplo comum de falha de projeto devido a falta de compatibilização entre os projetos arquitetônico, estrutural e hidráulico ocorre quando, com a intenção de otimizar o projeto e racionalizar as instalações, o arquiteto projeta compartimentos com instalação hidráulica (banheiros, cozinhas e lavanderias) de forma rebatida, utilizando a mesma parede hidráulica. Para isso, são necessários conhecimentos sobre as características técnicas de alguns equipamentos, dispositivos e materiais utilizados nas instalações.

Para rebater esses compartimentos em uma mesma parede hidráulica, deve-se considerar a passagem dos tubos, principalmente do tubo de queda de esgoto, quando se trata de residências assobradadas ou prédios com mais de dois pavimentos. O diâmetro desses tubos é, normalmente, 100 mm; portanto, a parede deverá ter uma largura suficiente para comportar as tubulações embutidas. Quando se trata de banheiros rebatidos, outro aspecto importante a ser analisado são as dimensões da válvula de descarga adotada. As válvulas têm, aproximadamente, 10 cm de profundidade; por essa razão, duas bacias sanitárias não poderão ser rebatidas no mesmo eixo, quando a largura da parede for inferior a 20 cm.

Para a passagem das tubulações verticais em paredes sobre vigas, podem ser adotadas soluções com *shafts*, ou seja, dutos verticais especialmente projetados para abrigar as prumadas hidráulicas. A utilização dos *shafts* é muito vantajosa em edifícios com vários pavimentos, pois permite a inspeção das tubulações, sem quebras ou demolições e a identificação imediata de problemas. Em edificações com alvenaria estrutural, por exemplo, as tubulações só podem correr embutidas dentro de blocos cerâmicos ou de concreto não estruturais, ou seja, apenas dentro de blocos não estruturais de paredes com função de vedação. Neste sistema construtivo a adoção de *shafts* em posições estratégicas é bastante conveniente. Além disso, facilita futuras adaptações ou ampliações nas instalações hidráulicas, já que as tubulações ficam acessíveis, evitando intervenções invasivas nas paredes. Esse fator contribui significativamente para a manutenção preventiva, prolongando a vida útil dos sistemas e minimizando custos com reformas e reparos emergenciais.

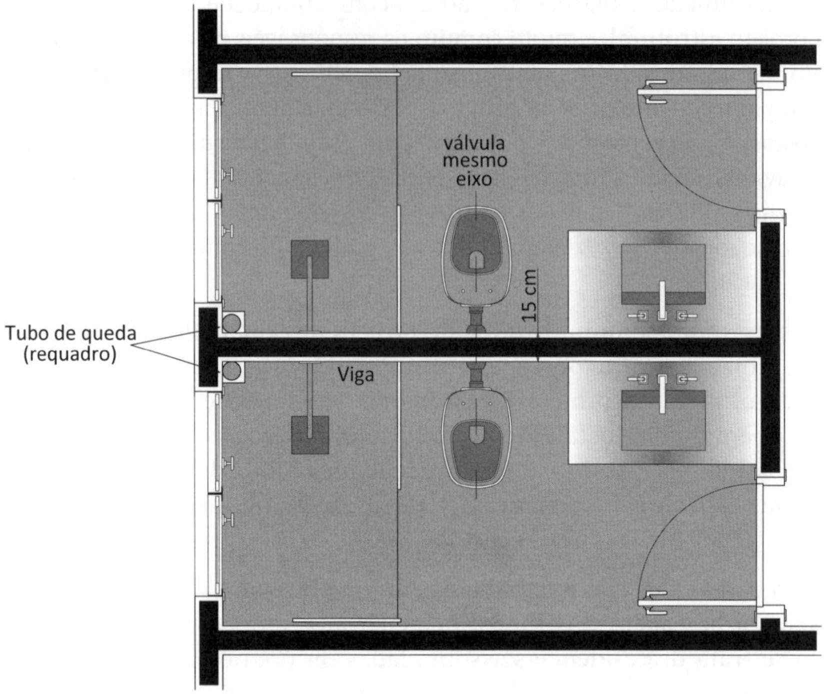

Figura 2.3 Banheiros rebatidos (solução errada).

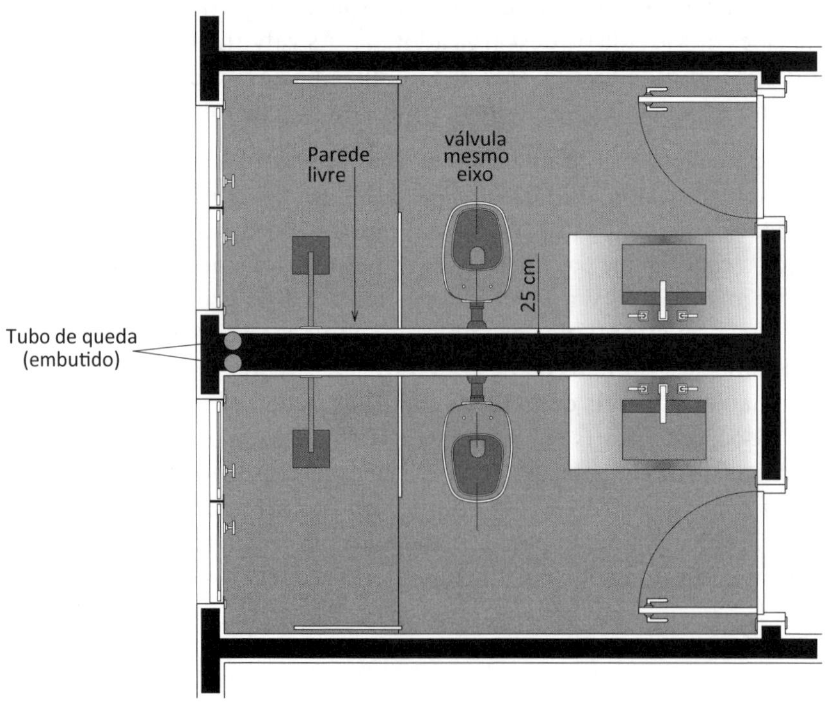

Figura 2.4 Solução com parede engrossada (sem viga).

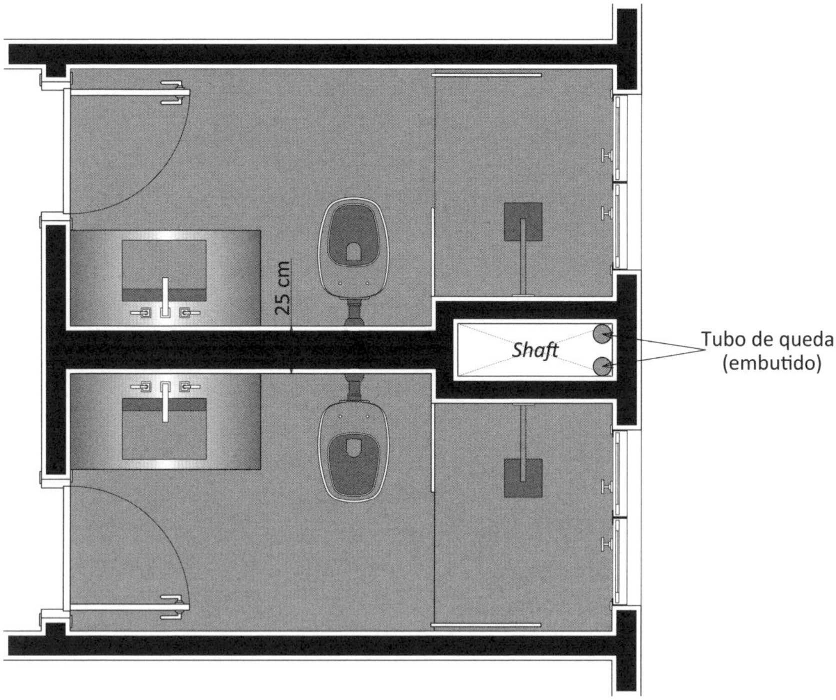

Figura 2.5 Solução com *shaft* para banheiros rebatidos.

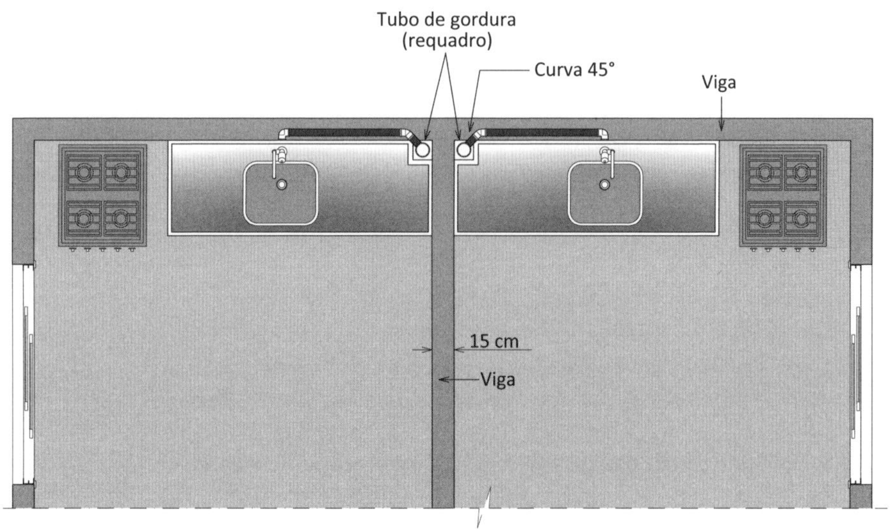

Figura 2.6 Cozinhas rebatidas (solução errada).

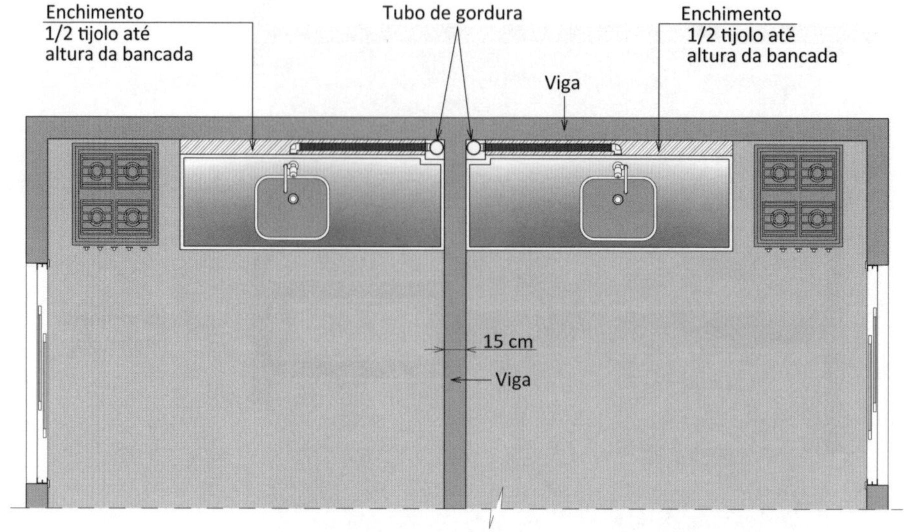

Figura 2.7 Solução para cozinhas rebatidas.

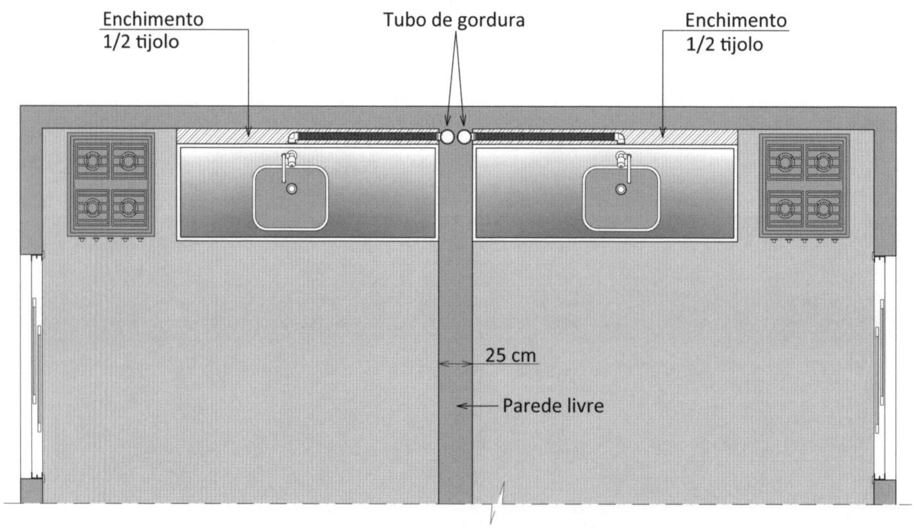

Figura 2.8 Solução com parede engrossada (sem viga) para cozinhas rebatidas.

ERROS DE DIMENSIONAMENTO

Uma das falhas mais graves de projeto diz respeito ao dimensionamento das instalações. A contratação de um engenheiro qualificado é o principal fator para a elaboração de um projeto seguro e exeqüível. O projeto completo de instalações hidráulicas e sanitárias compreende: memorial descritivo, memorial de cálculo, especificações de materiais e equipamentos, desenhos (plantas, perspectivas isométricas, detalhes construtivos), e todos os demais detalhes necessários para o perfeito entendimento do projeto.

O dimensionamento das instalações hidráulicas e sanitárias é um ponto-chave da fase de projeto. A modelagem do projeto hidrossanitário pode ser feita no Revit, mas o dimensionamento deve ser realizado externamente a ele, por meio de planilhas. O dimensionamento por softwares pode ampliar a possibilidade de erros e alienar o projetista da solução que está propondo.

Erros de dimensionamento podem levar a uma série de manifestações patológicas nos sistemas hidráulicos prediais. Por exemplo, se os quatro parâmetros hidráulicos do escoamento (vazão, velocidade, perda de carga e pressão) não forem adequadamente calculados e verificados em uma "planilha de cálculo", pode ocorrer uma pressão dinâmica insuficiente no chuveiro, comprometendo o conforto dos usuários. A planilha de cálculo é essencial para assegurar que todas as pressões de funcionamento dos diversos aparelhos sejam mantidas dentro dos parâmetros adequados, evitando problemas de desempenho do sistema hidráulico. Além disso, superdimensionar a tubulação pode resultar em custos desnecessários e no risco de estagnação da água, aumentando a probabilidade de corrosão interna e proliferação de bactérias. Ambos os cenários destacam a importância de um dimensionamento preciso, baseado em cálculos rigorosos e ajustado às especificidades do edifício e ao uso previsto.

INSUFICIÊNCIA OU INEXISTÊNCIA DE DETALHES CONSTRUTIVOS

Uma atenção aos detalhes construtivos é essencial na elaboração de projetos de sistemas prediais hidrossanitários, para garantir o correto funcionamento das instalações. A falta ou insuficiência de detalhes construtivos pode dificultar o entendimento do projeto por parte dos instaladores, gerando interpretações equivocadas que comprometem a execução correta das instalações. Isso pode resultar em falhas que aumentam a probabilidade de retrabalho e problemas de funcionamento. Além disso, a ausência de informações claras pode levar a improvisações específicas, comprometendo ainda a eficiência do sistema e a segurança da edificação. Projetos bem detalhados são fundamentais para evitar esses riscos, garantindo que todos os profissionais envolvidos na execução do projeto tenham uma compreensão precisa do que deve ser executado, contribuindo para um sistema mais confiável.

Coluna	Trecho	Pesos		Vazão Q (L/s)	Diâmetro D (mm)	Velocidade V (m/s)	Comprimento			Pressão disponível (m.c.a.)	Perda de carga		Pressão a jusante (m.c.a.)	Pressão mínima do aparelho (m.c.a.)
		Unitário	Acumulado				Real (m)	Equiv. (m)	Total (m)		Unitário (m.c.a.)	Total (m.c.a.)		

Figura 2.9 Planilha de cálculo.

FALHAS DE EXECUÇÃO

As instalações hidráulicas e sanitárias devem ser executadas rigorosamente de acordo com os respectivos projetos e especificações, bem como as prescrições das normas da ABNT (Associação Brasileira de Normas Técnicas) pertinentes.

As falhas de execução podem ocorrer devido a negligência ou falta de capacitação do instalador, falta de fiscalização e/ou acompanhamento do engenheiro ou responsável técnico pela obra, durante a etapa de execução das instalações.[3] A baixa qualidade de mão-de-obra é um entrave para a fiscalização. Alguns erros de execução ocorrem quando o instalador modifica o projeto sem consulta prévia ao autor do mesmo. Por mais que se exija o cumprimento de um projeto, quase sempre haverá problema na hora da execução das instalações.

A instalação de tubos e conexões deve ser executada por profissionais capacitados, que dominem a aplicação do produto e conheçam as normas de aplicação. É muito comum, por exemplo, a ocorrência de vazamentos decorrentes do aperto excessivo de registros, uniões, flanges etc (veja as Figuras: 2.10, 2.11, 2.12, 2.13); excesso de fita veda-rosca e vedante inadequado. Portanto, é importante verificar se os filetes de rosca estão íntegros (não danificados). Se não forem tomados os devidos cuidados na execução das instalações hidráulicas e sanitárias, além dos vazamentos e infiltrações, estes erros podem afetar não apenas a aparência das vedações (com o surgimento de manchas nas paredes), como também o sistema elétrico ou, até mesmo, a integridade estrutural da edificação.

É de suma importância o acompanhamento da execução das instalações por profissional especializado. Este profissional deve ter conhecimento de técnicas construtivas, dos materiais, equipamentos e componentes dos sistemas a instalar, e ter facilidade de interpretação dos projetos, interagindo com o autor quando necessário.

Em relação à fiscalização e/ou acompanhamento do engenheiro ou responsável técnico pela obra, o cenário é mais preocupante ainda quando a construtora ou contratante não compreende a distinção entre fiscalização e gerenciamento. A fiscalização da obra é parte do escopo do gerenciamento, sendo uma atividade mais restrita. Consiste em verificar se as etapas planejadas na etapa de gerenciamento estão sendo cumpridas; se tecnicamente a obra está correta e se o dinheiro despendido corresponde ao previsto em contrato.

Outra falha grave de execução diz respeito aos ensaios de estanqueidade do reservatório, das tubulações e das peças de utilização. Isso porque os ensaios estão previstos na NBR 15575:2021 – Edificações habitacionais – Desempenho, que possui força de lei.

Para realizar o ensaio de estanqueidade em sistemas prediais de água fria, a tubulação deverá estar limpa e cheia de água a 20°C, sem nenhum bolsão de ar no seu interior. Deve-se instalar uma bomba no ponto de utilização e injetar água sob pressão lentamente (este equipamento deve possuir manômetro para que se possam ler as pressões).

---

3 Fonte: MIKALDO JÚNIOR, Jorge; GNIPPER, Sérgio. *Patologias frequentes em sistemas prediais hidráulico-sanitários e de gás combustíveis decorrentes de falhas no processo de produção do projeto*. In: VII Workshop Brasileiro de Gestão do Processo de Projetos na Construção de Edifícios. Curitiba, PR, 2007.

O valor da pressão de ensaio deve ser de 600 kPa (60 m.c.a.) ou 1,5 vez a máxima pressão de trabalho; o que for menor. Por exemplo, se em uma instalação temos uma pressão estática (água parada) de 24 m.c.a., a pressão de ensaio será de 36 m.c.a. O sistema é considerado estanque caso não sejam detectados vazamentos ou queda de pressão manométrica por um período mínimo de 1 h após a estabilização da pressão.

Caso seja detectado vazamento, este deve ser reparado e o ensaio deve ser repetido (não deve ocorrer queda de pressão durante o ensaio).

O ensaio de estanqueidade em tubulações do sistema predial de água quente deve ser realizado com água a uma temperatura mínima de 80° C, antes da aplicação de eventual isolamento térmico ou acústico, ou antes de serem recobertas.

Para as instalações prediais de esgoto e de águas pluviais, também são necessários procedimentos de ensaio de recebimento (ensaio com água e/ou ensaio com fumaça), conforme prescrição da NBR 8160:1999 – Sistemas prediais de esgoto sanitário – Projeto e execução.

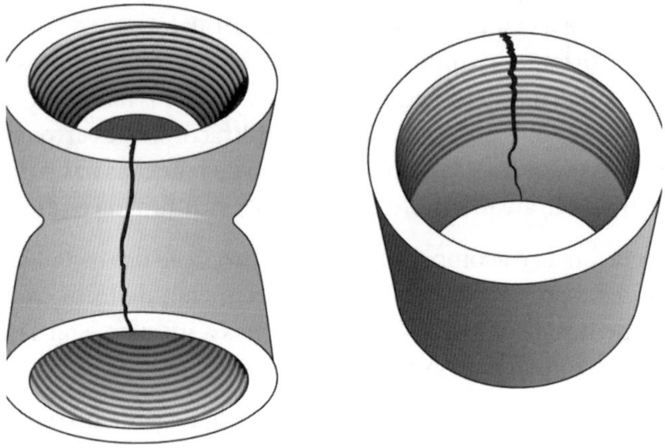

Figura 2.10 Excesso de aperto (veda-rosca).

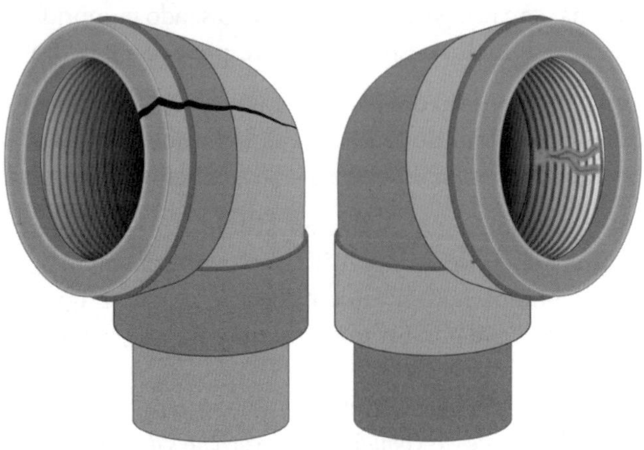

Figura 2.11 Filetes de rosca amassado e bucha de latão rompida.

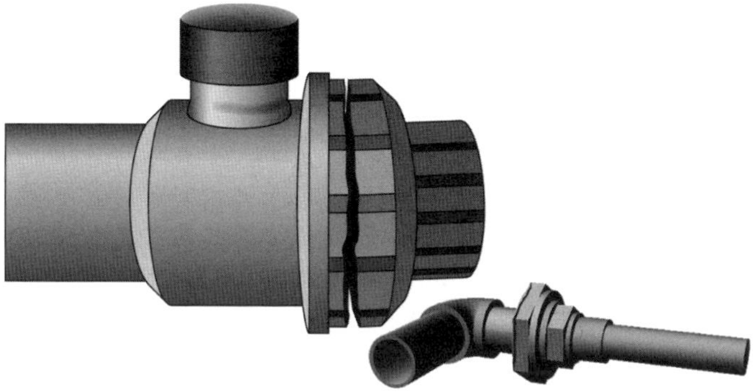

Figura 2.12 Registro e uniões com marcas que evidenciam o uso de ferramentas que provocaram aperto excessivo.

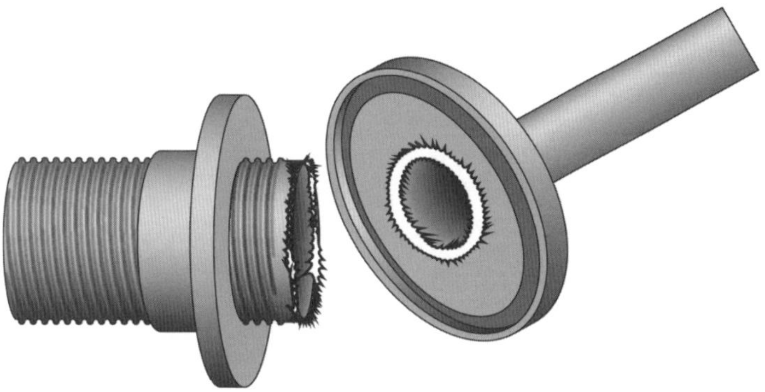

Figura 2.13 Aperto excessivo do flange.

QUALIDADE DOS MATERIAIS

A qualidade dos materiais é a terceira maior causa de patologia em sistemas prediais hidrossanitários, em termos percentuais. Por essa razão, é fundamental priorizar a escolha de produtos que atendam às especificações normativas e de projeto. O uso de materiais inadequados e de qualidade inferior, visando à máxima economia, assim como a execução com improvisações e "gambiarras", além da baixa qualificação da mão de obra, são fatores que contribuem para o surgimento de problemas em sistemas hidráulicos e sanitários.

A utilização de produtos normatizados é essencial, pois os produtos fora da norma podem causar prejuízos como vazamentos, infiltrações ou até mesmo contaminações, especialmente no caso das tubulações de esgoto. Infelizmente, alguns construtores ignoram as especificações técnicas e substituem materiais e componentes previstos em projeto por outros de menor custo ou com disponibilidade imediata no mercado fornecedor à época da aquisição.

Práticas inadequadas que facilitam o trabalho do encanador, mas comprometem a qualidade do material, também são comuns. Por exemplo, não se deve, sob nenhuma hipótese, aquecer tubulações plásticas para curvá-las ou promover a abertura de bolsas nas extremidades.

Além das falhas já mencionadas, impactos durante o transporte, manuseio ou utilização podem comprometer a qualidade dos materiais. O carregamento e descarregamento devem ser realizados sempre pelas laterais do caminhão, evitando danos aos os tubos. Não é recomendável sobrepor as bolsas, curvar os tubos; permitir o contato com extremidades pontiagudas; colocar materiais ou ferramentas sobre o tubo; andar sobre os tubos ou arrastá-los. Para a estocagem dos tubos na obra, devem-se escolher locais de fácil acesso e à sombra, protegidos da ação direta do sol.

Figura 2.14 Armazenamento correto dos tubos.

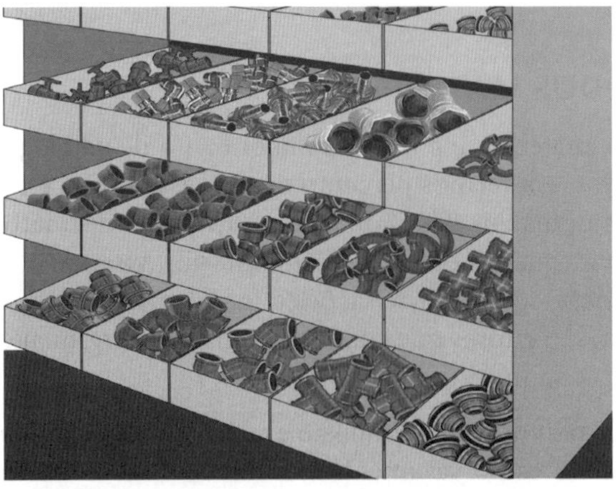

Figura 2.15 Armazenamento correto de conexões.

Normas aplicáveis

A seguir, são apresentadas as principais normas da ABNT aplicáveis aos tubos e conexões utilizados em sistemas hidráulicos e sanitários:

Tubos e conexões de PVC marrom soldáveis e branco roscáveis:

- NBR 5626:2020 – Sistemas prediais de água fria e água quente – Projeto, execução, operação e manutenção
- NBR 5648: 2018 – Tubos e conexões de PVC-U com junta soldável para sistemas prediais de água fria – Requisitos.
- NBR 5680:1977 – Dimensões de tubos de PVC rígido.

Tubos e conexões de cobre:

- NBR 5626:2020 – Sistemas prediais de água fria e água quente – Projeto, execução, operação e manutenção.
- NBR 13206:2010 – Tubo de cobre leve, médio e pesado, sem costura, para condução de fluidos – Requisitos.

Tubos de ferro galvanizado:

- NBR 5626:2020 – Sistemas prediais de água fria e água quente – Projeto, execução, operação e manutenção.
- NBR 5580:2015 – Tubos de aço-carbono para usos comuns na condução de fluidos – Especificação.

Tubos e conexões de CPVC:

- NBR 5626:2020 – Sistemas prediais de água fria e água quente – Projeto, execução, operação e manutenção.
- NBR 15884-1:2011 – Sistemas de tubulações plásticas para instalações prediais de água quente e fria – Policloreto de vinila clorado (CPVC) Parte 1: Tubos – Requisitos.
- NBR15884-2:2011 – Sistemas de tubulações plásticas para instalações prediais de água quente e fria – Policloreto de vinila clorado (CPVC) – Parte 2: Conexões – Requisitos.
- NBR 15884-3:2010 – Sistema de tubulações plásticas para instalações prediais de água quente e fria – Policloreto de vinila clorado (CPVC) Parte 3: Montagem, instalação, armazenamento e manuseio.

Tubos e conexões de PPR:

- NBR 5626:2020 – Sistemas prediais de água fria e água quente – Projeto, execução, operação e manutenção.
- NBR 15813-1:2018 – Sistemas de tubulações plásticas para instalações prediais de água quente e fria – Parte 1: Tubos de polipropileno copolímero random PP-R e PP-RCT – Requisitos.

- NBR15813-2:2018 – Sistemas de tubulações plásticas para instalações prediais de água quente e fria- Parte 2: Conexões de polipropileno copolímero random PP-R e PP-RCT – Requisitos
- NBR 15813-3:2018 – Sistemas de tubulações plásticas para instalações prediais de água quente e fria – Parte 3: Tubos e conexões de polipropileno copolímero random PP-R e PP-RCT – Montagem, instalação, armazenamento e manuseio.

Polietileno reticulado (PEX):

- NBR 5626:2020 – Sistemas prediais de água fria e água quente – Projeto, execução, operação e manutenção.
- NBR 15939-1:2011 – Sistemas de tubulações plásticas para instalações prediais de água quente e fria – Polietileno reticulado (PEX) Parte 1: Requisitos e métodos de ensaio.
- NBR 15939-2:2011 – Sistemas de tubulações plásticas para instalações prediais de água quente e fria – Polietileno reticulado (PEX) Parte 2: Procedimentos para projeto.
- NBR 15939-3:2011 – Sistemas de tubulações plásticas para instalações prediais de água quente e fria – Polietileno reticulado (PE-X) Parte 3: Procedimentos para instalação.

Tubos e conexões de PVC-U (linha industrial):

- NBR 8160:1999 – Sistemas prediais de esgoto sanitário – Projeto e execução.
- NBR 5688:2018 – Tubos e conexões de PVC-U para sistemas prediais de água pluvial, esgoto sanitário e ventilação – Requisitos.

Ferro Fundido:

- NBR 8160:1999 – Sistemas prediais de esgoto sanitário – Projeto e execução.
- NBR 6916: 2018 – Ferro fundido nodular ou ferro fundido com grafita esferoidal – Especificação.
- NBR 6927: 2015 – Peças brutas de ferro fundido nodular – Afastamentos dimensionais.

DESGASTE PELO USO DAS INSTALAÇÕES

Toda edificação está sujeita ao desgaste natural causado pela ação do tempo sobre suas estruturas. Esse desgaste é particularmente significativo nos sistemas prediais hidráulicos e sanitários, uma vez que as tubulações possuem uma vida útil variável conforme o tipo de material e as condições de utilização. Ao longo dos anos, prédios começam a apresentar manifestações patológicas decorrentes do uso das instalações, tais como vazamentos, infiltrações e falhas no funcionamento de equipamentos e sistemas.

As instalações prediais hidráulicas e sanitárias são essenciais para o bom funcionamento de qualquer edificação. Embora estejam sujeitas ao desgaste natural ao longo do tempo, uma gestão adequada, que inclua um projeto bem elaborado, execução precisa e manutenção preventiva regular, pode minimizar as manifestações patológicas e prolongar a vida útil das tubulações e equipamentos. Investir em materiais de qualidade e em profissionais qualificados para a execução e manutenção dessas instalações é crucial para garantir a durabilidade, segurança e conforto de qualquer edifício.

Os vazamentos são uma das manifestações patológicas mais frequentes em instalações hidráulicas e sanitárias, muitas vezes decorrentes do desgaste natural das tubulações. Com o passar do tempo, o envelhecimento dos materiais e a corrosão das tubulações metálicas podem comprometer a integridade do sistema, resultando em vazamentos. Além disso, esses problemas podem ser exacerbados por instalações mal executadas ou pelo uso de materiais de baixa qualidade.

As infiltrações, por sua vez, geralmente ocorrem como consequência de vazamentos não detectados ou inadequadamente reparados. Essas infiltrações podem causar danos expressivos à estrutura do edifício, afetando paredes, tetos e pisos. O comprometimento do isolamento térmico e acústico é outra consequência comum, além de criar um ambiente propício para o desenvolvimento de mofo, que representa um risco à saúde dos ocupantes.

Outro desafio recorrente em instalações hidráulicas e sanitárias é a falha no funcionamento de equipamentos, como bombas, válvulas, registros e sistemas de aquecimento de água. Essas falhas também podem ser atribuídas ao desgaste natural, à manutenção inadequada ou à instalação incorreta.

Para minimizar os problemas relacionados ao desgaste das instalações hidráulicas e sanitárias, é fundamental implementar um plano de manutenção preventiva. Esse plano deve incluir inspeções periódicas, testes de pressão, limpeza das tubulações, verificação de válvulas e registros, e a substituição de componentes desgastados. A manutenção preventiva ajuda a identificar problemas potenciais antes que se tornem graves, prolongando a vida útil das instalações e garantindo a segurança e o conforto dos ocupantes.

VIDA ÚTIL DAS TUBULAÇÕES

Os fabricantes devem fornecer informações sobre o desempenho dos seus produtos de acordo com as exigências da NBR 15575:2021, especialmente em relação à durabilidade. Além disso, a Norma de Desempenho estabelece que, para alcançar a vida útil de projeto (VUP) mínima, os fabricantes devem incluir em sua documentação técnica as recomendações necessárias para a manutenção corretiva e preventiva dos materiais e componentes utilizados na construção.

É fundamental que o manual de uso, operação e manutenção, com a frequência das manutenções previstas, seja entregue ao usuário, conforme estabelecido na NBR 15575-6:2021 – Edificações habitacionais – Desempenho.

A qualidade da água está diretamente ligada à durabilidade das tubulações. A água potável fornecida pela rede pública pode conter sais minerais dissolvidos que são agressivos para certos materiais de tubulações, o que pode reduzir sua vida útil.

Além da qualidade da água, a durabilidade das tubulações utilizadas nos edifícios depende de diversos fatores, o que torna difícil estimar com precisão sua vida útil devido às muitas variáveis envolvidas.

Entretanto, alguns parâmetros importantes podem ser destacados: tipo do material dos tubos e conexões (PVC, cobre, aço galvanizado, ferro fundido etc.); tipo de junta (solda, rosca com vedante, fusão pelo calor, fusão por adesivo solvente, anel de borracha elástico); condições de exposição (tubulação embutida em alvenaria, dentro de argamassa de contrapiso de laje, instalação aparente com e sem incidência de radiação solar, sujeição a variações térmicas, movimentações e acomodações estruturais, oscilações cíclicas de pressão interna); e natureza química e temperatura do líquido transportado pela tubulação.

Devido à variabilidade dos materiais e das condições de exposição das tubulações no sistema predial, também é difícil determinar o período econômico de vida útil das tubulações de uma edificação, ou seja, o tempo máximo recomendado para seu uso. Com o passar do tempo, os incômodos com vazamentos e custos com com reparos pontuais das tubulações podem se tornar significativos, tornando viável a substituição por novos materiais.

Sob condições de exposição bastante favoráveis ao longo de toda vida útil, estimam-se os seguintes períodos econômicos para diferentes materiais de tubulações:

- Tubos de PVC: cerca de 20 a 25 anos (podendo chegar a 50 anos);
- Tubos de aço galvanizado com conexões de ferro maleável: cerca de 12 a 18 anos (em certas localidades esse tempo diminui para cerca de 8 a 10 anos);
- Tubos de cobre com conexões de cobre/bronze, quando expostos a água não agressiva: mais de 80 anos.

As tubulações fabricadas com materiais de tecnologia de produção mais recente, como o CPVC (policloreto de vinila clorado), o PEX (polietileno reticulado) e o PPR (polipropileno Random), ainda não possuem um histórico de uso suficientemente longo para uma avaliação econômica precisa do tempo de vida útil. Por enquanto, estima-se que esses materiais tenham uma durabilidade semelhante à do PVC. No entanto, uma característica importante desses novos materiais é sua maior resistência à pressão e temperaturas elevadas, o que os torna adequados para aplicações mais exigentes, como sistemas de água quente e redes prediais de longa extensão.

Figura 2.16 Corrosão em tubulação de recalque de ferro galvanizado.

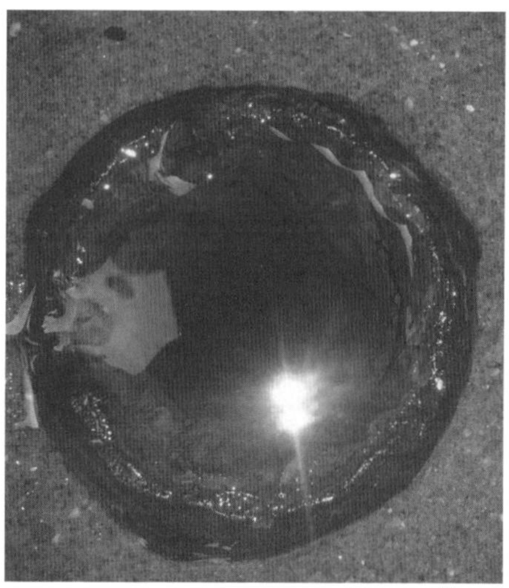

Figura 2.17 Corrosão em tubulação de incêndio de ferro galvanizado.

CAPÍTULO 3
Patologia dos sistemas prediais de água fria

CONSIDERAÇÕES GERAIS

Um sistema predial de água fria constitui-se no conjunto de tubulações, equipamentos, reservatórios e dispositivos destinados ao abastecimento dos aparelhos e pontos de utilização de água da edificação, em quantidade suficiente, mantendo a qualidade da água fornecida pelo sistema de abastecimento. O desenvolvimento do projeto de sistemas prediais de água fria deve ser conduzido concomitantemente com os projetos de arquitetura, estrutura, fundações e outros pertinentes ao edifício, de modo que se consiga a mais perfeita compatibilização entre todos os requisitos técnicos e econômicos envolvidos. A norma que especifica requisitos para projeto, execução, operação e manutenção de sistemas prediais de água fria e água quente é a NBR 5626:2020, da Associação Brasileira de Normas Técnicas (ABNT).

De acordo com a NBR 5626:2020, os sistemas prediais de água fria devem ser projetados de modo que, durante a vida útil de projeto desses sistemas do edifício, atendam aos seguintes requisitos:

- Preservar a potabilidade da água;
- Assegurar o fornecimento de água de forma contínua, em quantidade adequada e com pressões e vazões compatíveis com o funcionamento previsto dos aparelhos sanitários, peças de utilização e demais componentes e em temperaturas adequadas ao uso;
- Considerar acesso para verificação e manutenção;
- Prover setorização adequada do sistema de distribuição;
- Evitar níveis de ruído inadequados à ocupação do ambiente;
- Proporcionar aos usuários peças de utilização adequadamente localizadas, de fácil operação;
- Minimizar a ocorrência de patologia;
- Considerar a manutenibilidade;
- Proporcionar o equilíbrio de pressões de água fria e quente a montante de misturadores convencionais, quando empregados.

É importante ressaltar que a maior incidência de manifestações patológicas em sistemas prediais hidráulicos e sanitários ocorre nas instalações de água fria. Além das falhas de projeto e execução dos sistemas prediais de água fria e água quente, a utilização inadequada das instalações e as falhas decorrentes das atividades de manutenção, ou mesmo a sua inexistência, são fatores que originam diversas manifestações patológicas nesses sistemas.

As manifestações patológicas mais comuns em sistemas prediais de água fria incluem vazamentos em conexões e emendas, resultantes do desgaste dos materiais e da deterioração das juntas. Outro problema frequente é o entupimento das tubulações, causado pelo acúmulo de sedimentos ou pela corrosão interna, especialmente em tubulações metálicas. A redução da pressão da água também é uma manifestação patológica que pode ocorrer devido à obstrução parcial das tubulações ou a falhas nos dispositivos de controle de fluxo, como registros e válvulas. Essas falhas comprometem a eficiência do sistema e podem gerar custos elevados de reparo e manutenção.

Dentre as diversas manifestações patológicas e suas causas em sistemas prediais de água fria, algumas das mais recorrentes são apresentadas a seguir, compiladas pelo autor a partir de sua experiência profissional e de inúmeras referências bibliográficas. Essas patologias geralmente resultam de falhas no projeto, na escolha de materiais, na execução incorreta ou na falta de manutenção preventiva. Entre os problemas mais frequentes estão os vazamentos, incrustações internas, corrosão de tubulações metálicas, incidência de ar e ruptura de componentes devido a pressões excessivas. Uma análise detalhada desses fatores permite a adoção de medidas corretivas e preventivas mais eficazes, garantindo a longevidade e o bom funcionamento do sistema.

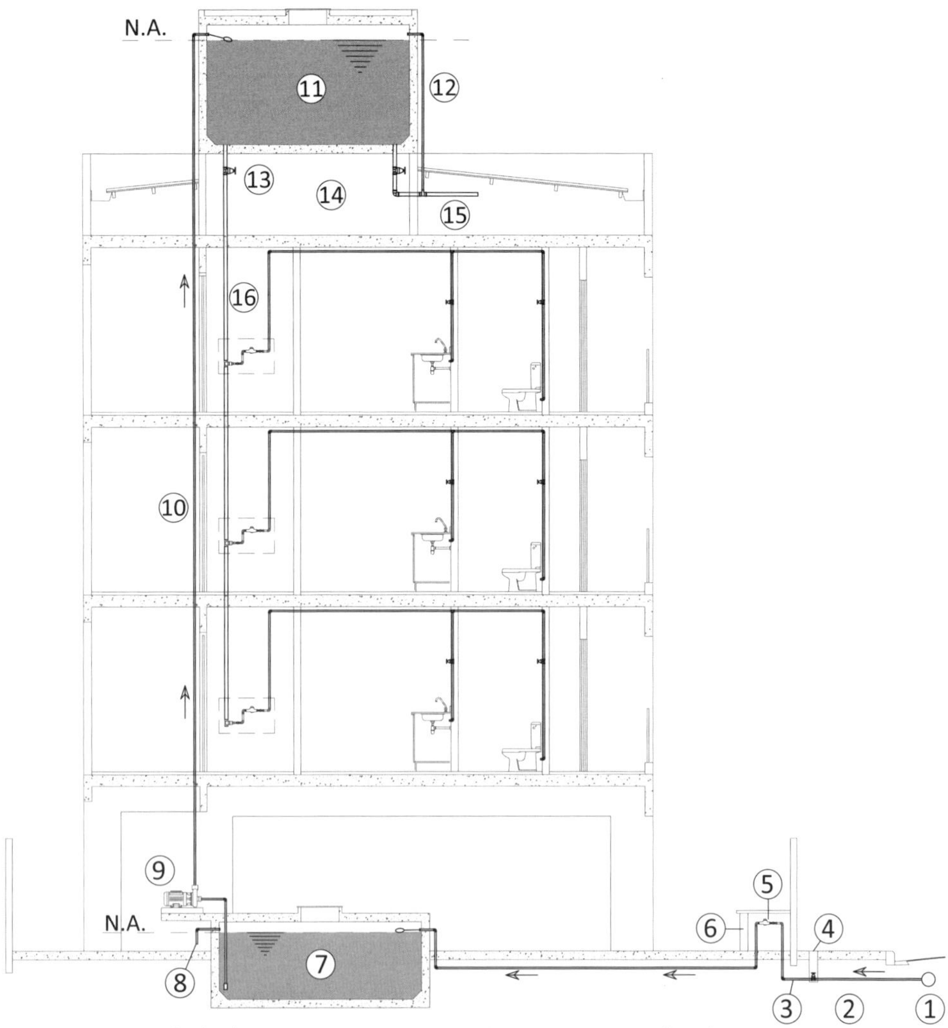

1 - Rede de abastecimento
2 - Ramal predial
3 - Alimentador predial
4 - Registro na calçada
5 - Cavalete
6 - Abrigo do cavalete
7 - Reservatório inferior
8 - Extravasor

9 - Conjunto motor-bomba
10 - Tubulação de recalque
11 - Reservatório superior
12 - Extravasor
13 - Registro
14 - Barrilete
15 - Limpeza
16 - Coluna de distribuição principal

Figura 3.1 Partes constituintes de um sistema predial de água fria.

MANIFESTAÇÕES PATOLÓGICAS EM RESERVATÓRIOS

As manifestações patológicas em reservatórios de água potável em edifícios são preocupações significativas devido aos riscos à saúde pública e à integridade estrutural. Problemas como vazamentos, infiltrações, corrosão, acúmulo de sedimentos e contaminação microbiológica podem comprometer a qualidade da água e a funcionalidade dos sistemas. A manutenção inadequada, falhas no projeto e operação dos reservatórios, associadas a condições ambientais e materiais inadequados, podem contribuir para essas manifestações. Portanto, é crucial uma gestão eficiente desses reservatórios, incluindo inspeções regulares, limpeza, tratamento da água e reparos oportunos, para garantir a segurança e o desempenho dos sistemas de abastecimento de água em edifícios.

Existem dois tipos de reservatórios nos sistemas prediais de água potável: moldados in loco e industrializados. Os reservatórios moldados in loco são executados na própria obra e podem ser de concreto armado, alvenaria armada, entre outros materiais. Geralmente utilizados para grandes reservas, são construídos em conjunto com a estrutura da edificação, seguindo um projeto específico. Reservatórios de concreto devem ser executados de acordo com a NBR 6118:2014 - Projeto de estruturas de concreto - Procedimento, e a impermeabilização deve seguir as diretrizes da NBR 9575:2010 - Impermeabilização - Seleção e projeto.

Por sua vez, os reservatórios industrializados são comumente empregados para reservas de pequeno e médio porte, com capacidade máxima em torno de 1.000 a 2.000 litros, embora possam ser fabricados sob encomenda em casos excepcionais para reservas maiores, especialmente os de aço. Os reservatórios pré-fabricados de polietileno, aço inox e poliéster com fibra de vidro têm ganhado destaque nas instalações prediais devido às vantagens que oferecem.

As principais vantagens desses tipos de reservatórios incluem:

- Durabilidade: Alta resistência à corrosão e à ação de produtos químicos, garantindo uma longa vida útil.
- Facilidade de instalação: São leves, facilitando o transporte e a instalação no local.
- Baixa manutenção: Requerem menos manutenção em comparação com reservatórios de concreto ou outros materiais tradicionais.
- Versatilidade: Disponíveis em diversas capacidades e formas, adaptando-se a diferentes necessidades e espaços.
- Higiene: Materiais como o polietileno e o aço inox são resistentes ao crescimento de algas e bactérias, garantindo a qualidade da água armazenada.

Essas vantagens fazem dos reservatórios pré-fabricados uma escolha popular e eficiente para instalações prediais, garantindo um abastecimento de água seguro, durável e econômico.

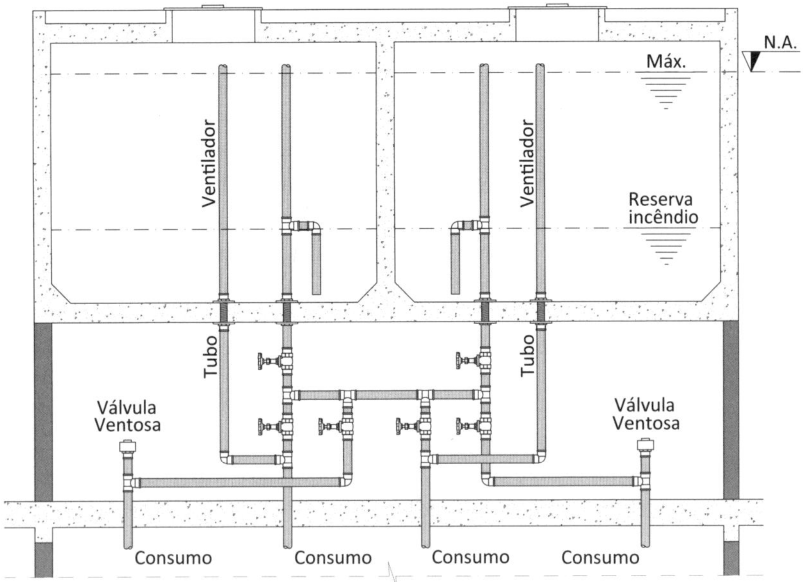

Figura 3.2 Reservatório de concreto moldado *in loco*.

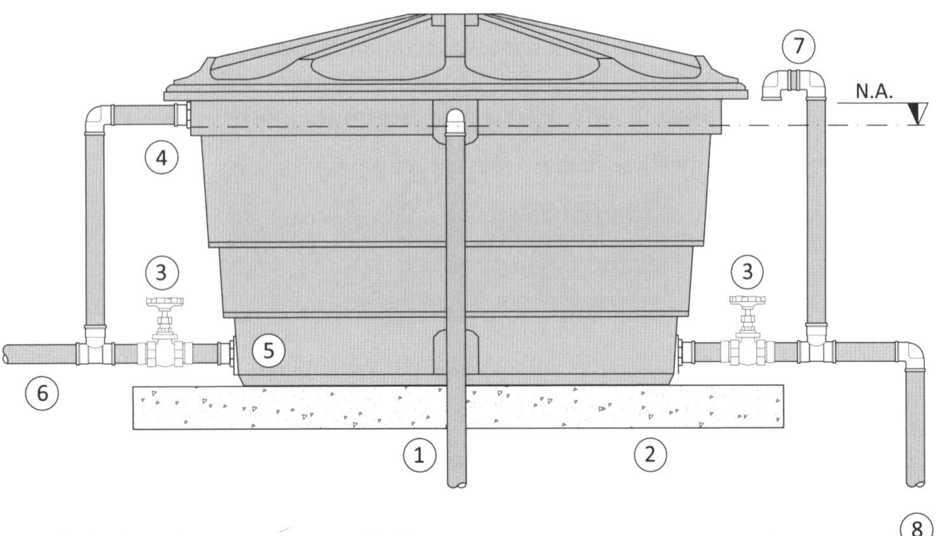

1 - Rede de abastecimento alimentação caixa
2 - Base de apoio
3 - Registro geral
4 - Extravasor - ladrão
5 - Limpeza
6 - Saída limpeza - desagua guia
7 - Tubo ventilador
8 - Prumada consumo

Figura 3.3 Reservatório industrializado.

VAZAMENTOS EM RESERVATÓRIOS INDUSTRIALIZADOS

Para evitar problemas, ao adquirir um reservatório industrializado é fundamental verificar sempre as especificações das normas da ABNT para caixas de água plástica. As normas pertinentes incluem a NBR 14799:2018, que estabelece requisitos e métodos de ensaio para reservatórios com corpo em polietileno e tampa em polietileno ou polipropileno, destinados a água potável de volume nominal até 3.000 L; e a NBR 14800:2018, que trata do transporte, manuseio, instalação, operação, manutenção e limpeza desses reservatórios. Os reservatórios domiciliares devem obrigatoriamente possuir tampa para impedir a entrada de animais e corpos estranhos, além de seguir padrões de higiene e segurança definidos pelas normas, incluindo especificações para recebimento e métodos de ensaio para cada tipo de material utilizado.

Durante a instalação de reservatórios industrializados, é necessário tomar alguns cuidados especiais, como garantir que a caixa-d'água seja colocada em local ventilado e de fácil acesso para inspeção e limpeza. Recomenda-se um espaço mínimo ao redor da caixa de 60 cm, podendo ser reduzido para 45 cm no caso de caixas de até 1.000 litros. Além disso, é imprescindível que o reservatório seja instalado sobre uma base estável capaz de suportar os esforços aplicados sobre ela. A base, preferencialmente de concreto, deve apresentar uma superfície plana, rígida e nivelada sem a presença de pedriscos pontiagudos que possam danificar a caixa. A correta furação também é crucial: o instalador deve utilizar ferramentas apropriadas e verificar os locais indicados pelo fabricante antes de iniciar o procedimento.

Apesar das especificações das normas e recomendações de projeto, na instalação de reservatórios industrializados é muito comum a ocorrência de alguns erros, sendo os vazamentos normalmente provocados pelos seguintes motivos:

- Ruptura na superfície da base (curvatura parede/base);
- Vazamento entre a parede da caixa e o flange do adaptador;
- Vazamento pela tampa;
- Furação incorreta ou danificação do reservatório durante a instalação;
- Falta de manutenção preventiva e corretiva adequada;
- Condensação nas paredes da caixa.

Os vazamentos devidos a ruptura na superfície da base podem ocorrer quando: a caixa-d'água é assentada em base com dimensões menores que as da base da caixa, quando é colocada sobre sarrafos de madeira, ou quando a superfície de assentamento está irregular. Para corrigir esses erros, é necessário substituir a caixa-d'água, ajustar as dimensões da base de assentamento, utilizar uma chapa plana de madeira sobre os sarrafos e garantir uma base lisa, nivelada, sem ressaltos e materiais pontiagudos.

Outro erro comum na instalação de reservatórios industrializados é a realização de furações em locais não recomendados pelo fabricante. Antes de proceder com as furações, o instalador deve garantir que o reservatório tenha no mínimo 3 furos: um para a entrada de água, outro para a saída de água, e um terceiro para o extravasor (ladrão). Para realizar essas operações, devem ser utilizadas serras copo compatíveis com os diâmetros dos adaptadores autoajustáveis.

Os vazamentos entre a parede da caixa e o flange do adaptador frequentemente ocorrem devido ao furo na caixa-d'água ser maior do diâmetro do adaptador com flange. Nesse caso, a solução é instalar um adaptador com um flange maior. Se o furo foi realizado fora da área com rebaixo plano, a única solução é substituir a caixa. O vazamento também pode ocorrer se o anel de vedação do adaptador com flange estiver deformado, fora da posição adequada, ou se o adaptador com flange estiver frouxo. Nessas situações, a solução é corrigir o posicionamento do anel de vedação e apertar corretamente o adaptador com flange para caixa-d'água.

Vazamentos em reservatórios industrializados também ocorrem quando a caixa está excessivamente cheia, transbordando água pela tampa devido a problemas de funcionamento na torneira bóia. A solução para isso é corrigir o problema na torneira bóia ou substituí-la. Também é importante instalar um extravasor na caixa para evitar seu transbordamento.

A instalação do reservatório em ambientes mal ventilados pode ocasionar vazamentos devido à condensação nas paredes da caixa. Para evitar esse tipo de problema, é fundamental providenciar aberturas no ambiente para melhorar a circulação de ar.

Figura 3.4 Instalação inadequada sobre sarrafos de madeira.

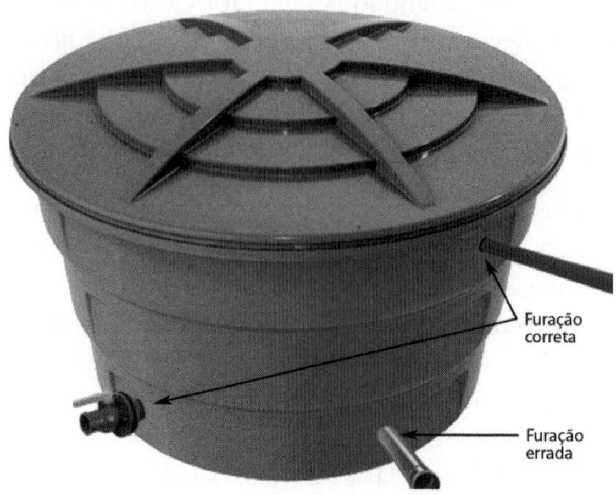

Figura 3.5 Furações em locais não recomendados pelo fabricante.

VAZAMENTOS EM RESERVATÓRIOS MOLDADOS *IN LOCO*

As principais manifestações patológicas em reservatórios moldados in loco podem ser identificadas por diversas características, tais como: manchas brancas devidas a carbonatação do concreto, presença de estalactites pela lixiviação do concreto, manchas marrons causada pela oxidação das armaduras, manchas circulares ou elípticas indicando falhas de concretagem e fissuras nas paredes.

As principais causas de infiltrações e vazamentos nos reservatórios são: erros de projeto ou execução como trincas ou impermeabilização mal executada, uso de materiais inadequados e falta de manutenção. Entre os problemas de manutenção incluem-se torneiras bóia desreguladas ou danificadas, conexões danificadas e registros com fechamento inadequado.

Os erros de projeto geralmente resultam da falta de impermeabilização adequada, dimensionamento estrutural inadequado e especificação inadequada de materiais e traços. Os principais erros de execução incluem formas e concretagem mal executadas, impermeabilização e juntas de concretagem mal feitas, além de instalações de tubulações mal realizadas. Além disso, manifestações patológicas podem ocorrer devido à baixa qualidade, pouca resistência e alta permeabilidade dos materiais. A falta de inspeções periódicas e de limpeza interna dos reservatórios também contribui para o surgimento ou agravamento de vazamentos existentes.

Figura 3.6 Carbonatação do concreto.

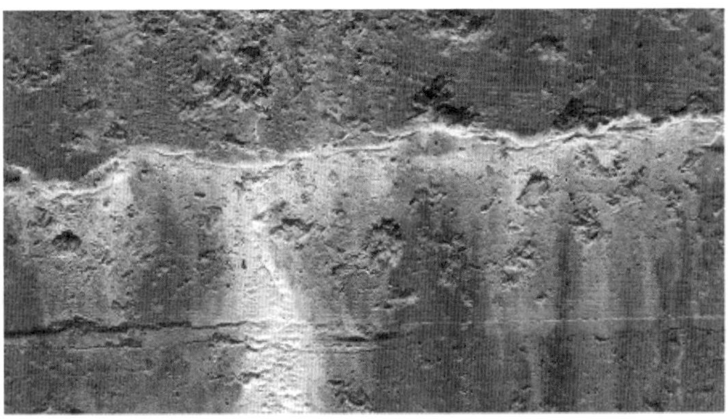

Figura 3.7 Lixiviação do concreto.

Figura 3.8 Falhas de concretagem.

TESTE DE DETECÇÃO DE VAZAMENTOS EM RESERVATÓRIOS

O teste de detecção de vazamentos em reservatórios é crucial para garantir a integridade e o funcionamento adequado dos sistemas de armazenamento de água. Para realizar esse teste, o reservatório deve ser preenchido com água até o nível máximo permitido pelo mecanismo de controle de nível. Todos os pontos de utilização, como torneiras e conexões, devem ser fechados para garantir que não haja consumo de água durante o teste. Se o sistema possuir motobomba, o registro de limpeza deve estar fechado, e, em sistemas sem recalque, a torneira de boia deve ser amarrada para evitar a entrada ou saída de água.

Após o preenchimento do reservatório, marque o nível da água com um lápis ou giz. Esta marcação servirá como referência para monitorar quaisquer alterações no nível durante o teste. É essencial observar o reservatório e suas conexões para identificar sinais de vazamentos. Verifique se há água saindo pelo extravasor ou se o nível da água diminui de forma inexplicada. O monitoramento contínuo é necessário para detectar variações que possam indicar a presença de vazamentos.

De acordo com a NBR 5626:2020, um reservatório é considerado estanque se, ao longo de um período de 72 horas, não houver variações significativas no nível da água e nenhum vazamento for detectado. Esse período é crucial para garantir que o reservatório mantenha sua integridade durante o funcionamento normal. Vazamentos em reservatórios inferiores podem ser causados por problemas na impermeabilização, no sistema estrutural ou pela passagem de água pelo registro da tubulação de limpeza. Para identificar esses vazamentos, deve-se realizar um teste com o registro do cavalete aberto, o que ajuda a verificar a presença de fugas que não são visíveis durante a inspeção visual.

Caso sejam detectados vazamentos durante o teste, é importante identificar a origem e adotar as medidas corretivas necessárias. Isso pode incluir a reparação da impermeabilização, ajuste da estrutura do reservatório ou substituição de componentes danificados. A correção rápida é fundamental para evitar maiores problemas e garantir o funcionamento eficiente do sistema de armazenamento de água. Realizar esses testes é uma prática essencial para a manutenção e operação segura dos reservatórios, ajudando a prevenir desperdícios e danos e assegurando a longevidade e eficiência dos sistemas hidráulicos.

CONTAMINAÇÃO DA ÁGUA NO SISTEMA PREDIAL

A água proveniente da rede pública de abastecimento passa por um controle de qualidade para mantê-la dentro dos padrões exigidos pelo Ministério da Saúde. Por essa razão, a água distribuída pelas concessionárias estão isentas de micro-organismos até chegar aos reservatórios domiciliares. No entanto, caso o reservatório não esteja devidamente limpo e desinfectado, a água pode tornar-se inadequada para o consumo.

Todo reservatório deve ser construído com material adequado para não comprometer a potabilidade da água. Mesmo assim, um dos principais inconvenientes do uso dos reservatórios, além do custo adicional, é de ordem higiênica, pela facilidade de contaminação, especialmente para os usuários que se localizam próximos de locais específicos da rede de distribuição, como pontas de rede, onde, em geral, a concentração de cloro residual é muitas vezes, inexistente.

A localização imprópria do reservatório, a negligência do usuário em relação à sua conservação, a falta de cobertura adequada e a ausência limpezas periódicas são os principais fatores que contribuem para a alteração da qualidade da água no sistema predial.

INFILTRAÇÃO DE ÁGUA PELAS TAMPAS DOS RESERVATÓRIOS

A contaminação da água em reservatórios pode estar diretamente relacionada às tampas de acesso das câmaras do reservatório elevado. Isso pode ocorrer devido à falta de detalhamento no projeto dos reservatórios, às vezes, nem mesmo contemplando a locação adequada desses itens, ou ainda devido à execução e instalação incorretas, que podem permitir a admissão de água contaminada no interior do reservatório. Para evitar tais problemas, as tampas de acesso aos reservatórios devem ser estanques em seu fechamento, impedindo a entrada de insetos, roedores e sujeiras que possam comprometer a potabilidade da água.

Os reservatórios industrializados feitos de fibra de vidro e materiais similares geralmente vêm com tampas fabricadas de forma correta e estanque, ao contrário dos reservatórios construídos em concreto armado, que podem apresentar deficiências nesse aspecto se não forem projetados e instalados corretamente. Quando um reservatório está localizado no subsolo, é essencial que as tampas de acesso sejam elevadas pelo menos 10 cm em relação ao piso acabado e nunca estejam rentes a ele. Essa elevação ajuda a evitar a contaminação por infiltração de água e garante uma melhor proteção contra a entrada de contaminantes.

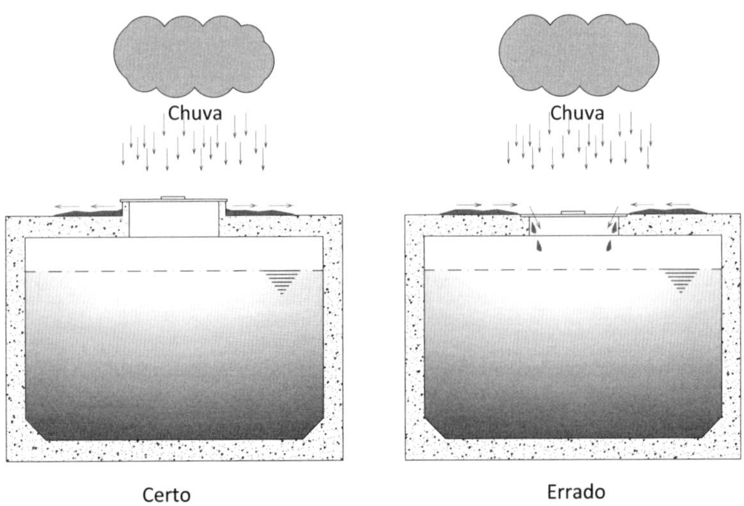

Figura 3.9 Detalhe da tampa de visita do reservatório.

ZONAS DE ESTAGNAÇÃO NA CISTERNA

O reservatório deve ter uma forma geométrica e volumetria que favoreça o contínuo fluxo de mistura por igual da água, não permitindo zonas de estagnação que comprometam o equilíbrio de sua potabilidade. A água sempre deve ser renovada através de sua movimentação equilibrada em todo o seu volume, desde a água que ingressa até a água que sai para o consumo (veja Figura 3.10).

O "tubo pescador" é outro detalhe importante que pode garantir uma melhor recirculação de água, evitando zonas de estagnação em reservatórios com reserva de incêndio. Sua função é simples: ele "pesca" a água do fundo destinada para a reserva de incêndio e a utiliza para o consumo da edificação, promovendo assim a renovação contínua. Dessa forma, também favorece menor acúmulo de partículas e sujeiras no fundo do reservatório.

É importante ressaltar que o "tubo pescador"(veja Figura 3.2) não usa a água destinada à combate à incêndio, pois sua saída está posicionada acima do nível da reserva. Se o reservatório se esvaziar até atingir o nível da reserva de incêndio, ele para de abastecer o prédio, seguindo o princípio dos vasos comunicantes.

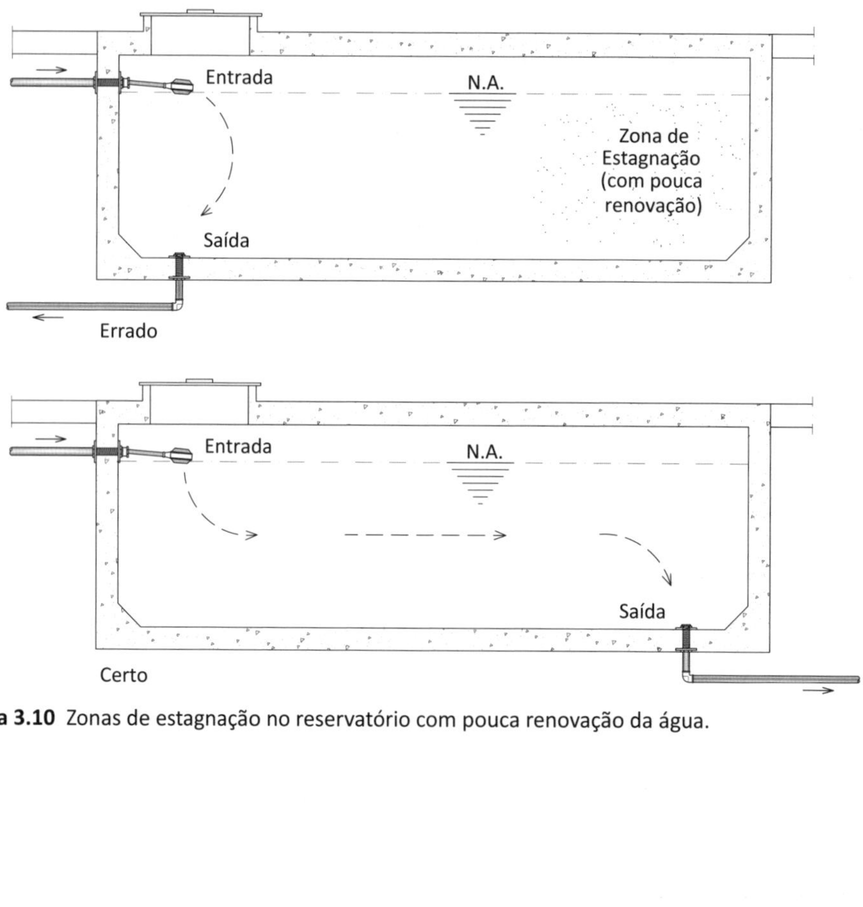

Figura 3.10 Zonas de estagnação no reservatório com pouca renovação da água.

AUSÊNCIA DE LIMPEZA DO RESERVATÓRIO

Muitas vezes, os projetistas negligenciam as operações de manutenção e limpeza dos reservatórios, sem considerar a necessidade de interromper a distribuição de água para a edificação. Quando o projeto prevê apenas uma câmara única para reservatórios e cisternas, a edificação enfrenta sérios problemas operacionais em caso de vazamento, necessidade de limpeza ou reparo nas boias. Exceto em residências unifamiliares, um bom projeto deve sempre contemplar a possibilidade de ter duas células de reserva, permitindo que uma esteja sempre em funcionamento e a outra seja utilizada para manutenção.

A limpeza e desinfecção dos reservatórios são essenciais para garantir a higiene, profilaxia e segurança dos usuários do sistema de abastecimento de água predial. É fundamental realizar a limpeza periódica dos reservatórios pelo menos duas vezes ao ano para assegurar a potabilidade da água, que pode ser um veículo direto ou indireto para a transmissão de doenças. A limpeza e desinfecção devem seguir os requisitos estabelecidos no Anexo F – Procedimento de limpeza e desinfecção do sistema de água fria e quente da NBR 5626:2020.

Após interromper o abastecimento e escoar toda a água do reservatório até atingir o nível de fundo, deve-se iniciar a limpeza física para remover as sujeiras acumuladas. Em seguida, encha o reservatório novamente e remova a água pela tubulação de limpeza, garantindo que todo o líquido e sujeira sejam retirados do interior do reservatório. Após essa etapa, encha o reservatório com água potável e, com o sistema preenchido, adicione um litro de hipoclorito de sódio a 2,5% para cada 1.000 litros de água. Mantenha o sistema em repouso por no mínimo 2 horas e permita o escoamento da água com a concentração de cloro livre descrita em cada trecho da tubulação.

Após a desinfecção, abasteça novamente o reservatório com água potável e colete amostras da água das peças de utilização linearmente mais a jusante da fonte de abastecimento para verificar a potabilidade da água. Esse procedimento garante que o reservatório esteja devidamente limpo e a água segura para consumo.

PRESERVAÇÃO DA POTABILIDADE DA ÁGUA

De acordo com a NBR 5626:2020 - Sistema prediais de água fria e água quente - Projeto, execução, operação e manutenção, a potabilidade da água no sistema predial deve ser monitorada periodicamente. Atenção especial deve ser dada aos reservatórios de água fria e quente, e todas as partes acessíveis dos componentes que têm contato com a água devem ser limpas periodicamente. Caso seja constatada eventual contaminação da água do sistema, deve-se determinar e eliminar sua causa. Neste caso, os sistemas de água fria e água quente devem ser submetidos a um procedimento que restaure as condições de preservação da potabilidade da água.

Todos os requisitos importantes para a preservação da potabilidade da água nos sistemas prediais de água fria e água quente estão descritos no item 8 da NBR

5626:2020. Com relação às atividades de manutenção visando a preservação da qualidade da água, a norma recomenda:

- Limpeza semestral dos reservatórios e do sistema de distribuição;
- Verificação anual do funcionamento de dispositivos de proteção contra refluxo;
- Verificação semestral da simultaneidade da operação das válvulas redutoras de pressão montadas em estações redutoras de pressão;
- Verificação semestral da capacidade filtrante de dispositivos e elementos filtrantes;
- Verificação semestral da deterioração e oxidação dos componentes.

PROTEÇÃO CONTRA O REFLUXO DE ÁGUA SERVIDA

De acordo com o item 6.15.2 da NBR 5626:2020, devem ser adotadas "medidas de proteção contra o refluxo de água servida", para preservar a potabilidade da água da fonte de abastecimento nos pontos de suprimento e de utilização dos sistemas prediais de abastecimento de água. É fundamental que todos os pontos de utilização que possam estar sujeitos a condições de conexão cruzada estejam protegidos contra o refluxo.

A separação atmosférica padronizada é o método mais eficaz para prevenir o refluxo. A Figura 3.11 ilustra a separação atmosférica padronizada em reservatórios superior e inferior, levando em consideração os valores mínimos indicados na tabela inserida na figura. Esse método garante que a água não contaminada não entre em contato com a água servida, mantendo a qualidade e a segurança da água fornecida.

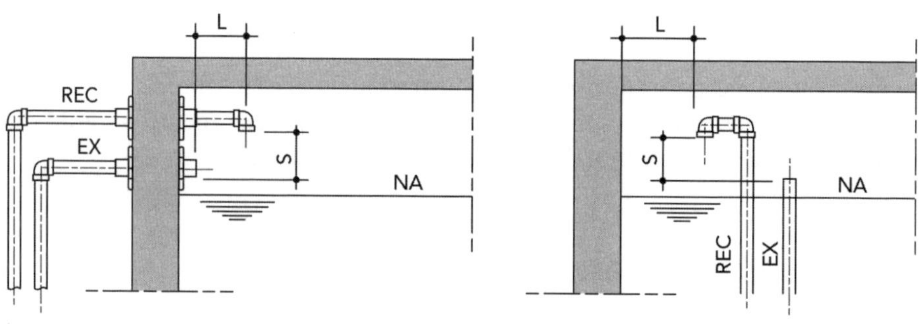

Separação atmosférica padronizada em reservatório superior

Figura 3.11 Separação atmosférica padronizada em reservatório (*continua*).

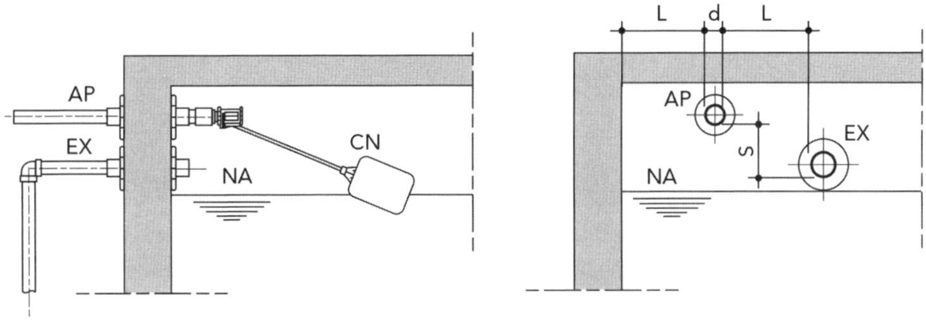

Separação atmosférica padronizada em reservatório inferior

Legenda

AP – Alimentador predial
CN – Dispositivo automático de controle de nível
EX – Extravasor
REC – Recalque
NA – Nível d'água (máximo)
d – Diâmetro interno do tubo a montante no ponto de suprimento ou de utilização
L – Distância mínima entre o ponto de suprimento ou de utilização e qualquer obstáculo periférico (L ≥ 3d)
S – Separação atmosférica mínima

d mm	s mm
≤ 14	≥20
14 < d ≤ 21	≥25
21 < d ≤ 41	≥70
d > 41	≥2d

Figura 3.11 (*Continuação*) Separação atmosférica padronizada em reservatório.

FALTA DE ÁGUA NO SISTEMA DE DISTRIBUIÇÃO

Normalmente, a falta d'água no sistema predial ocorre em três situações: quando há interrupção no fornecimento pela rede pública de abastecimento, quando o reservatório não enche por completo devido a pressão insuficiente para alimentá-lo, ou quando o reservatório está subdimensionado. Além disso, a falta d'água pode ocorrer de forma isolada em algum ponto da instalação, causada por diversos fatores, como entupimento momentâneo no ramal predial ou na torneira de boia, registro geral fechado, presença de ar no interior da tubulação, ou obstrução no interior das conexões por excesso de adesivo.

Para solucionar a obstrução causada pelo excesso de adesivo, é necessário substituir a conexão afetada e realizar a soldagem novamente, seguindo os procedimentos adequados. É importante evitar a aplicação excessiva de adesivo durante o processo de colagem para prevenir esse tipo de problema e garantir o bom funcionamento do sistema de abastecimento de água.

FALTA DE ÁGUA NA REDE PÚBLICA

A ausência de água na rede pública pode ser causada por obstruções na rede de distribuição, que impedem a chegada da água aos reservatórios, ou por vazamentos na própria rede, considerados pontos vulneráveis do sistema de abastecimento. Além disso, a pressão insuficiente na rede pública pode resultar em um abastecimento inadequado dos reservatórios prediais, agravando a falta d'água nas edificações.

É crucial que as concessionárias de água realizem manutenções regulares e inspeções na rede de distribuição para identificar e corrigir esses problemas. A detecção precoce de obstruções e vazamentos, bem como a manutenção adequada da pressão na rede, são medidas essenciais para garantir um fornecimento contínuo e eficiente de água aos usuários, assegurando a confiabilidade e a qualidade do serviço de abastecimento.

PRESSÃO INSUFICIENTE PARA A ALIMENTAÇÃO DO RESERVATÓRIO

A água da rede pública apresenta uma determinada pressão, que varia ao longo da rede de distribuição. Se o reservatório domiciliar estiver localizado a uma altura superior àquela que a pressão da rede pode alcançar, a rede não terá capacidade para alimentá-lo adequadamente. Como limite prático, recomenda-se que a altura do reservatório em relação à via pública não ultrapasse 9 metros.

Quando o reservatório não pode ser alimentado diretamente pela pressão da rede pública, é necessário utilizar um sistema de recalque, composto, no mínimo, por dois reservatórios: um inferior e um superior. O reservatório inferior é abastecido pela rede pública e, por meio de um sistema de recalque (conjunto motor e bomba), transfere a água para o reservatório superior. Este, por sua vez, distribui a água por gravidade para os pontos de consumo no edifício.

Portanto, a utilização de um reservatório inferior e um sistema de recalque torna-se necessária em edifícios com mais de três pavimentos, a fim garantir o abastecimento adequado de água. Veja a Figura 3.1 para um exemplo ilustrativo desse sistema.

RESERVATÓRIO SUBDIMENSIONADO

Os reservatórios domiciliares têm sido utilizados para compensar a falta d'água na rede pública, resultante de falhas existentes no sistema de abastecimento e na rede de distribuição. Ao definir a capacidade total de reservação de água potável, é essencial levar em consideração a frequência e duração das eventuais interrupções no fornecimento, assegurando a continuidade do abastecimento. A falta d'água no sistema predial de água fria também pode estar relacionada ao subdimensionamento do reservatório de água potável.

De acordo com a NBR 5626:2020, os reservatórios devem ser dimensionados para garantir o abastecimento contínuo e adequado de toda a edificação. O volume de água reservado para uso doméstico deve ser, no mínimo, suficiente para 24 horas de consumo normal no edifício, incluindo um volume adicional para combate a incêndio, caso esse armazenamento seja compartilhado no mesmo reservatório.

Em alguns casos, considerando a intermitência do abastecimento da rede pública e a complexidade de edifícios de múltiplos pavimentos, recomenda-se manter uma reserva de água suficiente para dois dias de consumo. Essa medida visa garantir a disponibilidade de água em situações de falhas no sistema elevatório ou em casos de interrupções prolongadas no fornecimento pela rede pública.

MANIFESTAÇÕES PATOLÓGICAS EM SISTEMAS DE RECALQUE

De acordo com a NBR 5626:2020, "o sistema de recalque deve possuir no mínimo duas bombas com funcionamento independente entre si, com vistas a garantir o abastecimento de água em caso de falha ou desativação de uma delas para manutenção". Entre os diversos tipos de bombas, como centrífugas, de êmbolo (pistão), injetoras e de ar comprimido, a bomba centrífuga é a mais utilizada nos sistemas prediais. Essas bombas, devido ao seu tamanho reduzido comparado às de sistemas de abastecimento público, geralmente não apresentam muitos problemas. No entanto, é essencial monitorar alguns aspectos importantes, tais como:

- Vazamentos;
- Sobreaquecimento do motor;
- Ruídos anormais;
- Má fixação na base;
- Vibrações anormais;
- Sinais de corrosão;
- Cabos elétricos descascados, aquecidos ou soltos;
- Cavitação.

O sobreaquecimento do motor, as vibrações e os ruídos anormais são frequentemente causados por falhas de projeto, como a operação da bomba fora da faixa de rendimento ideal — com baixa pressão e excesso de vazão, ou alta pressão e pouca vazão. Em edifícios altos, a transmissão de ruídos pode ocorrer especialmente se o conjunto motor-bomba não estiver adequadamente fixado sobre uma base firme, geralmente de concreto. Essa base deve ser dimensionada um pouco maior que a base do conjunto e preenchida com argamassa adequada, evitando retração e assegurando o preenchimento total.

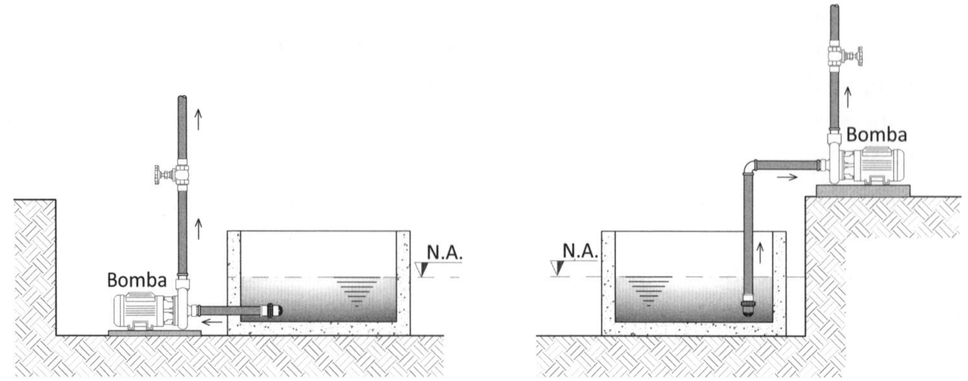

Figura 3.12 Disposição do conjunto motor bomba.

A cavitação é outro problema comum em sistemas de recalque com bombas centrífugas. Esse fenômeno físico ocorre quando há vaporização do líquido devido à redução da pressão, resultando na formação de bolhas de vapor. O ruído característico da cavitação se assemelha ao som de areia ou pedregulhos, causado pela implosão dessas bolhas dentro do rotor. Para prevenir a cavitação, recomenda-se adotar medidas como: aumentar o nível do líquido no tanque de sucção, baixar o ponto de sucção, manter a tubulação sempre cheia, dimensionar corretamente o sistema, além de reduzir a temperatura do fluido e a velocidade de escoamento.

Além dos problemas mecânicos, o sistema elétrico também pode apresentar falhas, como inversão do sentido de rotação do motor, fios subdimensionados, deficiência na energia elétrica e falta de lubrificação dos rolamentos. Uma verificação periódica a cada quinze dias é crucial para detectar e corrigir esses problemas antes que causem grandes prejuízos ou interrupções no sistema de recalque. A mesma atenção deve ser dada às bombas de incêndio e outras bombas destinadas a serviços eventuais, garantindo a eficiência e a segurança do sistema predial.

DEFORMAÇÃO EM TUBULAÇÕES DE RECALQUE

Deformações em tubulações do sistema de recalque podem comprometer significativamente o desempenho e a segurança do abastecimento de água. Essas deformações geralmente ocorrem devido a tensões internas excessivas, resultantes de pressões inadequadas, movimentos térmicos ou suporte estrutural insuficiente das tubulações.

Além de garantir um espaço adequado para a instalação e operação das bombas, é essencial que os registros de gaveta do sistema elevatório sejam manuseados corretamente para evitar problemas nas tubulações de recalque e sucção. O funcionamento inadequado desses registros pode gerar sérias consequências para o sistema de recalque. Por exemplo, se um dos registros permanecer fechado por esquecimento, a água na tubulação de recalque e sucção da bomba pode aquecer. Esse aumento de temperatura pode levar à deformação dos tubos, comprometendo a integridade e a eficiência do sistema.

Em caso de deformação dos tubos, é fundamental realizar uma verificação completa do dimensionamento da bomba e das condições de operação. É necessário garantir que a bomba esteja operando dentro das especificações adequadas, pois bombas subdimensionadas ou superdimensionadas podem causar estresse indevido nas tubulações. Os trechos danificados devem ser substituídos imediatamente para evitar futuros vazamentos ou rupturas, que podem comprometer o abastecimento de água e gerar custos de manutenção. Caso seja constatado que a bomba está subdimensionada, a substituição por um modelo adequado é uma medida necessária para garantir o funcionamento eficiente do sistema.

RUPTURAS EM CONEXÕES DO SISTEMA DE RECALQUE

O tensionamento causado pelas vibrações da tubulação é um fator crítico que pode levar à ruptura das conexões no sistema de recalque. Essas vibrações podem ser geradas pelo funcionamento irregular da bomba centrífuga ou pela falta de apoios adequados ao longo da tubulação. Para mitigar os efeitos dessas vibrações, é fundamental garantir que a base da bomba esteja solidamente fixada, o que ajuda a reduzir a transferência de movimentos para a tubulação. Uma solução eficaz é a instalação de um mangote de borracha entre a tubulação e a bomba de recalque. Esse componente atua como um amortecedor, absorvendo parte das vibrações e minimizando o impacto sobre as conexões.

Além disso, a falta de apoios adequados pode ser corrigida por meio da adoção de apoios rígidos em pontos estratégicos ao longo da tubulação. O uso de espaçamentos apropriados e a instalação de ancoragens próximas a mudanças de direção são medidas essenciais para assegurar a estabilidade do sistema. Essas práticas ajudam a distribuir uniformemente as tensões e a prevenir que o movimento da tubulação cause danos às conexões e outras partes do sistema. Implementar essas soluções não apenas prolonga a vida útil do sistema de recalque, mas também reduz a necessidade de manutenção e os custos associados a reparos emergenciais.

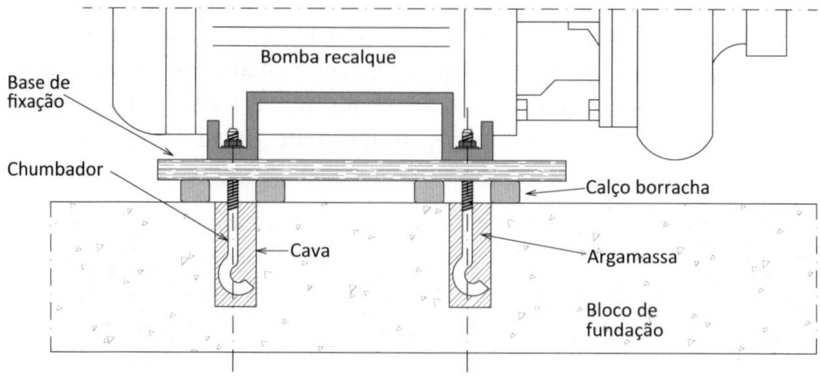

Figura 3.13 Detalhe da fixação da bomba.

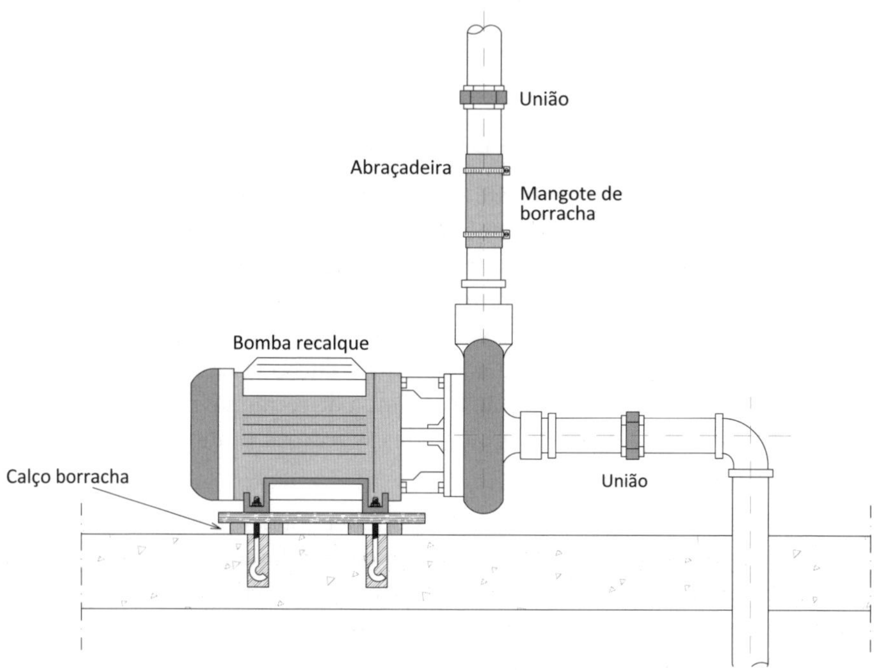

Figura 3.14 Fixação da bomba em base de concreto.

PRESSÕES MÍNIMA E MÁXIMA NO SISTEMA DE DISTRIBUIÇÃO

O dimensionamento das tubulações é fundamental para garantir o abastecimento de água com vazões e pressões conforme os parâmetros estabelecidos no projeto. No entanto, podem surgir problemas no sistema predial de água fria e quente relacionados à falta ou ao excesso de pressão. A NBR 5626:2020 estabelece limites para as pressões, que devem ser respeitados para assegurar o bom funcionamento do sistema.

Em edifícios mais altos, o reservatório de água instalado sobre a cobertura, geralmente sobre a caixa de escada, gera diferentes pressões. Quanto maior a diferença de cota do ramal em relação ao reservatório, maior a pressão. Isso implica que, nos pavimentos mais baixos, a pressão será maior, enquanto nos pavimentos próximos ao reservatório, a pressão da água nos pontos de utilização será menor.

A pressão elevada pode contribuir para as perdas e desperdício de água no sistema hidráulico de diversas formas, como o aumento da frequência de rupturas, a ocorrência de golpe de aríete ou o fornecimento excessivo de água em uma torneira, o que pode comprometer o funcionamento de equipamentos específicos.

Em residências, o desperdício de água pode ocorrer principalmente nas torneiras de jardim ou em outros pontos que sejam abastecidos diretamente pela rede pública, especialmente quando esta apresenta pressão elevada. Por outro lado, nos sistemas indiretos, por gravidade, é comum a insuficiência de pressão quando o reservatório está localizado sob o telhado.

Portanto, o dimensionamento das tubulações deve ser cuidadosamente realizado para garantir o abastecimento adequado de água, levando em consideração tanto as vazões quanto as pressões, de acordo com os parâmetros estabelecidos no projeto.

TIPOS DE PRESSÃO NOS SISTEMAS PREDIAIS

Nos sistemas prediais de água fria e água quente (SPAFAQ), lidamos principalmente com três tipos de pressões: estática, dinâmica e de serviço. A pressão estática ocorre quando a água está em repouso, ou seja, parada, enquanto a pressão dinâmica ocorre quando a água está em movimento, ou seja, não está em repouso. A pressão de serviço, por sua vez, é a pressão máxima à qual podemos submeter um tubo ou qualquer outro dispositivo hidráulico em condições normais de operação.

Além da pressão estática, da pressão dinâmica e da pressão de serviço, na elaboração de laudos, são considerados outros tipos e definições, como a pressão de ensaio, a pressão de trabalho e a pressão disponível.

Considerar esses diferentes tipos de pressão é essencial para garantir o correto dimensionamento e funcionamento dos sistemas prediais de água fria e água quente, bem como para avaliar sua segurança e eficiência.

Pressão estática

Com relação à pressão estática, a norma NBR 5626:2020 estabelece que: "Em uma instalação predial de água fria, em qualquer ponto, a pressão estática máxima não deve ultrapassar 400 kPa (40 m.c.a.)". Isso significa que a diferença entre a altura do reservatório superior e o ponto mais baixo da instalação predial não deve ser maior do que 40 m. Uma pressão acima desse valor pode causar:

- Ruídos nas instalações;
- Vibrações e danos em equipamentos, como válvulas, torneiras e chuveiros;
- Golpe de aríete, resultando em panes nos equipamentos ligados à rede hidráulica;
- Rachaduras (rupturas) nas conexões, ocasionando vazamentos e exigindo manutenção constante nas instalações;
- Excesso de consumo de água nos aparelhos sanitários e peças de utilização, como torneiras e duchas.

Dessa forma, devem-se tomar cuidados especiais em edifícios com mais de 40 m de altura, o que normalmente se aplica a edificações com mais de treze pavimentos convencionais (considerando um pé-direito de 3 m, temos 3 m × 13 = 39 m). A solução mais utilizada pelos arquitetos e projetistas para evitar problemas relacionados à pressão estática, que ocupa menos espaço, é o uso de válvulas redutoras de pressão.

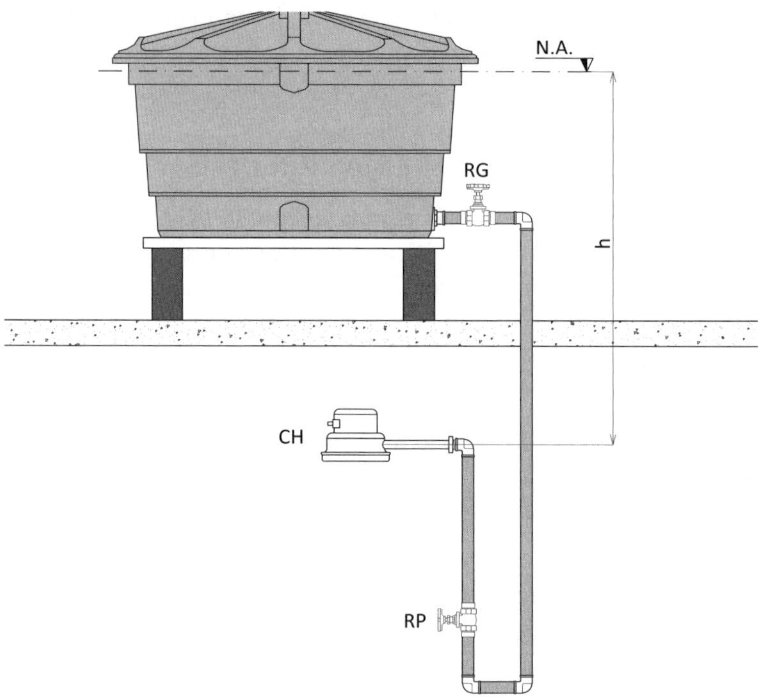

Figura 3.15 Pressão estática no ponto do chuveiro.

Pressão dinâmica

Com relação à pressão dinâmica, de acordo com a NBR 5626:2020, "em qualquer ponto da rede predial de distribuição, a pressão da água em regime de escoamento não deve ser inferior a 5 kPa (0,5 m.c.a.), excetuados os trechos verticais de tomada d'água nas saídas de reservatórios elevados para os respectivos barriletes em sistemas indiretos, em que a pressão dinâmica mínima em cada ponto é dada pelo correspondente desnível geométrico ao nível d'água de cota mais baixa no reservatório, descontada a perda de carga até o ponto considerado." Esse valor visa impedir que o ponto crítico da rede de distribuição, geralmente o ponto de encontro entre o barrilete e a coluna de distribuição, possa obter pressão negativa.

A pressão dinâmica requerida para o adequado funcionamento da peça de utilização ou do correspondente aparelho sanitário, operando com vazão de projeto, pode ser obtida junto ao respectivo fabricante. Em qualquer caso, deve ser inferior a 10 kPa (1 m.c..a.). O fabricante deve definir os valores-limites da pressão dinâmica para as peças de utilização de sua produção, respeitando sempre as normas específicas.

Uma pressão insuficiente nas peças de utilização, em desconformidade com as pressões estabelecidas pelos fabricantes, ocasionará um mau funcionamento dos aparelhos sanitários. Por outro lado, uma pressão excessiva tende a aumentar desnecessariamente o consumo de água. Portanto, em condições dinâmicas, os valores das pressões nessas peças devem ser controlados, a fim de se aproximarem dos mínimos necessários.

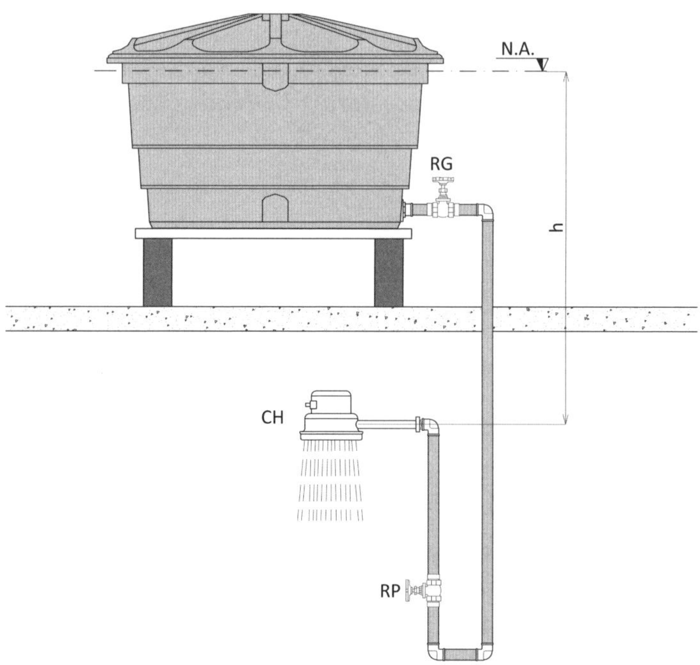

Figura 3.16 Pressão dinâmica no ponto do chuveiro.

Pressão de serviço

A ocorrência de sobrepressões devidas a transientes hidráulicos deve ser considerada no dimensionamento das tubulações. De acordo com a NBR 5626:2020, "essas sobrepressões em relação à pressão dinâmica prevista em projeto são admitidas desde que não superem 200 kPa (20 m.c.a.)". Isso significa que a pressão de serviço não deve ultrapassar a 60 m.c.a., pois é o resultado da máxima pressão estática (40 m.c.a.) somada à máxima sobrepressão (20 m.c.a.).

Alguns profissionais da construção civil que executam instalações em prédios de grande altura às vezes optam por utilizar tubos metálicos, acreditando que estes são mais resistentes do que os tubos de PVC. No entanto, é importante ressaltar que o conceito de pressão máxima independe do tipo de tubulação, pois a norma não faz distinção em relação aos materiais nos quais as tubulações são fabricadas.

Pressão de ensaio

A pressão de ensaio é a pressão aplicada durante testes para verificar a integridade, estanqueidade e resistência de um sistema hidráulico e sanitário.

Pressão de trabalho

A pressão de trabalho é a pressão máxima permitida durante a operação normal de um sistema. Ela se refere ao valor da pressão, seja estática ou dinâmica, ao qual um componente é submetido em condições normais de funcionamento.

Pressão disponível

A pressão disponível é a pressão dinâmica presente em uma determinada seção da tubulação, medida ao longo de sua linha de eixo, após a consideração das perdas de carga e do desnível geométrico. Esta pressão é calculada a partir de um valor conhecido de pressão dinâmica em outra seção da tubulação, respectivamente a jusante e a montante.

INTERFACES DO RESERVATÓRIO COM A PRESSÃO DINÂMICA

A altura do reservatório é um fator determinante no cálculo das pressões dinâmicas nos pontos de utilização de água. Independentemente do tipo de reservatório, ele deve ser posicionado a uma altura para garantir o perfeito funcionamento das peças de utilização e aparelhos sanitários.

É importante destacar que a pressão dinâmica não depende do volume de água contido no reservatório, mas sim da altura do reservatório e das perdas de carga. Cabe ao arquiteto compatibilizar os aspectos técnicos para o posicionamento da caixa-

-d'água com sua proposta arquitetônica. Entretanto, a altura da caixa-d'água deve ser calculada pelo engenheiro hidráulico e, posteriormente, alinhada com as alturas estabelecidas nos projetos arquitetônico e estrutural.

Além da altura, a localização inadequada do reservatório no projeto arquitetônico, quando distante dos pontos de utilização, também pode impactar a pressão da água nos pontos de utilização devido às perdas de carga que ocorrem durante o percurso da água na rede de distribuição. Isso se deve a diferença entre a energia inicial e a energia final da água quando ela flui em uma canalização de um ponto ao outro.

O reservatório deve ser localizado o mais próximo possível dos pontos de consumo. O ideal é posicioná-lo de forma equidistante dos pontos de consumo, reduzindo assim as perdas de carga e a altura necessária para compensá-las.

É importante lembrar que, na prática, não existe escoamento em tubulações sem perda de carga. O objetivo é minimizar essas perdas a níveis aceitáveis para evitar a diminuição de pressão nas peças de utilização. Os tubos de PVC, devido às suas paredes mais lisas, oferecem menores perdas de carga.

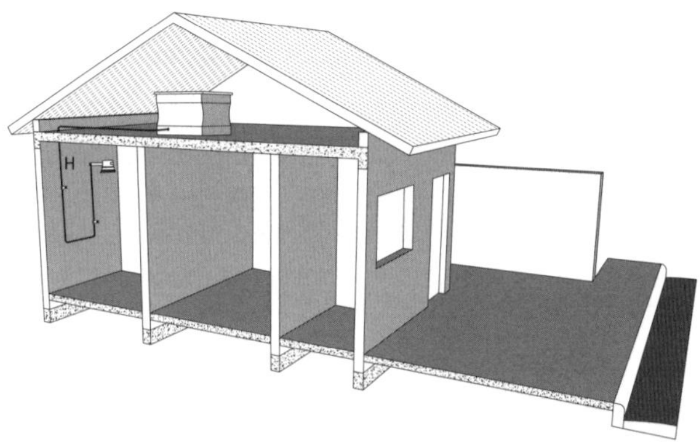

Figura 3.17 Reservatório sob o telhado (< pressão no ponto do chuveiro).

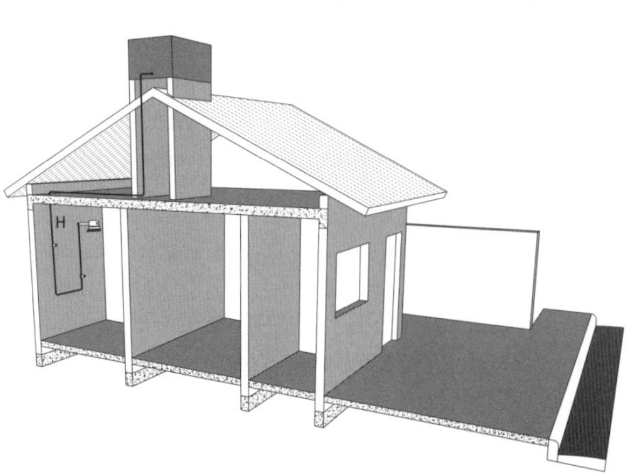

Figura 3.18 Reservatório sobre o telhado (> pressão no ponto do chuveiro).

3.19 Exemplos de perdas de carga.

MANUTENÇÃO DOS DISPOSITIVOS CONTROLADORES DE PRESSÃO

As peças de utilização são projetadas para funcionar com pressões (máximas e mínimas) preestabelecidas pelos fabricantes dos tubos, dispositivos e aparelhos sanitários. Portanto, uma das maiores preocupações nos sistemas hidráulicos é garantir a pressão adequada nos pontos de utilização.

Atualmente, existem no mercado dispositivos que podem elevar ou reduzir a pressão da água nas canalizações conforme necessário. Quando há falta de pressão na rede, o pressurizador é um recurso eficiente para aumentá-la. Por outro lado, quando a pressão é elevada (acima de 40 m.c.a.), podem ser utilizadas válvulas reguladoras de pressão para reduzi-la a níveis adequados.

MANÔMETROS: MANUTENÇÃO E PREVENÇÃO DE FALHAS

Os manômetros são dispositivos que medem a pressão do fluido em um sistema, incluindo sistemas de água potável. No entanto, podem ocorrer manifestações patológicas, como vazamentos, falhas de calibração, corrosão, obstruções ou danos mecânicos, podem ocorrer nos manômetros ao longo do tempo. Esses problemas podem surgir devido a vários fatores, como condições ambientais adversas, má instalação, desgaste natural e falta de manutenção adequada.

Para evitar essas manifestações, é essencial realizar inspeções regulares e manutenção preventiva nos manômetros para garantir seu funcionamento correto e confiável. Isso inclui verificar periodicamente a precisão da leitura, realizar a limpeza e substituição conforme necessário, além de garantir que os manômetros estejam protegidos contra ambientes possam causar danos. A prevenção de problemas nos manômetros contribui para a segurança e o bom funcionamento dos sistemas prediais de água potável.

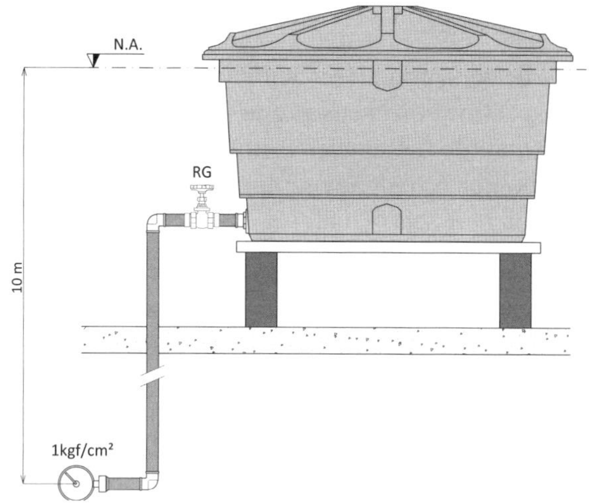

Figura 3.20 Medição da pressão estática.

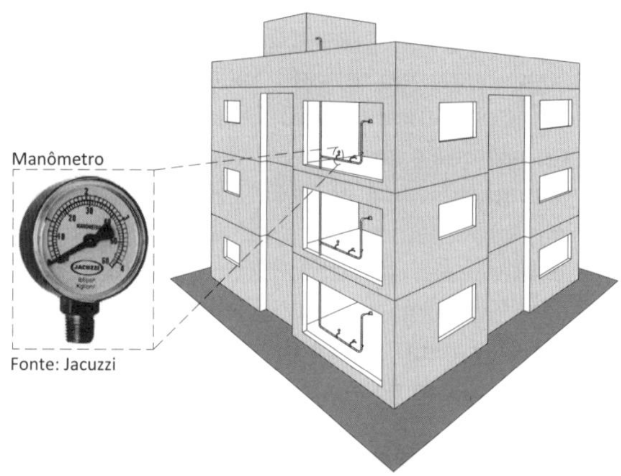

Figura 3.21 Manômetro (instrumento utilizado para medir pressões).

INSTALAÇÃO E MANUTENÇÃO DE PRESSURIZADORES

Além do custo reduzido, os pressurizadores praticamente não exigem manutenção, desde que sejam corretamente dimensionados e instalados. Eles estão disponíveis em diversos modelos no mercado e podem ser utilizados em uma ampla gama de ambientes, incluindo residências, apartamentos, hotéis, motéis, hospitais, restaurantes, para alimentação de lavatórios, chuveiros, duchas, máquinas de lavar, entre outros. Também são úteis em indústrias para alimentar máquinas e equipamentos, eliminando a necessidade de construção de torres para caixa-d'água.

Para escolher o melhor pressurizador de água para a aplicação desejada, deve-se considerar o número de pontos de consumo de água simultâneos. Para pressurizar apenas um ponto de consumo de água, como uma torneira ou uma máquina de lavar, os pressurizadores de ponto são os mais indicados. Por outro lado, para aumentar a pressão de mais de um ponto de consumo ao mesmo tempo, como em chuveiros e torneiras, os pressurizadores de linha são os mais indicados.

Os pressurizadores de água podem ser acionados de duas maneiras: por fluxostato ou pressostato. O fluxostato é um sensor que detecta automaticamente o fluxo de água e aciona a bomba quando um chuveiro, uma torneira ou registro são abertos. No caso do pressostato, a bomba é acionada sempre que há uma queda de pressão e funciona até que a pressão da rede seja restaurada, momento em que a bomba é desligada.

Alguns fabricantes recomendam cuidados especiais na instalação desses equipamentos, principalmente em relação à localização e à prevenção de ruídos. O pressurizador deve ser instalado o mais distante possível de locais onde o silêncio é necessário, como dormitórios, escritórios e salas de reunião. Para evitar ruídos causados por vibrações, a instalação diretamente sobre lajes, especialmente aquelas de grandes dimensões e pequena espessura, deve ser evitada. Quando instalado sobre lajes, deve-se providenciar uma base com amortecedores.

Na definição do sistema de pressurização, é importante considerar o aproveitamento eficiente da pressão disponível e consultar os requisitos de projeto no item 6.5.11 da ABNT NBR 5626:2020. O sistema de pressurização deve ter, no mínimo, duas bombas com funcionamento independente, garantindo o abastecimento de água em caso de falha ou desativação de uma delas para manutenção. O sistema não deve ser acionado quando o nível d'água no reservatório que o abastece estiver no mínimo operacional, para evitar danos à bomba por operar na ausência de água. O sistema deve incluir um desvio (*by-pass*) com válvula de retenção e sem válvulas de bloqueio, garantindo o abastecimento por gravidade automaticamente em caso de falha ou manutenção da bomba. Além disso, o sistema de pressurização deve contar com dispositivos que permitam a admissão de ar na tubulação durante o esvaziamento, a expulsão do ar durante o enchimento e a eliminação de bolhas durante a operação normal.

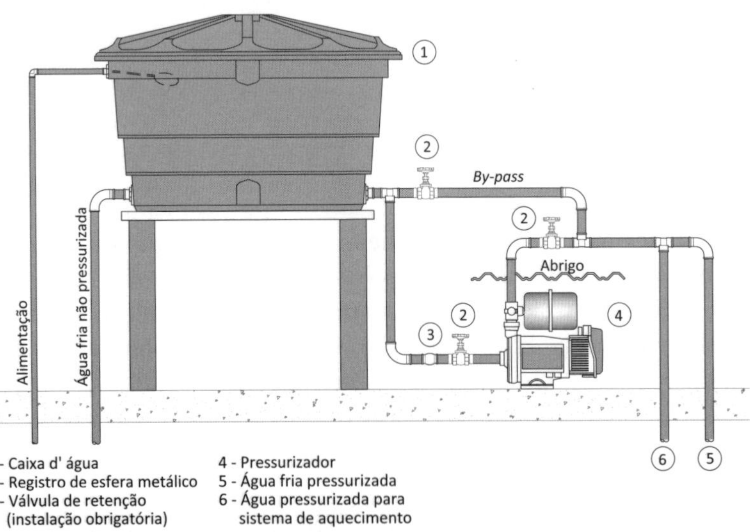

Figura 3.22 Pressurizador em residência domiciliar.

Tabela 3.1 Manifestações patológicas em pressurizadores.

Problema	Causa provável	Correção
O pressurizador não liga automaticamente ao abrir o registro de um ou mais pontos de utilização.	Disjuntor encontra-se desligado	Religue o disjuntor.
	O reservatório de água encontra-se vazio.	Providencie o reabastecimento do reservatório e elimine o ar da tubulação.
	O registro geral da instalação hidráulica de sua residência encontra-se fechado.	Abra totalmente o registro geral da instalação.
	O registro do sistema *by-pass* encontra-se aberto e os registros de manutenção na entrada e saída do pressurizador encontram-se fechados.	Feche totalmente o registro do sistema *by-pass* e abra os registros de manutenção na entrada e saída do pressurizador.
	A tubulação encontra-se com ar.	Elimine o ar da tubulação.
O pressurizador não desliga automaticamente.	Existe vazamento em um ou mais pontos de instalação hidráulica, após o pressurizador.	Providencie a vedação de todos os vazamentos existentes.
	Os registros dos pontos de utilização não estão totalmente fechados.	Feche totalmente os registros dos pontos de uso.
	O registro do sistema *by-pass* encontra-se aberto.	Feche totalmente o registro do sistema *by-pass*.
O pressurizador leva um tempo além do normal para ligar ou desligar.	A tubulação encontra-se com ar.	Elimine o ar da tubulação.
	A tubulação e/ou o reservatório de água encontram-se com resíduos.	Providencie a limpeza da tubulação e/ou do reservatório de água, removendo totalmente os resíduos existentes.
Vazão de água pressurizada encontra-se insuficiente no ponto de utilização.	Vazamento na tubulação que alimenta o pressurizador.	Providencie a vedação de todos os vazamentos.
	O registro do sistema *by-pass* encontra-se aberto.	Feche totalmente o registro do sistema *by-pass*.

Fonte: Manual de Instalações Pressurizador Potenza (Cardal).

MANUTENÇÃO E FUNCIONAMENTO DE VÁLVULAS REDUTORAS DE PRESSÃO

A válvula redutora de pressão (VRP) é um subsistema composto por componentes que regulam a pressão de saída da água para setores coletivos da rede de distribuição predial de água fria e/ou quente. Esse tipo de válvula é utilizado para ajustar a pressão da rede predial, prevenindo danos nos ramais, ruídos nas instalações, golpe de aríete, consumo excessivo de água ou pane em equipamentos conectados à rede hidráulica devido à pressão excessiva.

Atualmente, há diferentes tipos de válvulas e modelos válvulas redutoras disponíveis no mercado. Elas podem ser instaladas em áreas técnicas acessíveis, como halls de serviços, térreos ou subsolos dos edifícios. Para especificar corretamente uma VRP, além das pressões à montante e a jusante, é necessário considerar a vazão máxima de trabalho da rede. A válvula não deve ser dimensionada apenas com base no diâmetro nominal da tubulação.

Quando for necessária a instalação de válvulas redutoras de pressão, é recomendável que ao menos duas sejam instaladas em paralelo, garantindo que uma esteja disponível como reserva em caso de manutenção. Segundo a NBR 5626:2020, a exigência de múltiplas válvulas não se aplica quando a VRP for destinada a uma única unidade condominial ou a reduzir a pressão de um setor específico. Nesse caso, uma única válvula, sem tubulação de desvio (*by-pass*), pode ser suficiente, desde que haja uma sobressalente disponível para reposição.

Em prédios que adotam a medição individualizada de água, é comum instalar um redutor de pressão de menor porte, para garantir que cada apartamento receba a água com pressão adequada, normalmente em torno de 10 m.c.a. Além de reduzir a pressão, esses dispositivos otimizam o consumo de água e prolongam a vida útil das instalações hidráulicas.

Embora a norma não especifique quais materiais devem ser usados para instalações com pressão estática acima de 40 m.c.a., é prudente utilizar tubos mais resistentes e garantir cuidado extra nas emendas e conexões.

Os principais problemas que ocorrem com válvulas redutoras incluem:

- Bloqueio de vazão: Pode ser causado por ruptura da mola ou outro defeito mecânico interno;
- Aumento de pressão de saída: Resultante da ruptura do diafragma, problemas no vedante ou outros defeitos internos;
- Vazamentos no corpo da válvula: Devem ser corrigidos por técnicos capacitados.

Para evitar entupimentos, recomenda-se a instalação de um filtro do tipo Y no cavalete das VRPs, para filtrar partículas presentes na água.[1] Em caso de bloqueio de vazão ou aumento de pressão de saída, a válvula deve ser removida e enviada para uma revisão especializada.

Apesar de apresentarem poucos problemas, as válvulas redutoras de pressão necessitam de monitoramento constante para verificar a presença de vazamentos, corrosão das partes metálicas internas, e o estado das molas, vedações e diafragmas, ou dispositivos similares. Recomenda-se realizar um rodízio semestral das VRPs para garantir que ambas as válvulas tenham o mesmo tempo de vida útil. Além disso, é importante realizar uma limpeza periódica do filtro, pelo menos a cada seis meses, para assegurar o funcionamento adequado do sistema e evitar obstruções.

1 Fonte: Gonçalves, Orestes Marraccini. In: Prado, Racine Tadeu de Araújo (org.). *Execução e manutenção de sistemas hidráulicos prediais*. São Paulo, Pini, 2000.

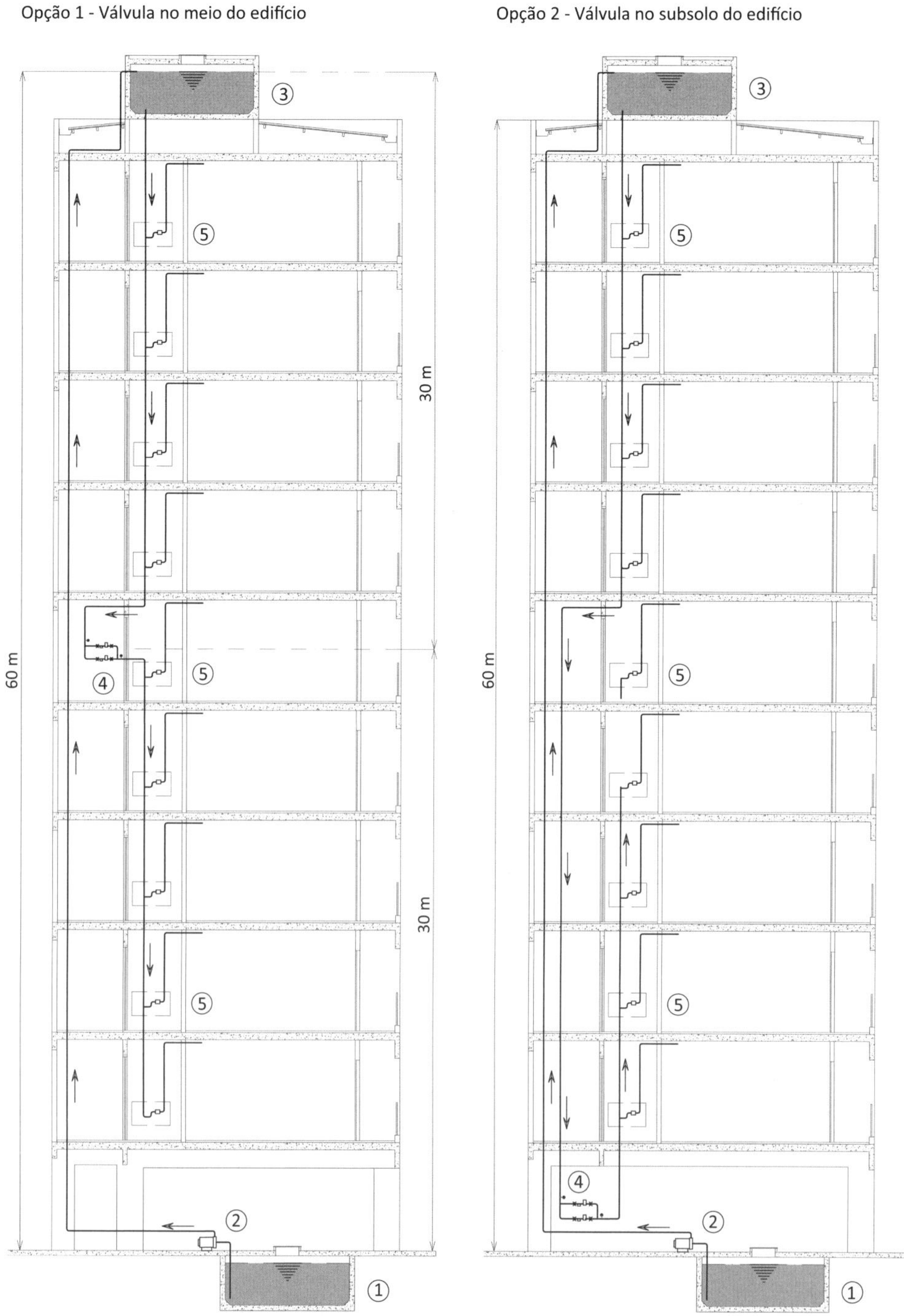

1 - Reservatório inferior
2 - Bomba centrifuga
3 - Reservatório superior
4 - Válvula redutora de pressão
5 - Hidrômetro

Figura 3.23 Soluções com válvulas redutoras de pressão.

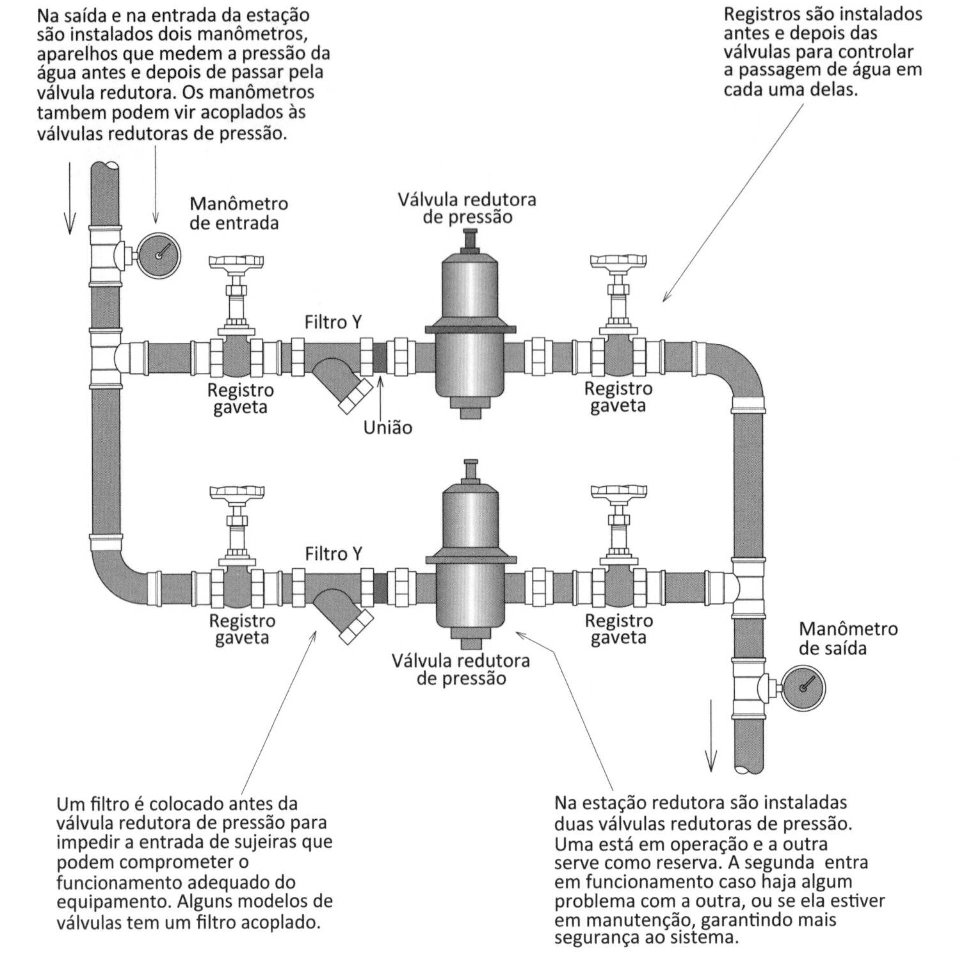

Figura 3.24 Instalação de VRP.

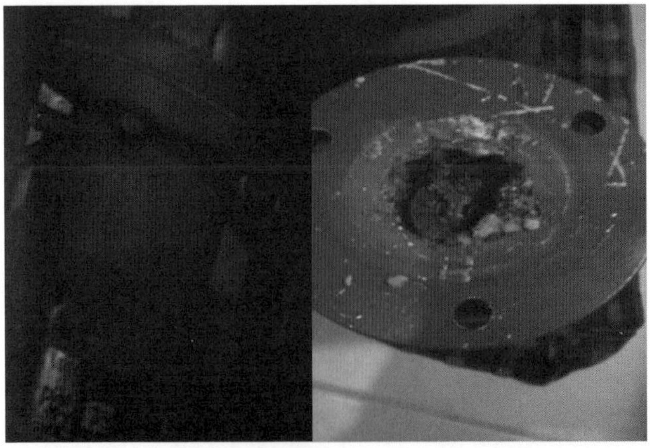

Figura 3.25 Válvula redutora de pressão entupida.

VAZAMENTOS DE ÁGUA NO SISTEMA PREDIAL

O primeiro indício de um vazamento no sistema predial é o aumento injustificável dos valores de consumo de água. Caso não tenha ocorrido um aumento na população da residência, rompimento de tubulações, limpeza de reservatórios, obras de reforma, etc., é provável que haja um vazamento significativo no sistema hidráulico.

São indícios de vazamentos:

- Manchas de umidade com aspecto esponjoso ou descolorido nos revestimentos de paredes e pisos;
- Fluxo de água fraco em vários pontos de utilização;
- Parede ou teto formando bolhas ou descascando;
- Som de escoamento de água quando nenhum ponto de utilização está aberto;
- Presença de vegetação em juntas de assentamento de pisos externos;
- Sistema de recalque continuamente ligado;

As principais causas de vazamentos incluem:

- Falta de capacitação da mão de obra;
- Tubulação fora de nível: uma conexão desnivelada pode ser forçada, trincando com o tempo e ocasionando vazamentos;
- Tubulação "envelopada": tubulação totalmente coberta com concreto, sem espaço para movimentação, que pode trincar devido à dilatação ou movimentação normal da estrutura;
- Tubulação aquecida para conserto: o aquecimento pode deixar as paredes da tubulação mais finas, reduzindo sua resistência e causando trincas e vazamentos.

VAZAMENTOS VISÍVEIS

Consideram-se vazamentos visíveis aqueles facilmente detectados pelos usuários do sistema, como os que ocorrem em pontos de utilização, como torneiras, duchas e chuveiros. Vazamentos também podem ocorrer em conexões ou trechos de tubulações aparentes. Esses vazamentos são facilmente identificados pelos usuários do sistema de água e podem ser causados por diversos fatores, incluindo desgaste das peças, defeitos nas conexões ou tubulações danificadas.

A detecção rápida e a correção desses vazamentos são importantes não apenas para evitar o desperdício de água, mas também para prevenir danos estruturais e reduzir custos com reparos. Portanto, a manutenção preventiva e a inspeção regular das instalações hidráulicas são fundamentais para identificar e solucionar esses vazamentos visíveis de forma eficaz.

VAZAMENTOS NÃO VISÍVEIS

Denominam-se vazamentos não visíveis aqueles que são dificilmente detectados pelos usuários, como os que ocorrem em tubulações enterradas ou embutidas em pisos ou paredes, e em reservatórios enterrados. Neste grupo, também se consideram os vazamentos decorrentes de erros de projeto e/ou execução. A detecção desses vazamentos ocultos representa um desafio significativo nos sistemas prediais de água potável, uma vez que não são facilmente identificados pelos usuários. A falta de acesso direto às tubulações e a complexidade das estruturas embutidas dificultam a detecção desses vazamentos, que podem passar despercebidos por longos períodos.

Essa dificuldade ressalta a importância da implementação de técnicas e tecnologias de detecção avançadas, bem como de práticas de manutenção preventiva, para minimizar perdas de água e prevenir danos estruturais nas edificações. Os vazamentos não visíveis podem ser detectados por dois tipos de testes: testes expeditos (hidrômetro, sucção, reservatórios, bacias sanitárias, torneiras e registros) e testes especiais (utilizando equipamentos como haste de escuta, geofone eletrônico e correlacionador de ruídos). Existem também equipamentos mais modernos e sofisticados para a detecção de vazamentos ocultos (veja a Seção "Tecnologia para detecção de vazamentos").

TESTES EXPEDITOS PARA DETECÇÃO DE VAZAMENTOS

Testes expeditos para detectar vazamentos são métodos simples e rápidos utilizados para identificar a presença de vazamentos em sistemas hidráulicos e sanitários. Esses testes não requerem equipamentos sofisticados e são realizados de forma prática, ficando a cargo do profissional a localização exata do problema. Alguns métodos incluem:

- Teste de audição: escuta-se o som da água vazando;
- Teste de pressão: observa-se variações na pressão do sistema;
- Teste de corante: detecta-se a presença de vazamentos através da observação de corante em áreas inesperadas;
- Teste de sabão: identifica-se bolhas de ar formadas pelo escape de ar ou gás, entre outros.

Esses testes são importantes para detectar vazamentos rapidamente e evitar danos maiores. A queda na pressão do sistema, a presença de corante em locais inesperados e a formação de bolhas de ar são sinais indicativos de vazamentos. A inspeção visual também é fundamental, pois permite identificar sinais visíveis de vazamentos, como manchas de água ou umidade. Esses métodos são especialmente úteis em situações onde é necessário uma resposta rápida para evitar danos estruturais ou desperdício de recursos.

Embora os testes expeditos sejam eficazes em muitos casos, em situações mais complexas ou quando os vazamentos são difíceis de localizar, pode ser necessário recorrer a métodos mais avançados de detecção de vazamentos. Isso pode incluir o uso de equipamentos de ultrassom ou câmeras termográficas, que são capazes de identificar vazamentos em locais de difícil acesso ou em sistemas mais complexos. Em suma, os testes expeditos desempenham um papel fundamental na detecção precoce de vazamentos, permitindo uma intervenção rápida e eficaz para resolver problemas no sistema hidráulico.[2]

Teste do hidrômetro

Este teste consiste em verificar a passagem de água pelo hidrômetro quando todos os pontos de utilização, supridos diretamente pelo sistema público de água, estão fechados. Sempre que todas as torneiras do imóvel estiverem fechadas e o hidrômetro continuar girando, isso indica que está passando água através dele para dentro do imóvel, o que sugere um vazamento ou fuga d'água.

É importante ressaltar que, de madrugada, a pressão da rede (tubulação) é maior, e por isso, alguns vazamentos podem ocorrer apenas durante esses horários. Nesse caso, o ideal é fazer uma leitura antes de dormir e outra antes de abrir qualquer torneira pela manhã.

Teste de sucção

Outra forma de verificar vazamentos no alimentador predial é por meio da realização do teste de sucção. O teste deve ser feito em uma torneira que recebe água diretamente da rede pública e que esteja instalada em uma cota mais alta em relação ao piso, geralmente em tanques ou no jardim. Para realizar o teste, siga os seguintes passos:

- Fechar o registro de entrada: Feche o registro de entrada principal que fornece água ao sistema predial;
- Abrir uma torneira: Abra uma torneira que seja alimentada diretamente pela rede pública, como uma torneira de jardim ou um tanque, para permitir que a água pare de correr completamente;
- Aguardar: Espere até que a água cesse de correr pela torneira aberta;
- Preparar o teste: Coloque um copo cheio de água na boca da torneira aberta;
- Observar: Se houver sucção da água do copo para dentro da torneira, isso indica a presença de vazamento no ramal interno, após o hidrômetro.

2 Fonte: GONÇALVES, Orestes Marraccini. In: Prado, Racine Tadeu de Araújo (org.). *Execução e manutenção de sistemas hidráulicos prediais*. São Paulo, Pini, 2000.

Figura 3.26 Detecção de vazamento em alimentador predial por meio do teste de sucção.

Teste para detectar vazamentos em bacias sanitárias

Os vazamentos podem ocorrer tanto em bacias com válvulas de descarga quanto em bacias com caixa de descarga. Esses vazamentos podem ser visíveis ou não visíveis. Vazamentos visíveis ocorrem nos engates flexíveis ou pelo escoamento da água pela parede interna da bacia sanitária.

No entanto, alguns vazamentos podem ser muito pequenos e, portanto, não perceptíveis pelos usuários. Um exemplo é o vazamento na base do vaso sanitário, geralmente causado pelo desgaste do "anel de vedação", peça responsável por guiar a água da descarga do vaso para a rede de esgoto. Esse componente requer manutenção periódica de acordo com as especificações do fabricante.

Para identificar vazamentos na bacia sanitária, podem ser realizados os seguintes testes:

- Válvula de descarga: Adicione cinza de cigarro ou corante na bacia sanitária e observe se permanece no fundo do vaso. Se não permanecer, pode haver um vazamento na válvula de descarga.
- Caixa acoplada: Coloque corante forte na caixa acoplada e aguarde de 15 a 20 minutos. Se a água do poço da bacia sanitária aparecer colorida, pode indicar um problema no mecanismo da caixa acoplada.

Mesmo após realizar esses testes, pode haver vazamentos não detectados visualmente que exigem uma investigação mais aprofundada ou o suporte de profissionais especializados.

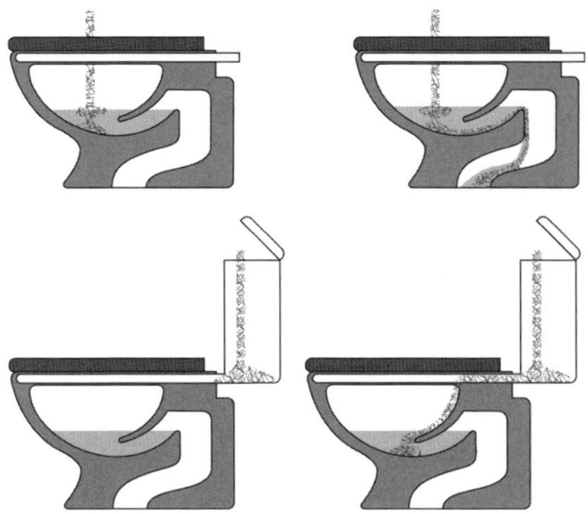

Figura 3.27 Verificação de vazamento em bacias sanitárias.

TESTES ESPECIAIS PARA DETECÇÃO DE VAZAMENTOS[3]

Os vazamentos em tubulações enterradas e embutidas, frequentemente se manifestam em inesperados, o que dificulta sua detecção e localização. Para esses casos, existem alguns processos especializados utilizando equipamentos como haste de escuta, geofone eletrônico e correlacionador de ruídos.

- Haste de escuta: Este é o instrumento mais simples para a detecção de vazamentos. Consiste em uma haste metálica de 1500 mm com um amplificador acústico em uma das extremidades, que identifica vazamentos nas proximidades dos pontos pesquisados. Apesar de sua simplicidade, é necessário um treinamento extensivo para o operador distinguir o som do vazamento de outros ruídos de fundo.
- Geofone: Foi uma das primeiras tecnologias utilizadas para detectar vazamentos não visíveis. Funciona como um estetoscópio, amplificando ruídos dentro de paredes para ajudar a identificar a localização do vazamento. Existem dois tipos principais de geofones: um mais simples, para tubulações embutidas em paredes, e outro mais sofisticado, para pisos.
- Correlacionador de ruídos: Esse método localiza o ponto de vazamento por meio de um correlacionador de ruídos. O equipamento é composto por dois sensores, cada um com um pré-amplificador (transmissor de rádio). Os sensores detectam os ruídos no tubo e os transmitem para o correlacionador (processador), que processa os sinais dos ruídos e determina a posição do vazamento em relação aos sensores, apresentando as distâncias na tela do processador. Conhecendo a distância "D" e a velocidade do som "V" na tubulação entre os dois sensores, é possível calcular a posição do vazamento.

3 Fonte: GONÇALVES, Orestes Marraccini. In: Prado, Racine Tadeu de Araújo (org.). *Execução e manutenção de sistemas hidráulicos prediais*. São Paulo, Pini, 2000.

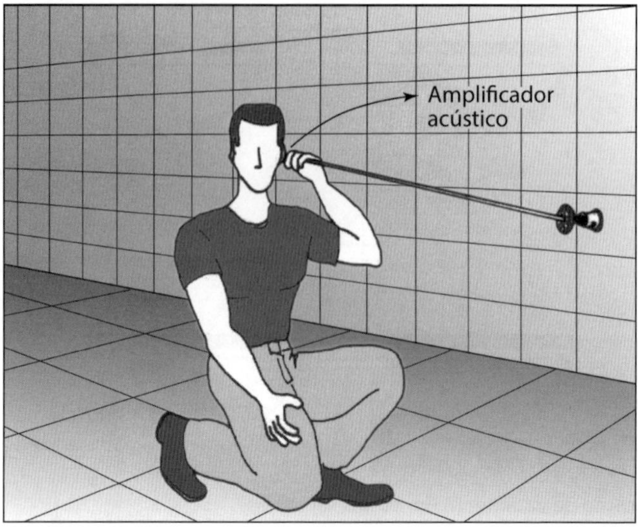

Figura 3.28 Detecção de vazamentos com haste de escuta.
Fonte: adaptada de GONÇALVES, Orestes Marraccini. In: Prado, Racine Tadeu de Araújo (org.). Execução e manutenção de sistemas hidráulicos prediais. São Paulo, Pini, 2000.

Figura 3.29 Detecção de vazamento por geofonia eletrônica.
Fonte: adaptada de GONÇALVES, Orestes Marraccini. In: Prado, Racine Tadeu de Araújo (org.). Execução e manutenção de sistemas hidráulicos prediais. São Paulo, Pini, 2000.

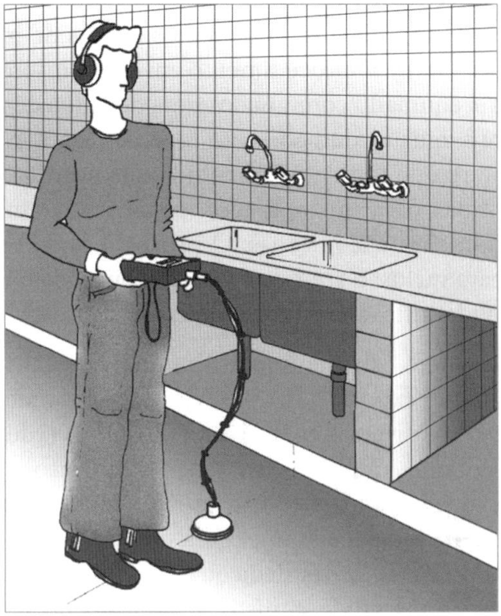

Figura 3.30 Detecção de vazamento por geofonia eletrônica em piso.
Fonte: adaptada de GONÇALVES, Orestes Marraccini. In: Prado, Racine Tadeu de Araújo (org.). Execução e manutenção de sistemas hidráulicos prediais. São Paulo, Pini, 2000.

TECNOLOGIA MODERNA PARA DETECÇÃO DE VAZAMENTOS

Atualmente, a engenharia diagnóstica se beneficia de uma ampla gama de tecnologias avançadas para a detecção de vazamentos, muitas das quais estão integradas a softwares específicos e são aplicadas diretamente no campo. Entre os dispositivos mais comuns para detectar vazamentos em tubulações enterradas e embutidas, destacam-se:

- Aparelho de ultrassom: Este dispositivo é capaz de identificar vibrações geradas por vazamentos, ajudando a localizar o problema com alta precisão.
- Câmera termográfica: Representa um recurso valioso na localização de vazamentos, permitindo visualizar diferenças de temperatura de forma clara e precisa. A câmera termográfica mostra uma imagem colorida que reflete as diversas temperaturas presentes, revelando áreas com vazamentos de água que tendem a apresentar temperaturas mais baixas devido à umidade. Além disso, essa tecnologia pode identificar infiltrações ou falhas na impermeabilização, evidenciando variações térmicas que indicam problemas estruturais. Por exemplo, se uma parede mantém uma temperatura ambiente estável de 23° a 25°C, mas uma área específica apresenta uma temperatura mais baixa, isso pode indicar a presença de um vazamento. A lente do detector na câmera termográfica captura uma ampla gama de frequências de luz e exibe as mínimas variações de temperatura em uma paleta de cores compreensível ao olho humano.

- Câmera de vídeo inspeção: Esta tecnologia moderna é amplamente utilizada para localizar entupimentos, vazamentos, caixas de inspeção ocultas e redes de esgoto irregulares. O procedimento envolve a inserção de um cabo de fibra óptica flexível equipado com uma câmera de vídeo de alta resolução. A câmera, resistente à água e equipada com potentes luzes, registra em tempo real a condição interna da tubulação à medida que avança. As imagens capturadas são transmitidas para um operador, permitindo uma análise imediata das possíveis anomalias encontradas. O processo pode ser gravado e arquivado em DVDs para inclusão em relatórios de inspeção ao término das obras, possibilitando a identificação rápida e precisa de danos.
- Traçador Químico: Este método utiliza uma substância corante fluorescente que reage quando exposta à luz ultravioleta, revelando uma coloração distinta. Disponível em diversas cores, como amarelo, verde, turquesa, rosa, laranja e violeta, o corante é aplicado em locais como vasos sanitários, boxes de banheiros, sacadas e tubulações não pressurizadas, bem como em pontos de descarga de água pluvial e esgoto. Para utilizar o traçador químico, o corante deve ser diluído em água destilada ou sem cloro residual até obter uma mistura homogênea. Em seguida, a mistura é aplicada no local desejado, facilitando a detecção de vazamentos e infiltrações de forma eficiente.

Essas ferramentas e métodos ajudam a garantir uma detecção precisa e eficaz de vazamentos, minimizando perdas de água e prevenindo danos estruturais nas edificações.

Figura 3.31 Câmera de vídeo inspeção.

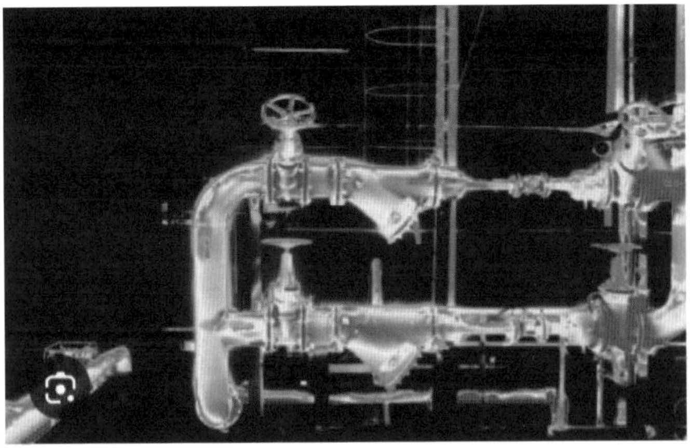

Figura 3.32 Termografia utilizada para detectar vazamentos.

Fonte: Clube do Vazamento. *O que é termografia e como ela detecta vazamentos de água?* Disponível em: https://vazamento.club/o-que-e-termografia-e-como-ela-detecta-vazamentos-de-agua/. Acesso em 12 jun. 2024.

VAZAMENTOS EM TORNEIRAS

Os vazamentos de torneiras são facilmente visíveis e se manifestam através de gotejamento ou escoamento em filete. O volume de água perdido por esses diferentes tipos de vazamentos varia em função do tipo da bica da torneira, da rugosidade de suas paredes e também da pressão hidráulica.

Se ocorrer vazamento na torneira junto à parede, ou seja, na conexão da torneira com o ponto da parede, é importante observar se a torneira não foi excessivamente rosqueada além do necessário, pois isso pode danificar as vedações internas e até mesmo rachar a conexão. A aplicação de vedações de má qualidade, como fitas veda-rosca insuficientes ou desgastadas, também pode comprometer a estanqueidade da conexão.

Muitos vazamentos de torneiras também ocorrem por falta de manutenção (veja a seção "Manutenção de torneiras"). Com o passar do tempo e o uso contínuo das torneiras, o reparo se desgasta, permitindo que a água passe livremente da rede de distribuição para o ambiente, resultando em grandes desperdícios. Além disso, práticas de uso inadequadas, como forçar excessivamente a abertura ou o fechamento das torneiras, também podem comprometer a integridade das peças e acelerar o desgaste.

Outro fator relevante está relacionado à escolha inadequada de materiais e componentes no momento da instalação. Torneiras de baixa qualidade ou incompatíveis com o tipo de sistema hidráulico podem apresentar falhas prematuras, agravando a ocorrência de vazamentos. Também é importante observar a especificação correta das torneiras em relação à pressão hidráulica do sistema. A instalação deve ser realizada por profissionais qualificados, utilizando ferramentas adequadas para evitar danos às conexões e assegurar uma vedação eficiente.

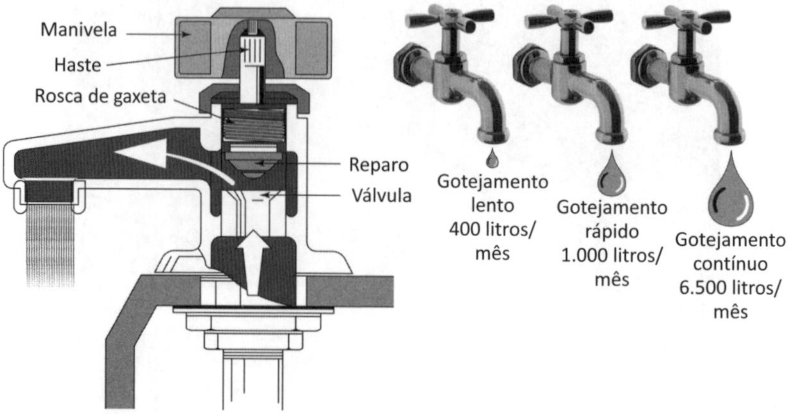

Figura 3.33 Desperdício de água em torneira.

VAZAMENTOS EM REGISTROS

Os registros de gaveta e de pressão desempenham um papel crucial nos sistemas de distribuição de água potável, mas estão sujeitos a vários tipos de vazamentos que podem comprometer seu funcionamento. Um dos tipos mais comuns de vazamentos ocorre na sede do registro, a parte responsável por vedar o fluxo de água quando o registro está fechado. Esse desgaste pode ser causado pelo tempo de uso, pela pressão da água ou por detritos presentes no sistema.

Além disso, vazamentos também podem surgir nas juntas e conexões que ligam o registro à tubulação, seja devido a falhas na instalação, desgaste ou corrosão ao longo do tempo. Tais vazamentos podem ocorrer tanto na junta do registro com a tubulação quanto nas conexões entre partes do próprio registro, impactando negativamente o desempenho do sistema.

Outra fonte comum de vazamentos está relacionada à haste do registro, responsável pelo controle do fluxo de água. Danos na vedação ou desgaste dos componentes ao redor da haste podem resultar em vazamentos prejudiciais ao sistema. Por fim, pressões excessivas no sistema também podem levar a vazamentos, causando danos aos registros e às suas conexões.

Ao fechar o registro do chuveiro após o banho, é importante evitar forçá-lo. Isso poderá causar danos ao sistema de vedação, levando aos problemas já citados. O ideal ao fechar o registro é apertá-lo levemente e aguardar que a água que está pingando um pouquinho no chuveiro pare por si só. Geralmente, trata-se de uma pequena quantidade que está no próprio chuveiro e que parará sozinha. Se o usuário precisar apertar demasiadamente o registro, é sinal de que o registro precisa ser substituído. Esta recomendação se aplica a qualquer tipo de registro ou torneira.

Diante dessas possíveis fontes de vazamentos e suas consequências, é essencial realizar inspeções regulares nos registros de gaveta e de pressão, além de implementar medidas preventivas, como a instalação de dispositivos de controle de pressão e a manutenção adequada. Essas ações visam garantir o funcionamento eficiente e a integridade do sistema de distribuição de água potável, evitando desperdício de água, pressão inadequada e danos à infraestrutura.

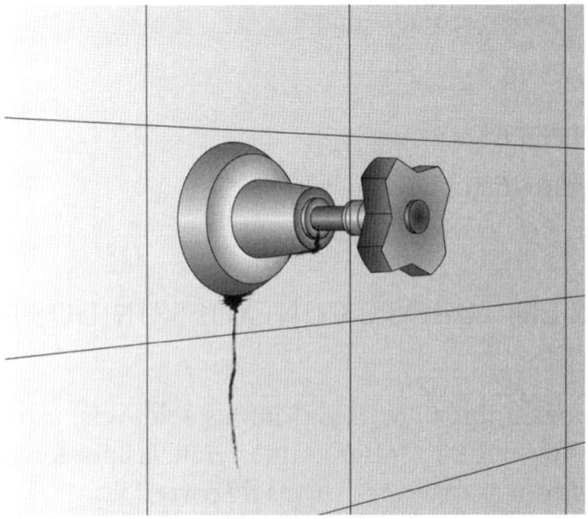

Figura 3.34 Vazamentos em registros.

VAZAMENTOS EM TUBOS E CONEXÕES UNIDOS POR JUNTAS ROSCÁVEIS

Os tubos e conexões roscáveis oferecem mais facilidade para uma futura mudança na rede hidráulica, pois podem ser facilmente desmontados (basta desencaixar a parte danificada e substituir). A fita veda rosca é utilizada para vedar juntas roscáveis de materiais como PVC, CPVC ou metal, tanto em instalações de água fria como quente.

O processo de aplicação da fita veda rosca envolve alguns passos importantes:

- Limpeza da tubulação: utilize uma escova de aço para limpar a rosca, removendo toda a sujeira para garantir uma boa aderência da fita;
- Aplicação da fita: aplique a fita no sentido do aperto da rosca, ou seja, no sentido horário. Geralmente, de cinco a oito voltas são suficientes para vedar a rosca. Evite cortar a fita, pois ela precisa preencher todos os vãos da rosca para uma vedação eficaz;
- Corte da ponta da fita: após aplicar a fita, corte a ponta para evitar sobras que possam dificultar o encaixe das peças. Isso garante uma fixação adequada da rosca;
- Encaixe das peças: encaixe as peças e verifique a firmeza e eficiência do produto.

As principais causas de vazamentos em tubos e conexões unidos por juntas roscáveis são:

- Falta ou quantidade insuficiente de vedante;
- Abertura insuficiente de fios de rosca no tubo;
- Aplicação de vedante inadequado;
- Encaixe incorreto de roscas;
- Roscas deformadas;
- Desbitolamento de tubo e conexão.

VAZAMENTOS EM TUBOS E CONEXÕES UNIDOS POR JUNTAS SOLDÁVEIS

Os tubos e conexões unidos por solda (juntas soldáveis) são recomendados para instalações permanentes que não sofrerão interferências por longos anos e podem ser facilmente reparadas com as conexões "luvas de correr".

As principais causas de vazamentos em tubos e conexões unidos por juntas soldáveis são as seguintes:

- Ausência de aplicação de vedação: É essencial verificar se o adesivo plástico apropriado para PVC foi aplicado corretamente.;
- Procedimento incorreto de execução da junta: Caso a junta tenha sido mal executada, é necessário refazê-la aplicando o adesivo de forma correta;
- Instalação submetida a pressão hidráulica antes do tempo de cura do adesivo: É importante permitir que o adesivo tenha tempo suficiente para curar adequadamente antes de submeter a instalação a pressões hidráulicas;
- Problemas relacionados ao adesivo gelatinoso: Verifique as condições do adesivo, como prazo de validade, armazenamento e manipulação adequados, para evitar problemas durante a aplicação;
- Desbitolamento de tubo e conexão: Este problema pode ocorrer devido ao tubo estar excessivamente ovalizado ou a conexão estar deformada, muitas vezes devido a uma estocagem inadequada dos materiais.

Além disso, vazamentos também podem ocorrer nas juntas soldáveis devido ao excesso de adesivo plástico. Quando há excesso, os solventes presentes no adesivo podem atacar a camada externa do PVC, comprometendo suas propriedades de rigidez. Internamente, o excesso de adesivo em contato com a água também pode formar uma película espessa que obstrui o tubo.

O adesivo plástico deve ser aplicado corretamente para garantir uma soldagem eficaz. Aqui está o procedimento recomendado:

- Preparação das superfícies: Lixe as superfícies a serem soldadas para garantir um encaixe justo. O encaixe deve ser tão ajustado que quase não seja possível montar as peças sem o adesivo, pois a pressão é necessária para estabelecer a soldagem;
- Limpeza das superfícies: Utilize uma solução preparadora para limpar as superfícies lixadas, removendo impurezas e gorduras que possam interferir na adesão do adesivo;
- Aplicação do adesivo: Aplique o adesivo plástico uniformemente. Isso pode ser feito com um pincel ou diretamente do bico da bisnaga nas bolsas e pontas onde os tubos serão unidos às conexões. Este adesivo permite a soldagem a frio.
- Montagem das peças: Encaixe as extremidades a serem soldadas e faça um leve movimento de rotação de ¼ de volta entre as peças até atingir a posição definitiva. Isso assegura uma distribuição uniforme do adesivo e um ajuste preciso entre as partes;
- Remoção do excesso de adesivo: Após a montagem, remova o excesso de adesivo para evitar que ele obstrua a tubulação. Deixe as peças montadas repousarem por cerca de 1 hora para permitir a secagem inicial do adesivo.
- Teste de pressão: Após o período de secagem inicial (cerca de 1 hora), é recomendável esperar 12 horas antes de realizar o teste de pressão na tubulação. Isso garante que o adesivo tenha tempo suficiente para curar completamente e assegura a eficácia da soldagem.

Seguindo esses passos cuidadosamente, é possível garantir uma soldagem adequada e duradoura em tubos e conexões com adesivo plástico, evitando problemas como vazamentos e falhas estruturais. É importante ressaltar que existem dois tipos de adesivos plásticos utilizados em soldagens de tubos e conexões:

- Adesivo plástico comum: Recomendado para soldagens em tubos e conexões de pequenos diâmetros, até 50 mm. Este adesivo possui uma cura mais rápida;
- Adesivo plástico extra forte: Indicado para soldagens em tubos de grandes diâmetros, acima de 60 mm. Este adesivo tem uma cura mais lenta e é 25% mais resistente às solicitações em comparação ao adesivo comum.

Recomenda-se o seguinte tempo de espera antes de submeter as tubulações à pressão hidrostática interna, após a aplicação dos adesivos:

- Para tubulações cujas juntas foram executadas com adesivo plástico comum: Aguarde 12 horas antes de realizar o teste de pressão;
- Para tubulações cujas juntas foram executadas com adesivo plástico extra forte: Aguarde 24 horas antes de realizar o teste de pressão.

Esses períodos de espera são essenciais para garantir que o adesivo tenha tempo suficiente para curar completamente, proporcionando uma soldagem resistente e duradoura. O teste de pressão hidrostática é realizado para verificar a integridade das soldagens e a estanqueidade das tubulações antes de colocá-las em operação.

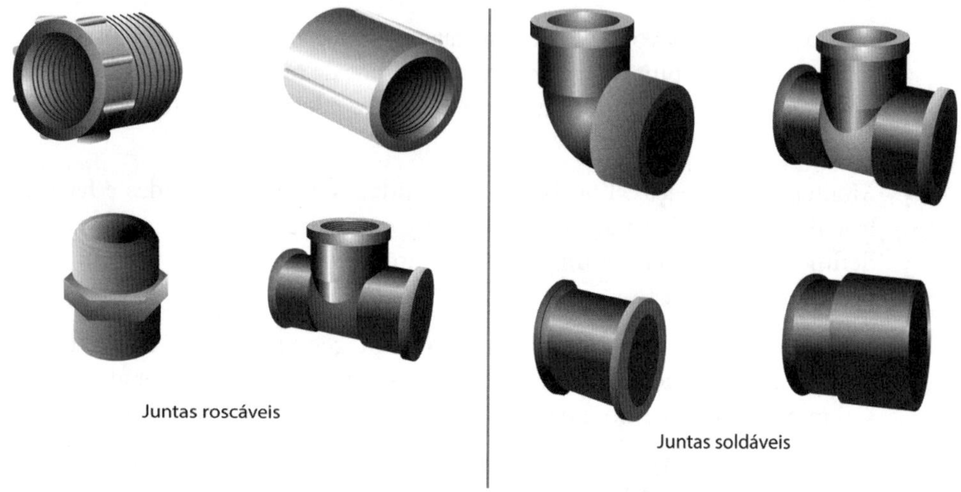

Figura 3.35 Juntas roscáveis e soldáveis.

DESPERDÍCIO DE ÁGUA NAS PEÇAS DE UTILIZAÇÃO

Nos últimos anos, devido à crescente escassez de água, o uso racional desse recurso tornou-se uma parte essencial de nossa vida diária, tornando inaceitável o desperdício. O banheiro, em particular, é identificado como o principal ponto de consumo de água, cujo volume utilizado depende do número de usuários e da forma como as instalações hidráulicas são operadas.

Para se ter uma ideia de desperdício nas peças de utilização, de acordo com a SABESP, uma torneira com vazamento pode perder até 40 litros por dia. O uso consciente da descarga pode resultar em um consumo de até 6 litros por acionamento em sistemas convencionais, sendo menor em sistemas com dupla vazão. Além disso, desligar o chuveiro ao se ensaboar pode gerar uma economia de até 162 litros em apartamentos e 90 litros em residências.

Uma das estratégias para promover o uso racional da água e evitar desperdícios nas instalações é garantir que os metais sanitários, especialmente as torneiras, desempenhem melhorando suas funções, controlando, restringindo, bloqueando ou permitindo o fluxo de água em volumes adequados para as necessidades. A instalação de arejadores nas saídas das torneiras também pode contribuir significativamente para a economia de água. Os arejadores possuem aberturas na superfície lateral que permitem a entrada de ar durante o fluxo de água, proporcionando ao usuário a sensação de um volume de água maior do que o real.

Para evitar o desperdício de água em chuveiros, diversas medidas podem ser adotadas. Primeiramente, uma instalação de chuveiros econômicas ou de baixo fluxo pode reduzir significativamente o consumo de água durante o banho. Além disso, o uso de redutores de vazão nos chuveiros é uma prática eficaz para diminuir o fluxo de água sem comprometer a pressão, resultando em uma economia ainda maior.

A substituição dos equipamentos convencionais por produtos com fechamento automático também é uma opção para economizar água. No entanto, esses dispositivos devem ser utilizados apenas em situações em que seja possível garantir a inspeção regular e a manutenção adequada, evitando falhas que possam causar desperdício de água.

Outras medidas, como a verificação constante de vazamentos nas caixas de descarga e sua regulação em intervalos curtos, também ajudam a reduzir o consumo.

Além disso, a individualização da medição do consumo de água contribui significativamente para a economia. Esse sistema permite que os edifícios monitorem o consumo de cada unidade de forma separada, ou que incentive os moradores a adotarem práticas mais conscientes. Assim, é possível implementar ações educativas e campanhas de conscientização que beneficiem toda a comunidade, promovendo a responsabilidade no uso da água e reduzindo os custos coletivos.

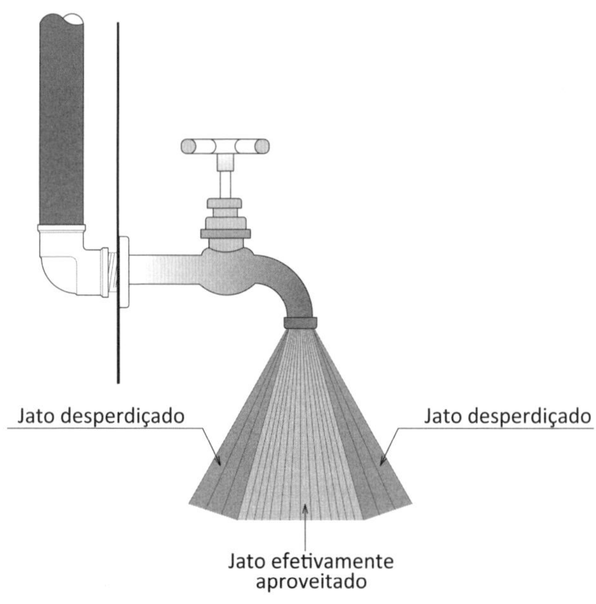

3.36 Dispersão de jato em torneira de pia.

MANUTENÇÃO DE TORNEIRAS EM INSTALAÇÕES PREDIAIS

Uma torneira pingando é o problema mais comum em qualquer instalação hidráulica e também um dos mais simples de resolver, embora muitas pessoas ignorem e deixem o problema persistir por muito tempo. A manutenção regular das torneiras no sistema predial é crucial, pois um gotejamento contínuo não só desperdiça água, um recurso valioso, mas também pode aumentar significativamente a conta de água. Além disso, o gotejamento constante pode levar ao desgaste prematuro dos componentes da torneira e causar danos ao encanamento e às estruturas adjacentes devido à umidade contínua.

Essa condição, quando não tratada, pode ser considerada uma "patologia" no sistema hidráulico, pois pode evoluir para problemas maiores, e até comprometer a estrutura do edifício. Por isso, a manutenção preventiva e corretiva das torneiras é essencial para garantir a eficiência do sistema hidráulico e evitar complicações mais graves e custosas no futuro.

TORNEIRAS COMUNS

Para consertar o gotejamento em torneiras "comuns" (aquelas que precisam de mais de uma volta completa para abrir totalmente), muitas vezes basta substituir o vedante, uma pequena peça de borracha dentro da torneira. Para acessar o vedante, siga os passos abaixo:

- Feche o registro de água: Antes de iniciar o serviço, feche o registro de água do local para evitar vazamentos;
- Remova a maçaneta: Use uma chave de fenda para retirar o parafuso que fixa a maçaneta. Em alguns modelos, a maçaneta é rosqueada e pode ser removida girando-a no sentido anti-horário;
- Substitua o vedante: Após remover a maçaneta, localize o vedante (disco de borracha) e substitua-o por um novo;
- Reinstale a maçaneta: Recoloque a maçaneta no lugar, apertando o parafuso ou rosqueando-a de volta;
- Reabra o registro de água: Abra o registro de água e teste a torneira para garantir que o gotejamento foi corrigido.

TORNEIRAS 1/4 DE VOLTA

As torneiras ¼ de volta são aquelas que requerem apenas um toque para abrir e fechar. Elas possuem um mecanismo interno de cerâmica e não utilizam borrachas. Para consertar o gotejamento em torneiras desse tipo, o procedimento geralmente envolve a substituição do mecanismo interno. Siga os passos abaixo:

- Feche o registro de água: Antes de começar, feche o registro de água para evitar vazamentos;

- Remova a maçaneta: Retire a maçaneta usando uma chave de fenda ou uma chave apropriada, dependendo do modelo;
- Substitua o mecanismo interno: Localize o mecanismo interno de cerâmica e substitua-o por um novo;
- Verifique a torneira: Após substituir o mecanismo interno, abra o registro e teste a torneira. Se o gotejamento persistir, será necessário substituir o mecanismo completo da torneira;
- Reinstale a maçaneta: Recoloque a maçaneta e ajuste-a conforme necessário;
- Reabra o registro de água: Abra o registro de água e verifique se o problema foi resolvido.

TORNEIRAS DE ACIONAMENTO HIDROMECÂNICO

As torneiras de acionamento hidromecânico liberam jatos de água manualmente por um período definido após serem pressionadas. Essas torneiras podem apresentar várias falhas, como:

- Tempo de fechamento superior ou inferior ao especificado pelo fabricante;
- Vazamento pela bica;
- Disparo involuntário.

As causas mais prováveis dessas falhas incluem:

- Sujeira no filtro;
- Desgaste do pistão;
- Retentor danificado.

A manutenção das torneiras de acionamento hidromecânico geralmente requer a substituição de um componente chamado "cartucho", que é específico para cada fabricante. Portanto, é fundamental seguir as recomendações do fabricante e utilizar componentes originais durante a manutenção para garantir o funcionamento adequado da torneira.

Um erro comum é apertar a torneira com força na tentativa de cessar o gotejamento. Dependendo do modelo, isso pode agravar o problema, comprometendo ainda mais o vedante e causando danos adicionais, o que pode piorar o vazamento.

Figura 3.37 Torneira de acionamento hidromecânico e "cartucho" de reposição.

TORNEIRAS DE ACIONAMENTO POR SENSOR

A torneira eletrônica incorpora um sensor com células fotoelétricas, que libera água ao detectar a aproximação das mãos. O tempo de fornecimento do jato e a distância-limite de acionamento podem ser ajustados pelo usuário.

Apesar de suas qualidades, as torneiras eletrônicas podem apresentar os seguintes problemas:

- Não liberar água;
- Liberar água continuamente;
- Abrir e fechar sem controle;
- Tempo longo de fechamento após o uso.

Quando a torneira libera água continuamente ou abre e fecha sem controle, é possível que haja algo em frente à fotocélula, acionando-a indevidamente. Nesse caso, a solução é remover o obstáculo que está refletindo e a torneira deve voltar ao funcionamento normal.

Se a torneira não libera água, as causas podem incluir:

- Terminais elétricos mal instalados;
- Pilhas descarregadas ou colocadas incorretamente;
- Registro da válvula solenoide (válvula eletromagnética) fechado;
- Filtro da válvula solenoide obstruído;
- Falta d'água ou falta de energia elétrica.

A falha mais comum é o acúmulo de sujeira no filtro da válvula solenoide. Para a limpeza deste componente, siga os passos abaixo:

- Retire a tampa de proteção da válvula solenoide;
- Feche o registro da válvula com uma chave de fenda e remova a tampa do filtro;
- Lave o filtro com água corrente no sentido contrário ao fluxo;
- Após a limpeza, recoloque o filtro e reabra o registro;

Se houver alguma alteração na saída de água, retire o arejador e limpe-o com jato de água em contra-fluxo.

Figura 3.38 Torneiras de acionamento por sensor.

TORNEIRAS DE MONOCOMANDO

As torneiras de monocomando são versáteis e podem ser utilizadas tanto na cozinha quanto nos banheiros. Elas se destacam por sua funcionalidade, uma vez que o misturador de água é instalado com apenas um furo na parede, louça ou bancada. Uma torneira monocomando possui um único manípulo em forma de alavanca, que permite ajustar a quantidade de água quente e fria necessária para alcançar a temperatura desejada. Quando acionada para a esquerda, oferece água quente; quando acionada para a direita, oferece água fria. Além disso, para aumentar ou diminuir o volume de água, basta subir ou descer essa mesma alavanca.

Embora não tenham sido desenvolvidas com foco na economia de água, as torneiras de monocomando acabam proporcionando esse benefício porque demandam menos tempo para ajustar a temperatura e são fáceis de fechar, o que reduz o risco ficarem semiabertas, com água escorrendo.

O misturador monocomando é um dispositivo altamente funcional, mas requer cuidados especiais com possíveis sobrepressões decorrentes do fechamento rápido, o que pode causar problemas em instalações sujeitas ao golpe de aríete. Um aspecto crucial na instalação dessas torneiras é a pressão da água, pois os monocomandos demandam uma pressão maior que os misturadores de comando duplo. A pressão necessária para o funcionamento adequado da torneira, com a vazão de projeto, pode ser obtida junto ao fabricante ou por meio das especificações técnicas do componente.

Antes de realizar a manutenção de uma torneira monocomando, o instalador precisa conhecer bem as peças que geralmente a compõem. Se a torneira estiver pingando continuamente, geralmente é necessário trocar uma peça chamada "cartucho". É importante ressaltar que existem diversos modelos de cartuchos, variando de acordo com a marca e o modelo das torneiras.

Para substituir o cartucho, siga os seguintes passos:

- Desmonte a alavanca: Levante a alavanca e solte o parafuso de fixação localizado por baixo dela;
- Dependendo do modelo, pode ser necessário usar uma chave de fenda ou uma chave "allen";
- Remova a alavanca: Após soltar o parafuso, puxe a alavanca e remova-a do seu alojamento;
- Desmonte o índice: Retire o índice (uma peça acima do cartucho) usando uma chave inglesa para desapertar a porca de compressão do cartucho e, em seguida, retire-o puxando para fora. Dependendo do modelo da torneira, o cartucho pode precisar ser desparafusado;
- Substitua o cartucho: Coloque um novo cartucho idêntico ao original, da mesma marca e modelo da torneira.

Figura 3.39 Torneiras de monocomando.
Fonte: Fabrimar.

DESPERDÍCIO DE ÁGUA EM SISTEMAS DE DESCARGA

Sistemas de descarga eficientes em bacias sanitárias desempenham um papel fundamental na conservação de água e na promoção da sustentabilidade ambiental em ambientes residenciais, comerciais e públicos. Por meio de mecanismos modernos de controle de fluxo e tecnologias de baixo consumo, esses sistemas são projetados para otimizar a quantidade de água utilizada em cada descarga, sem comprometer a eficácia na remoção de resíduos. Com a integração de dispositivos como válvulas de descarga dupla, as bacias sanitárias podem alcançar níveis excepcionais de eficiência hídrica, reduzindo significativamente o desperdício e contribuindo para a conservação dos recursos naturais.

As bacias sanitárias antigas e ultrapassadas necessitam de grandes volumes de descarga, o que contribui para o alto consumo de água nos domicílios. Estima-se que as bacias sanitárias são responsáveis por 30% do gasto de água nos lares brasileiros. Desde 2002, de acordo com o Programa Brasileiro da Qualidade e Produtividade do Habitat (PBQP-H), o limite máximo de utilização de água por descarga é de 6 litros.

As caixas de descarga modernas podem ser facilmente adaptadas a uma variedade de modelos de bacias sanitárias, desde as convencionais até as de volume de descarga reduzido (VDR). Elas podem ser embutidas na alvenaria ou em painéis de sistemas drywall. Em termos de custos, as vantagens das caixas em relação às válvulas são notáveis: apresentam um custo de instalação inferior, requerem tubulações de diâmetro menor, não causam golpe de aríete, permitem uma manutenção mais fácil e promovem maior economia de água.

Além da quantidade de água utilizada na descarga, o desempenho mecânico das bacias também desempenha um papel crucial no nível de economia. No Brasil, a maioria das bacias disponíveis no mercado utiliza a ação sifônica, onde a descarga ocorre devido ao efeito sifão que ocorre nas partes internas do equipamento. O desempenho das bacias de volume de descarga reduzido (VDR) tende a ser otimizado, especialmente pela adoção de curvas adequadas no sifão, permitindo que a descarga e a lavagem ocorram com um volume menor de água. Esse ajuste mecânico contribui significativamente para a eficiência hídrica, destacando o compromisso com a sustentabilidade e a conservação dos recursos naturais.

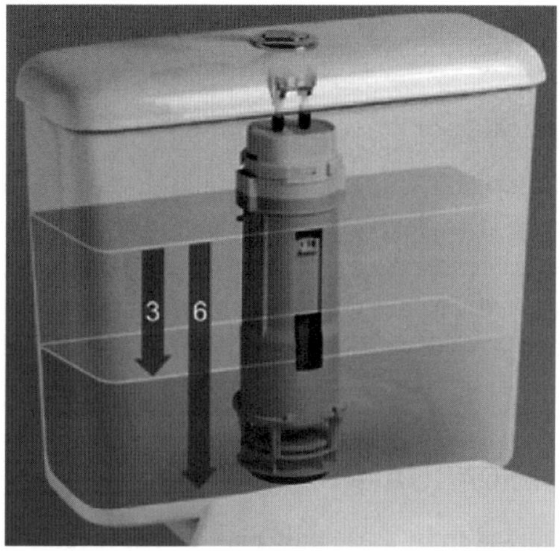

Figura 3.40 Duplo acionamento de descarga para bacias sanitárias (opção para 3 ou 6 litros).

MANUTENÇÃO EM SISTEMAS DE DESCARGA

A escolha do sistema de descarga deve seguir critérios técnicos rigorosos. Tanto a solução com válvula instalada na parede quanto o modelo com caixa acoplada ou embutida exigem análises específicas durante a especificação. O desempenho, a eficiência e a economia de água, assim como a configuração hidráulica, são características que o projetista deve considerar ao selecionar o sistema a ser adotado no projeto. No entanto, é importante destacar que ambos os sistemas podem apresentar falhas ao longo do tempo, o que ressalta a importância de uma escolha cuidadosa e da manutenção regular para garantir o funcionamento adequado do sistema de descarga.

CAIXAS DE DESCARGA

O acionamento da descarga é realizado por meio de um mecanismo localizado dentro de uma caixa cerâmica acoplada à bacia sanitária. Assim como ocorre com a válvula de descarga, o uso diário desgasta alguns elementos desse mecanismo, que podem ser facilmente substituídos.

Existem basicamente dois problemas principais que podem causar vazamentos na caixa acoplada: a regulagem da boia e defeitos no sistema de vedação. As caixas acopladas possuem um ladrão, por onde a água excedente ao nível de segurança escapa. Se a regulagem da boia não estiver correta, a caixa pode encher mais do que o necessário, resultando no vazamento de água pelo ladrão dentro do vaso.

Ao abrir a tampa da caixa acoplada, é possível visualizar todo o sistema de acionamento. Na haste da boia, acima de uma peça chamada "pistão", por onde entra a água, existem dois parafusos de plástico. O parafuso à esquerda regula a entrada de água; se a caixa de descarga estiver muito cheia, é possível apertar um pouco esse parafuso para reduzir a entrada de água no sistema. O pistão pode se desgastar com o tempo, resultando em desregulação, por isso é importante fazer ajustes periodicamente.

A vedação da caixa acoplada, que impede a água de cair dentro do vaso sanitário, é um problema mais sério e complexo de resolver. O desgaste ocorre porque essas peças são de borracha e tendem a ressecar com o tempo e com o contato com o cloro da água. É normal que essas peças sofram desgaste e quebras ao longo do tempo. A solução para esse problema é substituir a parte defeituosa conforme especificado por cada fabricante.

VÁLVULAS DE DESCARGA

No mercado, há diversas marcas de válvulas de descarga, cada uma com uma variedade de modelos. Portanto, os procedimentos de manutenção das válvulas devem ser realizados de acordo com as orientações de cada fabricante específico. Em geral, os problemas de mau funcionamento encontrados em válvulas de descarga incluem: vazão insuficiente, vazão excessiva, tempo de fechamento muito curto (golpe de aríete) ou muito longo (desperdício de água), disparo aleatório da válvula e vazamentos contínuos pela saída (quando fechada) ou pelo botão de acionamento (aberto ou fechado).

Geralmente, os problemas mais comuns podem ser corrigidos por meio de ajustes simples ou pela substituição do "reparo" (mola e vedações internas). No entanto, antes de solicitar a compra do reparo, é fundamental verificar o diâmetro da válvula a ser reparada, que pode ser DN 40 (1 1/2") ou DN 32 (1 1/4"). Muitos projetistas cometem erros nessa especificação, o que pode acarretar problemas para os usuários futuros das instalações.

As válvulas com diâmetro mínimo de DN 1 ½" são utilizadas em instalações de baixa pressão, variando de 1,5 a 15 m.c.a. (metro de coluna de água), como em residências e edifícios, especialmente nos apartamentos mais próximos ao reservatório. As válvulas com diâmetros mínimos de DN 1 ¼" são destinadas a instalações de pressões mais elevadas, que variam de 10 a 40 m.c.a., como em edifícios, particularmente nos apartamentos situados em cotas inferiores e mais distantes do reservatório superior. Essa especificação é crucial para garantir um funcionamento adequado e eficiente das instalações hidráulicas, prevenindo problemas como a falta de pressão ou vazamentos.

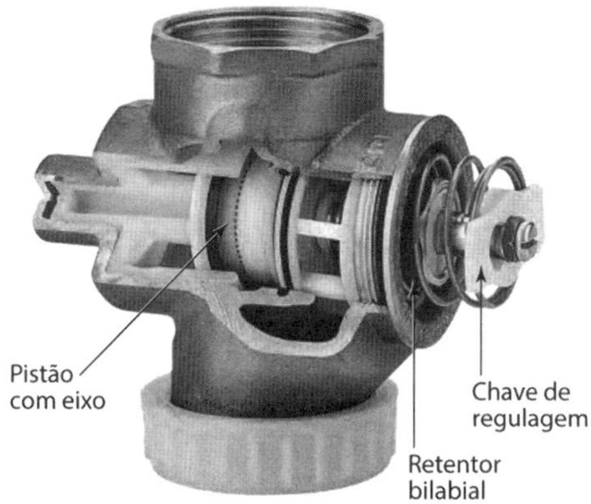

Figura 3.41 Válvula de descarga.

Tabela 3.2 Manifestações patológicas em válvulas de descarga (causas e soluções).

Problema	Causa provável	Solução
Não dá descarga	Parafuso acionador desregulado	Regular a distância do parafuso
	Pistão fora de posição (solto)	
Válvula dispara	Vazamento pela válvula interna	Trocar o pistão e a sede danificados
	Problema entre o pistão e a sede	
	Deformação da sede	
	Sujeira no pistão	Efetuar a limpeza do pistão
	Pistão ou sede danificados	Trocar o pistão e a sede
Vazamento externo	Desgastes dos componentes de vedação	Substituir os componentes
Registro pesado	Sujeira na rosca do registro	Efetuar a limpeza
	Registro danificado	Trocar o registro danificado
Registro não veda	Sujeira na rosca do registro	Efetuar a limpeza
	Registro danificado	Trocar o registro danificado

INTERFERÊNCIA DA VÁLVULA DE DESCARGA NA VAZÃO DAS PEÇAS DE UTILIZAÇÃO

Para bacias sanitárias com válvula de descarga, é recomendável que a alimentação seja independente dos demais aparelhos que compõem a instalação. Dessa forma, evita-se a perda de vazão e pressão nos outros pontos de utilização, especialmente durante o uso simultâneo. Portanto, é essencial utilizar uma coluna exclusiva para as válvulas de descarga, a fim de evitar interferências com os demais pontos de uso.

No entanto, alguns problemas ocorrem quando o instalador altera o projeto sem consultar previamente o autor do mesmo. Mesmo com a exigência de cumprimento do projeto, é comum enfrentar problemas na execução das instalações.

Devido à busca por economia e ao desconhecimento das normas, muitos instaladores optam por utilizar a mesma coluna que abastece a válvula para alimentar as outras peças de utilização. Isso pode resultar em complicações, como a diminuição momentânea da temperatura da água quando a válvula de descarga é acionada, o que pode levar à queima da resistência do chuveiro elétrico, especialmente se estiver muito próximo. Além disso, se o aquecedor de passagem for alimentado pela mesma coluna que a válvula, o golpe de aríete pode danificar o aquecedor.

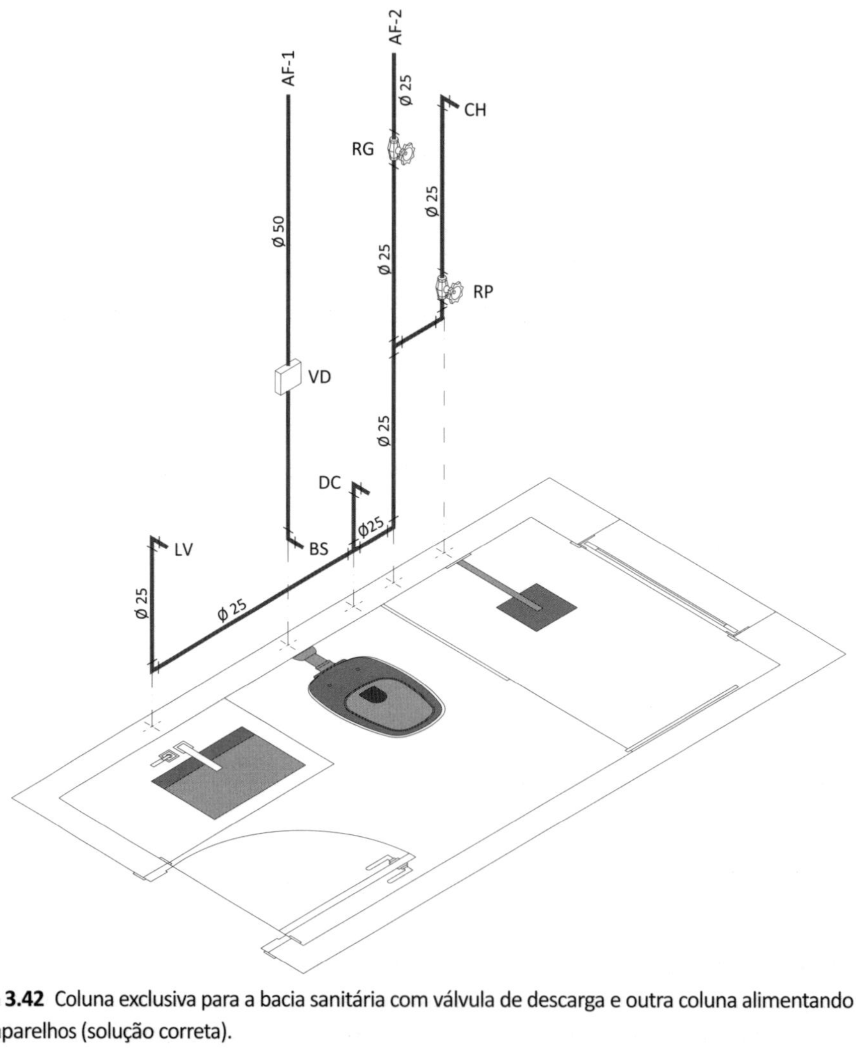

Figura 3.42 Coluna exclusiva para a bacia sanitária com válvula de descarga e outra coluna alimentando os demais aparelhos (solução correta).

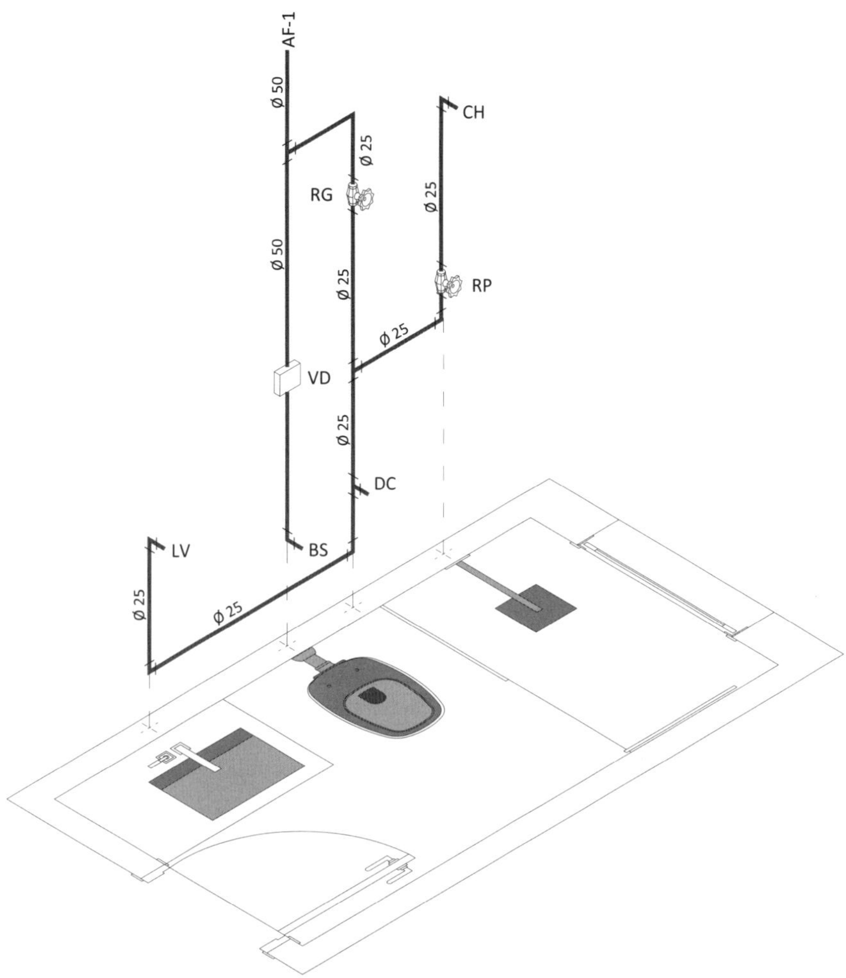

Figura 3.43 Alimentação da bacia sanitária com válvula de descarga e de outros aparelhos pela mesma coluna (solução incorreta).

RUÍDOS E VIBRAÇÕES NAS INSTALAÇÕES PREDIAIS

As instalações de água fria devem ser projetadas e executadas de maneira a atender às necessidades de conforto do usuário, controlando os níveis de ruído produzidos ou transmitidos pela própria instalação, evitando que as vibrações causem danos à estrutura. No entanto, observa-se que o nível de ruído dentro das habitações geralmente não corresponde às expectativas de conforto e bem-estar esperados em obras de médio e alto padrão, especialmente em edifícios de vários pavimentos. Os moradores frequentemente se incomodam com os ruídos das instalações hidráulicas, especialmente no período noturno, quando se espera um ambiente mais silencioso nos apartamentos.

A norma que aborda especificamente o ruído associado a sistemas hidráulicos e sanitários é a NBR 15575:2021 – Edificações habitacionais – Desempenho – Parte 6:

Requisitos para os sistemas hidrossanitários. A movimentação da água (sob pressão relativamente elevada), nas tubulações, nos aparelhos sanitários, nos componentes e dispositivos hidráulicos (válvulas de descarga, conexões, torneiras, torneiras de boia, bombas de recalque, peças de utilização etc.) gera ruído de impacto, que se propaga pela canalização e, consequentemente, pela estrutura e pelas paredes (elementos normalmente solidários). Isso, por sua vez, irradia o ruído para as adjacências, causando desconforto para os ocupantes da edificação.

Os sistemas de recalque e de pressurização não podem provocar ruídos nem propagar vibrações aos elementos das edificações em níveis que ultrapassem os especificados na NBR 10152:2020 – Acústica (Níveis de pressão sonora em ambientes internos a edificação). Deve-se prever um meio adequado para atenuar ou evitar a transmissão das vibrações da saída da bomba hidráulica para a tubulação de recalque e o consequente ruido proveniente dela.

A transmissão de vibração de bombas centrifugas pela correspondente tubulação de recalque geralmente se deve à fixação deficiente e a ausência de dispositivos antivibratórios. Nesses casos, recomenda-se a utilização de bases de inércia, amortecedores e juntas flexíveis, atuando como calços antivibratórios e impedindo a transmissão vibratória aos elementos estruturais em contato com o equipamento.

Nas tubulações de distribuição de água fria e água quente, podem ocorrer chiados decorrentes do escoamento em velocidades elevadas. Isso é comum em tubulações subdimensionadas ou dimensionadas para operar com velocidade elevada sem tratamento acústico. Também podem ocorrer ruídos devidos ao escoamento decorrentes de turbulências formadas em conexões de mudança de direção, como cotovelos e tês, e durante a passagem da água em registros e válvulas com restrição local de seção do escoamento. Outra fonte de ruído está na ocorrência de um fenômeno chamado "golpe de aríete" causado por variações na velocidade da água ou na pressão nas tubulações (veja a Seção "Golpe de ariete").

Há também os ruídos provenientes do escoamento livre (esgoto e águas pluviais) em tubos plásticos de parede estreita mal fixados, ou seja, com suportação deficiente, particularmente a partir de conexões de mudança de direção. Em alguns projetos, os cuidados com relação aos níveis de ruído devem ser redobrados, sendo necessário um tratamento acústico para os locais.

DESEMPENHO ACÚSTICO

A NBR 15575:2021 – Desempenho de Edificações Habitacionais aborda os padrões de qualidade necessários para os imóveis e as medidas que as construtoras devem adotar para alcançá-los. Conforme a norma, os dormitórios das unidades habitacionais autônomas devem ser avaliados, com as portas e janelas fechadas durante as medições.

Os valores de desempenho acústico estão descritos no Anexo B (itens 2.3 e 2.4) da NBR 15575:2021 – Parte 6. Para uma avaliação precisa do nível de pressão sonora, são utilizados os sonômetros ou decibelímetros. Esses instrumentos medem a pressão sonora por meio de um microfone, convertem-na em sinal elétrico e determinam, na saída, o nível de pressão sonora em decibéis (dB).

A norma tem o objetivo de fornecer, em caráter não obrigatório, os níveis de desempenho acústico associados à operação de equipamentos hidrossanitários de edificações habitacionais, além de estabelecer o método de medição dos ruídos gerados por esses equipamentos. A norma descreve o método de engenharia em campo, que permite determinar de forma precisa os níveis de pressão sonora dos equipamentos prediais em operação, conforme descrito na norma ISO 16032 – *Measurement of sound pressure level from service equipment in buildings – Engineering method.*

De acordo a norma, os níveis de desempenho mínimo (M), intermediário (I) e superior (S), são indicados para mostrar o desempenho de cada requisito, que deve ser atendido para garantir uma melhor qualidade da edificação. Quando ultrapassar o nível mínimo, o construtor deverá sempre informar qual é o nível de desempenho da edificação.

Tabela 3.3 Parâmetros acústicos de verificação.

Símbolo	Descrição	Norma	Aplicação
$L_{Aeq,nT}$	Nível de pressão sonora equivalente, padronizado de equipamento predial	ISO 16032	Ruído gerado durante a operação de equipamento predial
$L_{ASmáx.,nT}$	Nível de pressão sonora máximo, padronizado de equipamento predial	ISO 16032	Ruído gerado durante a operação de equipamento predial
$L_{Aeq,ai}$	Nível de pressão sonora equivalente no ambiente interno, com equipamento fora de operação	ISO 16032	Nível de ruído no ambiente, com o equipamento fora de operação

Tabela 3.4 Valores máximos do nível de pressão sonora contínua equivalente, $L_{Aeq,nT}$, medida em dormitórios.

$L_{Aeq,nT}$ dB(A)	Nível de desempenho
≤ 30	Superior
≤ 34	Intermediário
≤ 37	Mínimo

Tabela 3.5 Valores máximos do nível de pressão sonora máxima, $L_{ASmáx.,nT}$, medida em dormitórios.

$L_{ASmáx.,nT}$ dB(A)	Nível de desempenho
≤ 36	Superior
≤ 39	Intermediário
≤ 42	Mínimo

SOLUÇÕES ANTIRRUÍDOS

Dependendo da situação, os problemas de ruído podem ser solucionados com tratamento acústico ou através de alterações no sistema hidráulico. Afinal, o tratamento de ruídos provenientes das tubulações é totalmente diferente das medidas que buscam silenciar o ambiente de sons externos. Portanto, conhecer as causas é fundamental.

Existem casos de barulhos decorrentes de fenômenos como "golpe de aríete", cavitação e pressão excessiva, que poderiam ser reduzidos por meio de adequações do projeto hidráulico. De acordo com a NBR 5626:2020 - Sistemas prediais de água fria e água quente - Projeto, execução, operação e manutenção, as tubulações devem ser dimensionadas de modo a limitar a velocidade de escoamento a valores que evitem a geração e propagação de ruídos em níveis que não excedam os valores descritos na NBR 10152:2020, Acústica - Níveis de pressão sonora em ambientes internos a edificações.

No entanto, é importante ressaltar que a vibração é uma situação inerente aos sistemas hidráulicos, mesmo aqueles corretamente dimensionados. Ou seja, nem sempre os sons são resultantes de falhas do projeto hidrossanitário. Para amenizar os ruídos, podem ser usados alguns recursos, como válvulas de descarga e registros com fechamento mais suave, limitação da velocidade nas tubulações, entre outros. Principalmente em prédios, é preferível utilizar caixas de descarga, pois, além de consumirem menor quantidade de água, não provocam golpe de aríete. Materiais isolantes, como lãs minerais, também podem ser utilizadas para tratamento acústico e antivibratório de tubulações hidráulicas. Nesse caso, as tubulações e todas as conexões devem ser cobertas pelo material e podem ser fixadas com abraçadeiras plásticas.

O uso de tecnologias construtivas mais novas também pode ajudar em outros casos. O polietileno reticulado (PEX – Tubos flexíveis de polietileno reticulado), por ser menos rígido e permitir que a água passe por trajetos curvos de forma mais suave, tende a diminuir os ruídos. Existem também outras medidas simples que podem minimizar, ou até mesmo resolver, o problema dos ruídos, como projetar as instalações de forma que as prumadas não passem por paredes de ambientes com maior exigência de silêncio.

Para o conforto dos moradores em relação aos níveis de ruído provocados pelas instalações, uma distribuição correta dos cômodos é de fundamental importância. A seguir, são apresentadas algumas recomendações construtivas que devem ser observadas para evitar ou impedir o aparecimento de ruído nas edificações:

- Posicionar as peças de utilização na parede oposta àquela contígua aos ambientes habitados ou, na impossibilidade disso, utilizar dispositivos antirruído nas instalações (veja Figura 3.44).
- Evitar o uso de tijolos vazados de cerâmica ou concreto nas paredes que suportem (ou tragam embutidas) tubulações de água de alimentação com ramais para válvula de descarga ou sob pressurização pneumática.
- Garantir um recobrimento mínimo de 50 mm (tijolo maciço, argamassa, ou tijolo + argamassa) na face voltada para dormitórios, sala de estar, sala íntima, escritórios e *home theater* (veja Figura 3.44).
- Optar por vasos sanitários acoplados à caixa de descarga, em vez de válvulas de descarga.

Para complementar essas recomendações, é importante considerar que o conforto acústico impacta diretamente a qualidade de vida dos moradores, especialmente em áreas de descanso e convivência. A adoção dessas práticas, como o uso de dispositivos antirruído e o planejamento cuidadoso da distribuição das peças de utilização, contribui significativamente para a redução de incômodos gerados pelo funcionamento das instalações hidráulicas. Além disso, o correto dimensionamento e o uso de materiais adequados não apenas evitam ruídos indesejados, mas também aumentam a durabilidade e a eficiência dos sistemas, proporcionando uma solução duradoura e de baixo impacto sonoro.

O papel do arquiteto e do projeto arquitetônico é fundamental na adoção de soluções eficazes para o controle de ruídos em edificações. Um projeto bem elaborado considera desde a disposição dos ambientes até a escolha dos materiais construtivos, garantindo que as áreas sensíveis ao ruído, como dormitórios e salas de estar, sejam protegidas de sons indesejados. O arquiteto também é responsável por especificar soluções construtivas, como o uso de materiais isolantes e a aplicação correta de revestimentos, além de integrar as instalações hidráulicas e sanitárias de forma a minimizar impactos acústicos.

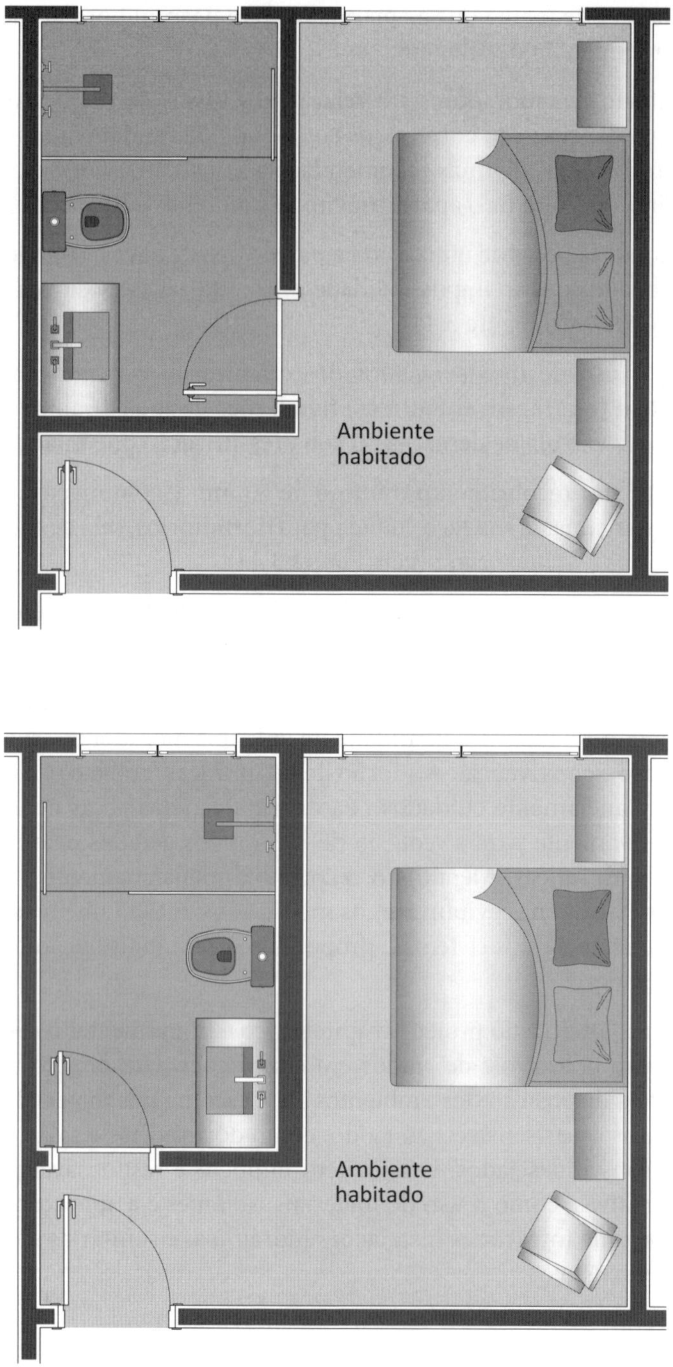

Figura 3.44 Concepção de layout para evitar a transmissão de ruído.

GOLPE DE ARÍETE

Um fenômeno amplamente conhecido, que ocorre principalmente em prédios mais antigos e causa ruídos extremamente desagradáveis, é o "golpe de aríete". Ele acontece quando a água, descendo com muita velocidade pela canalização, é bruscamente interrompida, sujeitando os equipamentos e a própria canalização a choques violentos.

É raro ocorrer rompimento em tubo de PVC por sobrepressão (golpe de aríete) em instalações prediais. Dependendo da amplitude e da frequência de ocorrência das sobrepressões, as rupturas podem ocorrer nas conexões.

De acordo com a NBR 5626:2020, os componentes dos sistemas de água fria e quente, durante a operação de fechamento do fluxo de aparelho sanitário, não podem provocar golpe de ariete que cause sobrepressões superiores a 200 kPa (20 mca), em relação à pressão dinâmica prevista em projeto. Quando necessário, um dispositivo ou componente com função amortecedora da energia do golpe de ariete deve ser previsto para absorver o pico de sobrepressão em ponto próximo ao local de geração do transiente. Podem causar golpe de aríete: máquinas de lavar roupa ou louça, bombas hidráulicas, registros (principalmente os de ¼ de volta) e válvulas de descarga desreguladas ou muito antigas. O misturador monocomando é um dispositivo de alto grau de funcionalidade, porém requer cuidados com eventuais sobrepressões decorrentes de fechamento rápido.

As rupturas devido ao golpe de aríete normalmente ocorrem nos andares baixos. Nesses casos, deve-se medir a pressão estática no andar onde ocorreu a ruptura e verificar eventuais sobrepressões nos demais andares do prédio. Para evitar ou minimizar o golpe de aríete, recomenda-se a regulagem das válvulas de descargas que possuem fechamento rápido. Caso não se consiga uma boa regulagem das válvulas de descarga, recomenda-se a sua substituição por modelos mais modernos, com fechamento lento. Também é importante verificar a existência de VRP (Válvulas Redutoras de Pressão), utilizadas quando a pressão estática tem valor acima de 4 kgf/cm^2 (40 m.c.a.), e regular ou substituir válvulas redutoras de pressão que estiverem apresentando problemas.

Com relação aos limites de velocidade no projeto hidráulico, é importante ressaltar que o dimensionamento da tubulação, assumindo um limite máximo de velocidade média da água de 3 m/s, não evita a ocorrência de golpes de aríete, mas limita a magnitude dos picos de sobrepressão. Embora a NBR 5626:2020 não estabeleça mais limites de velocidade no projeto hidráulico, é responsabilidade do projetista de instalações restringir a velocidade média da água a valores que evitem a propagação de ruídos que possam comprometer o conforto acústico dos ambientes. A adoção de velocidades adequadas não apenas minimiza a geração de ruídos indesejados, mas também contribui para a longevidade das tubulações e a eficiência do sistema como um todo. Portanto, ao planejar o sistema hidráulico, é crucial considerar tanto os aspectos técnicos quanto os fatores de conforto para proporcionar uma experiência agradável aos usuários.

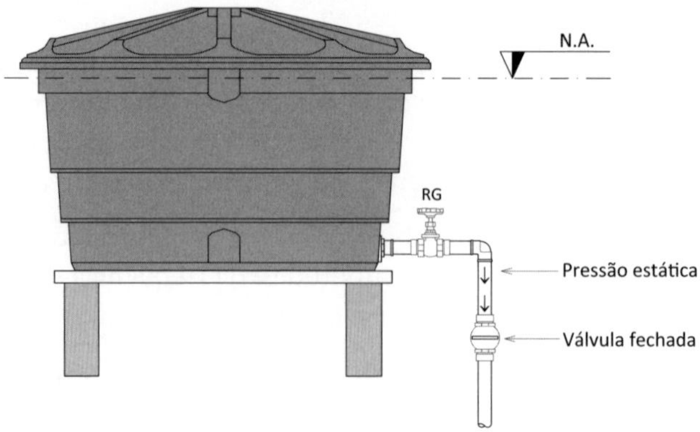

SITUAÇÃO A

Válvula fechada - temos apenas a pressão estática da rede - pressão normal

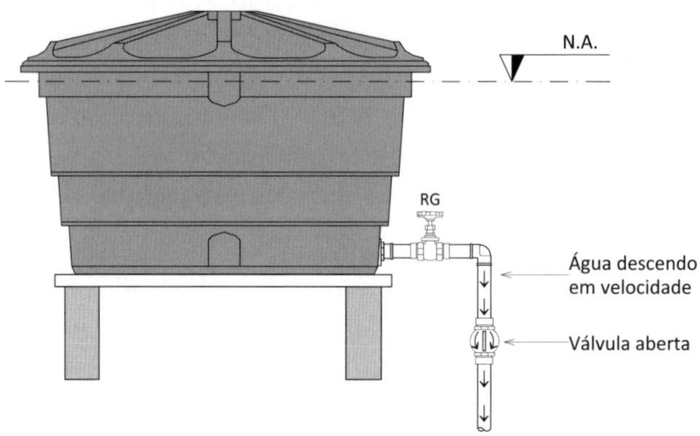

SITUAÇÃO B

Válvula aberta - a água começa a descer, aumentando gradativamente a velocidade dentro do tubo. A pressão contra as paredes se reduz ao máximo.

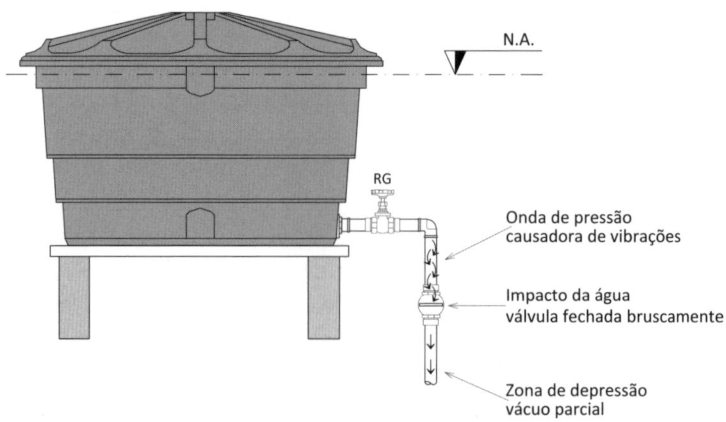

SITUAÇÃO C

Fechamento rápido da válvula - ocorre a interrupção brusca da água, causando violento impacto sobre a válvula e demais equipamentos, além de vibrações e fortes pressões na tubulação.

Figura 3.45 Golpe de aríete.

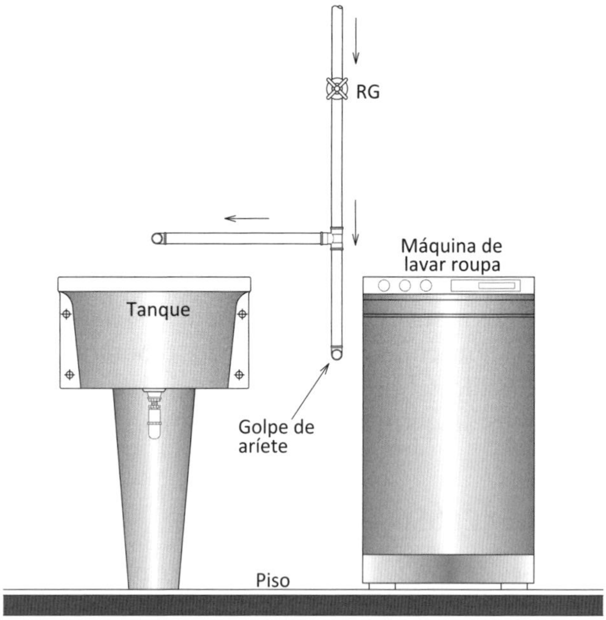

Figura 3.46 Impacto do golpe de aríete na máquina de lavar louça.

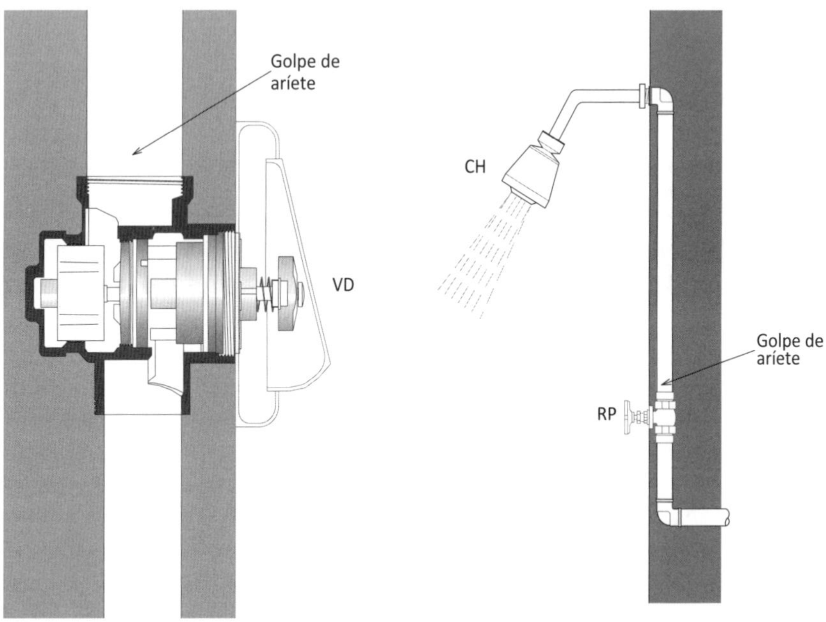

Figura 3.47 Impactos do golpe de aríete no registro de pressão ou válvula de descarga (fechamento brusco).

RUPTURAS EM TUBOS E CONEXÕES DE PVC

Há muitas causas de rupturas em tubos e conexões que resultam em vazamentos, e a prevenção é fundamental para evitar esses problemas. É essencial tomar cuidados na elaboração do projeto, na execução das instalações e na escolha dos materiais. Para detectar vazamentos, é primordial contratar uma empresa especializada, que, munida de equipamentos adequados, pode identificar irregularidades sem a necessidade de mexer nas estruturas.

As fissuras e rupturas em tubos e conexões de PVC, nos sistemas prediais de água podem ocorrer por diversos motivos, tais como: sobrepressão (golpe de aríete); tensionamento das instalações; impactos no transporte dos tubos, no manuseio ou durante sua utilização; impacto acidental de máquinas e equipamentos; esforços mecânicos externos; raízes de árvores; ataque químico, entre outros.

RUPTURAS POR EXCESSO DE PRESSÃO

Rupturas de conexões de PVC devido ao excesso de pressão no sistema de distribuição de água potável são problemas relativamente comuns em sistemas hidráulicos. Embora o PVC seja amplamente utilizado devido à sua durabilidade e resistência, ele está sujeito a falhas quando exposto a pressões excessivas. Essas rupturas podem resultar em vazamentos significativos de água, danos materiais e interrupções no fornecimento de água potável.

Um fenômeno conhecido como golpe de aríete (veja a Seção "Golpe de aríete"), causado pelo fechamento brusco da água, resultante da abertura e fechamento de válvulas, acionamento de válvulas de descarga, falhas mecânicas em dispositivos de controle (como válvulas redutoras de pressão), acionamento de bombas e outros dispositivos de fechamento rápido, pode ocasionar fissuras no ângulo interno de peças de 90°.

É importante ressaltar que, em condições estáticas (sem escoamento), a pressão da água em qualquer ponto de utilização da rede predial de distribuição não deve exceder 400 kPa (40 m.c.a). As sobrepressões devido a transientes hidráulicos (como registros, válvulas etc.) devem ser consideradas no dimensionamento das tubulações. Essas sobrepressões são permitidas, desde que não ultrapassem o valor de 200 kPa (20 m.c.a).

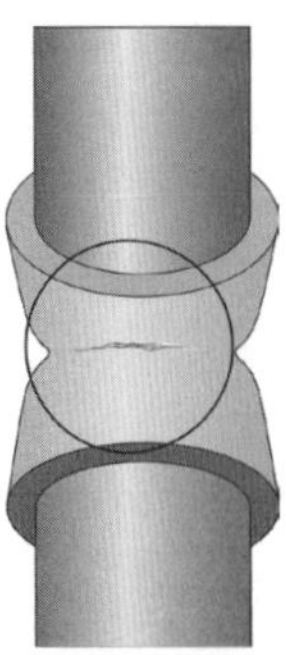

Figura 3.48 Microfissura no ângulo interno da conexão (sentido longitudinal) causada pelo golpe de aríete.

Figura 3.49 Fissura na conexão causada pelo golpe de aríete.

RUPTURAS POR TENSIONAMENTO

O tensionamento em uma instalação hidráulica refere-se ao esforço mecânico externo que pode comprometer as conexões. Uma instalação bem executada não deve apresentar tensionamentos que, ao longo do tempo, possam causar fissuras, especialmente nas conexões.

O tensionamento pode ocorrer devido a vários fatores, como deslocamento ou desalinhamento da tubulação, vibrações, dilatação e contração térmica dos tubos, ou recalque do terreno.

O rompimento por tensionamento acontece quando há um desalinhamento do tubo em relação à sua posição correta em relação às conexões. Rupturas na bolsa e no ângulo interno das conexões são indicativas de desalinhamento na tubulação soldada, o que pode levar à falha da conexão. Esse problema é especialmente comum em peças instaladas na transição entre parede e piso, frequentemente devido às acomodações naturais do solo. O rompimento geralmente ocorre na direção transversal do tubo, fora da linha de emenda do material. Se o desalinhamento for identificado, é fundamental refazer o trecho, alinhando a tubulação adequadamente.

Com o tempo, o terreno onde o imóvel foi construído pode sofrer mudanças, acomodações ou tensões decorrentes de variações de temperatura. O deslocamento e o afundamento das fundações podem afetar a instalação hidráulica. Embora esse deslocamento seja muitas vezes gradual e imperceptível, canos desalinhados estão sujeitos a danos, levando a diversos tipos de vazamentos. Rachaduras no piso e nas paredes, bem como o afundamento do piso da edificação, são sinais de recalque no terreno. Nesses casos, é crucial corrigir as causas do recalque e, em seguida, substituir as conexões danificadas. Além disso, é recomendável realizar inspeções periódicas nas instalações hidráulicas para identificar precocemente quaisquer anomalias. A manutenção preventiva pode ajudar a evitar danos maiores e dispendiosos, garantindo a eficiência do sistema e a segurança dos moradores.

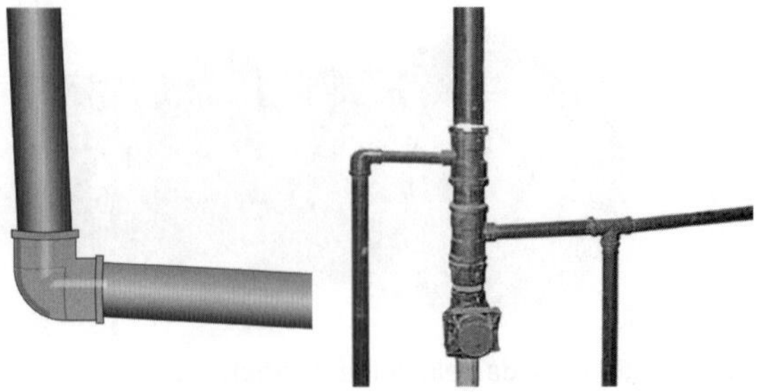

Figura 3.50 Tensionamento causado pelo desalinhamento da tubulação.

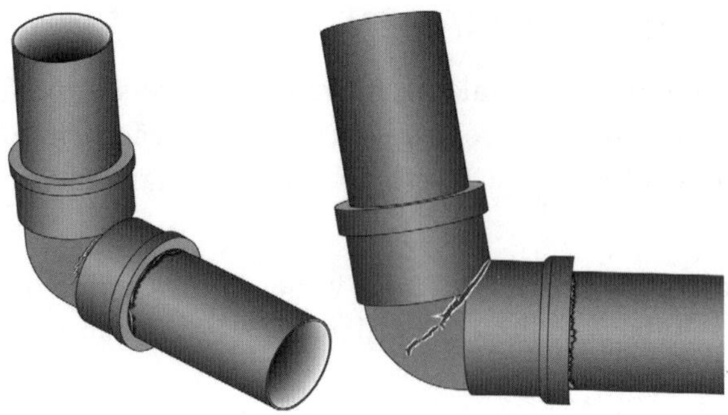

Figura 3.51 Esforço mecânico externo forçando a conexão.

RUPTURAS EM TUBOS E CONEXÕES POR IMPACTO

A ruptura em tubos pode ocorrer devido a impactos durante o transporte, manuseio ou utilização. É importante verificar se o tubo sofreu algum impacto visível no local onde está instalado, como, por exemplo, em garagens localizadas em subsolos de edifícios. Esses impactos indesejados podem provocar trincas ou fissuras nos tubos, muitas vezes imperceptíveis, que só são detectadas quando o produto já está instalado e em uso, causando grandes transtornos no futuro. Caso se constate marcas no tubo decorrentes de rompimento por choque mecânico, que pode ter sido agravado pela pressão excessiva na rede, é necessário substituir imediatamente o trecho danificado do tubo. Além disso, deve-se providenciar uma proteção mecânica adicional ou alterar o trajeto dos tubos para evitar novos impactos.

O manuseio incorreto das peças também pode resultar em impactos indesejados que causem trincas ou fissuras, frequentemente imperceptíveis, identificadas apenas após a instalação e uso, gerando grandes problemas no futuro. Normalmente, busca-se sinais na superfície externa das conexões para identificar qualquer impacto. Quando ocorrem rompimentos devido a forte impacto externo, as marcas quase sempre são visíveis, apresentando linhas de ruptura características em forma de estrela.

No entanto, nem sempre é possível identificar marcas externas que caracterizem o rompimento por impacto, sendo necessário realizar um corte na peça para visualizar o aspecto interno da trinca quando isso ocorre.

Figura 3.52 Ruptura por impacto em tubulação aparente (subsolo de edifícios).

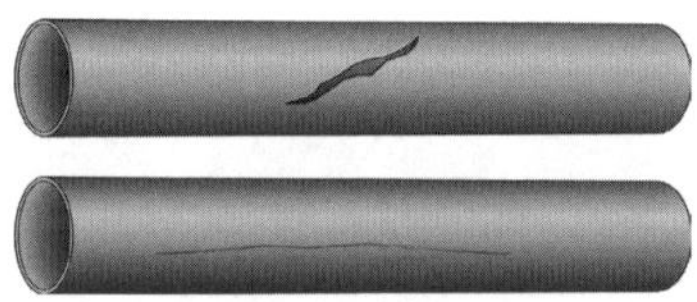

Figura 3.53 Rompimento por choque mecânico em tubulação de PVC.

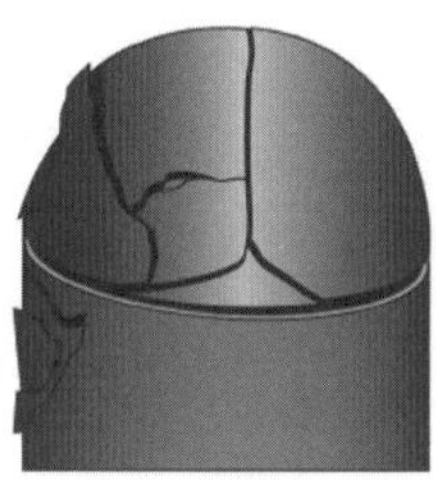

Figura 3.54 Linhas de rompimento características em forma de estrela nas conexões.

RUPTURAS EM TUBULAÇÕES ENTERRADAS

A ruptura em tubulações enterradas pode ocorrer devido a impacto acidental de máquinas ou equipamentos utilizados para abertura de valas, ou ao esforço excessivo provocado por raízes de árvores. Para evitar o rompimento de tubulações enterradas, deve-se colocar uma placa de alerta no local informando que ali existe um tubo de PVC enterrado. Em locais arborizados, a tubulação deve ser desviada das árvores para evitar que, futuramente, as raízes danifiquem os tubos.

Algumas árvores, como o "fícus", são inadequadas para a arborização urbana devido aos seus sistemas radiculares extremamente agressivos. Suas raízes têm um crescimento superficial vigoroso que, com o tempo, pode causar danos significativos aos ambientes urbanos. O problema reside na escolha inadequada das espécies e nas práticas de plantio impróprias para áreas urbanas.

Essas árvores são perfeitas para serem admiradas em toda sua majestade em grandes áreas abertas, como parques e praças das cidades, e proporcionam inúmeros benefícios relacionados a estabilidade climática, ao conforto ambiental, à melhoria da qualidade do ar e à saúde física e mental da população. No entanto, quando plantadas em calçadas, as raízes dessas árvores de grande porte podem se expandir excessivamente sob o solo, penetrando nos imóveis e causando vazamentos, rompimentos e obstruções nas tubulações, resultando em grandes prejuízos.

Para evitar esses problemas nos sistemas hidráulicos e sanitários, além do fícus deve-se evitar o plantio de árvores de grande porte nas calçadas, tais como: salgueiro-chorão, flamboyant, painera-rosa, pau-formiga, eucalipto, guapuruvu, chapéu-de-sol, casuarina, tipuana, álamo e outras.

Figura 3.55 Rompimento da tubulação devido a raízes de árvores.

RUPTURAS E VAZAMENTOS POR ATAQUE QUÍMICO

As tubulações de PVC conduzindo água sob pressão também podem romper-se se estiverem em contato direto com solventes. Nesse caso, a primeira coisa a fazer é verificar se há outras tubulações próximas com vazamentos de solventes. Após eliminar o vazamento na tubulação que está conduzindo o solvente, é necessário substituir o trecho de tubo de PVC danificado e providenciar uma proteção adicional ou desviar o tubo de PVC para evitar novas ocorrências desse tipo.

Além disso, o excesso de adesivo plástico na execução de juntas soldáveis também pode comprometer a eficiência do sistema (veja a Seção "Vazamentos em tubos e conexões unidos por juntas soldáveis"). Isso ocorre porque os solventes presentes na formulação dos adesivos plásticos, quando em excesso, atacam a camada externa do PVC, comprometendo suas propriedades de rigidez. Além de causar vazamentos, o excesso de adesivo no interior da tubulação, quando em contato com a água, pode formar uma película espessa que obstruiu o tubo (veja a Figura 3.57).

Os tubos metálicos de ferro galvanizado, por exemplo, também podem apresentar problemas devido a reações químicas, como a corrosão ou ferrugem ao longo dos anos. A corrosão e ferrugem podem causar danos à tubulação, resultando em rachaduras e furos, permitindo que a água vaze para fora dos canos.

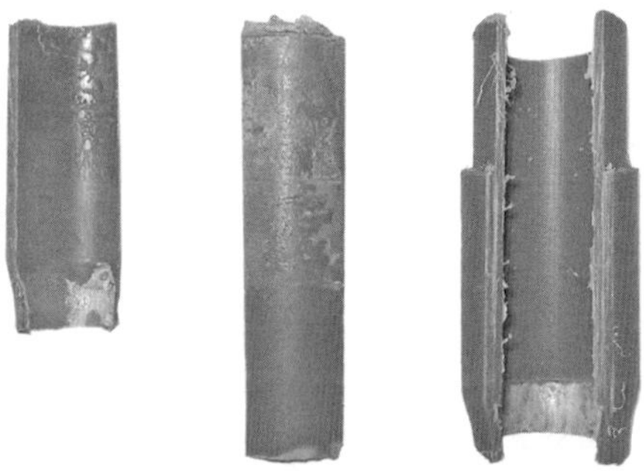

Figura 3.56 Falha de soldagem.

Figura 3.57 Tubo entupido por excesso de adesivo no interior da tubulação.

RUPTURAS POR EXCESSO DE BUCHAS DE REDUÇÃO

Existem três tipos de conexões que realizam a redução de diâmetro: a luva de redução e as buchas de redução (curta e longa). As luvas de redução são compostas por duas bolsas e, por isso, estão localizadas ao longo da tubulação, realizando apenas uma redução de diâmetro, por exemplo: de DN 25 mm x 20 mm. Elas nunca devem ser utilizadas dentro de uma conexão, pois são compostas por bolsa-bolsa e não são adequadas para realizar reduções de diâmetro em conexões internas.

As buchas de redução, por sua vez, são compostas por uma bolsa e uma ponta e devem sempre ser instaladas aproveitando outra conexão. A ponta é inserida na bolsa de uma conexão com diâmetro maior, enquanto a outra ponta sai com o diâmetro reduzido. Essa é a principal diferença entre a luva e as buchas de redução.

A diferença básica entre as buchas de redução é que a bucha de redução curta realiza a redução de apenas um diâmetro, enquanto as buchas de redução longa podem realizar a redução de diâmetros pulando, por exemplo, mais de um diâmetro (por exemplo, DN 50 mm x 25 mm, pulando os diâmetros de 32 mm e 40 mm).

É comum ocorrer ruptura devido ao tensionamento da conexão causado pelo excesso de buchas de redução aplicadas por soldagem à conexão. Recomenda-se substituir a conexão por uma que já inclua a redução direta ou, alternativamente, utilizar buchas de redução longas. Se não for possível, deve-se utilizar o mínimo de buchas de redução necessário. A Figura 3.58 ilustra o uso excessivo de buchas de redução em uma conexão soldável.

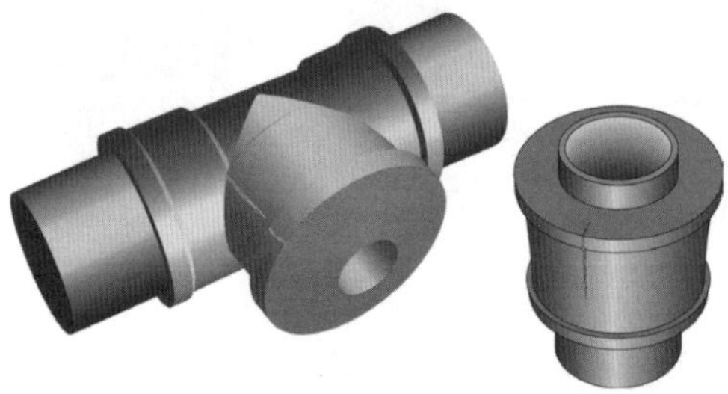

Figura 3.58 Rupturas por excesso de buchas de redução.

RUPTURAS EM CONEXÕES POR EXCESSO DE APERTO

O excesso de aperto também é uma das causas de rupturas em conexões (veja as Figuras 2.10, 2.11, 2.12 e 2,13 na Seção "Falhas de execução"). Normalmente, isso ocorre devido ao tensionamento causado pelo aperto excessivo e ao uso excessivo de vedante de rosca durante acoplamento de peças roscáveis, como a conexão de uma torneira ou registro em uma conexão soldável com bucha de latão. A trinca inicia-se no inserto metálico e se estende para o corpo do PVC. Neste tipo de situação, é comum que o rompimento não ocorra imediatamente, mas ao longo do tempo, devido à fadiga do material causada pelo tensionamento provocado pelo aperto excessivo.

Na Figura 3.60, observa-se a rosca deformada devido ao excesso de esforço mecânico aplicado durante o processo de rosqueamento com a chave. Geralmente, no lado externo da bolsa, são visíveis fortes marcas da ferramenta utilizada para apertar a rosca, evidenciando o excesso de esforço mecânico, que compromete a resistência da peça.

Figura 3.59 Execução de junta rosqueável com rosca fêmea e rosca macho metálica.

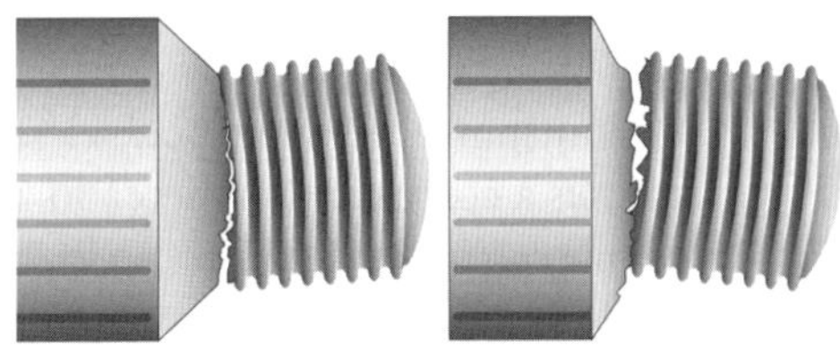

Figura 3.60 Rompimento por excesso de aperto.

IMPACTOS DO USO INADEQUADO DE MATERIAIS EM SISTEMAS PREDIAIS DE ÁGUA POTÁVEL

O uso inadequado de materiais nos sistemas prediais de água potável pode resultar em uma série de problemas, tanto do ponto de vista da segurança quanto da eficiência e durabilidade do sistema. Algumas consequências do uso inadequado de materiais incluem:

- Vazamentos e infiltrações: Materiais que não são resistentes à pressão da água ou à corrosão podem causar vazamentos e infiltrações ao longo do tempo. Isso não apenas desperdiça água, mas também pode provocar danos estruturais ao edifício e criar condições favoráveis para o crescimento de mofo e fungos.
- Corrosão: Materiais que não possuem resistência à corrosão tendem a se deteriorar com a exposição à água e a outros elementos químicos presentes no sistema hidráulico, o que pode ocasionar obstruções, vazamentos e falhas no sistema.
- Contaminação da água: Materiais inadequados podem liberar substâncias tóxicas na água potável, representando um risco à saúde dos usuários. Isso pode resultar em problemas como intoxicações e doenças gastrointestinais.
- Aumento nos custos de operação e manutenção: A utilização de materiais inadequados pode gerar custos adicionais com manutenção e reparos frequentes. Além disso, vazamentos e infiltrações podem aumentar o consumo de água e energia, elevando os custos operacionais do edifício.

- Redução da durabilidade do sistema: Materiais inadequados tendem a se deteriorar mais rapidamente devido à exposição à água e a outros elementos presentes nas instalações prediais. Isso resulta em uma vida útil reduzida do sistema, exigindo substituições e reparos frequentes, aumentando os custos de manutenção a longo prazo.

O conhecimento de aspectos tecnológicos das instalações prediais, visando à sua adequação aos sistemas construtivos, é de fundamental importância para o projetista. Para a escolha dos materiais, é essencial seguir a NBR 5626:2020, que estabelece as condições exigíveis, critérios e maneiras pelas quais devem ser projetadas as instalações prediais de potável, para atender às exigências técnicas de higiene, segurança, economia e conforto dos usuários.

As tubulações destinadas ao transporte de água potável são normalmente feitas com tubos de plástico (PVC), imunes à corrosão. No mercado, há diversos fabricantes de tubos e conexões de PVC, que oferecem vantagens como leveza, durabilidade, resistência à corrosão, facilidade de instalação, baixo custo e menor perda de carga. Contudo, suas desvantagens incluem baixa resistência ao calor e degradação pela exposição prolongada ao sol.

Os tubos metálicos têm como vantagens maior resistência mecânica, menor deformação e resistência a altas temperaturas, além de não entrarem em combustão em incêndios. No entanto, são suscetíveis à corrosão, podem alterar as características físico-químicas da água, transmitem mais ruído ao longo dos tubos e têm maior perda de pressão.

Tubos e conexões de ferro são comumente utilizados em sistemas hidráulicos de combate a incêndios. Já os tubos de cobre, tradicionalmente aplicados em instalações de água quente, também podem ser utilizados em sistemas de água fria, proporcionando menor diâmetro no dimensionamento, mas com um custo superior ao do PVC.

O uso do PEX nos últimos anos trouxe mais eficiência à execução das instalações prediais, permitindo maior precisão e agilidade, além de reduzir a necessidade de componentes adicionais. No entanto, a instalação das conexões crimpadas requer ferramentas específicas.

Independentemente do material escolhido, é fundamental garantir que ele atenda aos parâmetros fixados pelas normas brasileiras. Portanto, ao adquirir tubos e conexões, é essencial verificar se possuem a marcação com o número da norma ABNT correspondente e a marca do fabricante.

A falta de conformidade com as normas, aliada a deficiências no material e na mão de obra, somada à possível negligência de projetistas e construtores, pode comprometer a qualidade da obra e resultar em defeitos construtivos.

PREVENÇÃO E REMOÇÃO DE INCRUSTAÇÕES EM TUBULAÇÕES DE ÁGUA POTÁVEL

Uma das principais causas de entupimento em tubulações de água fria e quente nos sistemas prediais é a presença de incrustações nas paredes das tubulações. Essas incrustações reduzem a capacidade de condução hidráulica e podem causar problemas relacionados à alteração da qualidade da água.

Os minerais que geralmente formam incrustações em tubulações são carbonatos, sulfatos e compostos de ferro e manganês. Resíduos orgânicos, por sua vez, são formados por microrganismos vivos ou matéria orgânica morta. Para remover incrustações mais simples, existem métodos como sopragem de ar, limpeza de tubulações com água pressurizada e o uso de esferas de limpeza.

Para evitar que as incrustações se tornem um problema, é importante investir em manutenção preventiva, realizando inspeções e limpezas periódicas. Quando a manutenção é feita nos prazos corretos, a ocorrência de entupimentos, rupturas e outras intercorrências é reduzida, aumentando significativamente a vida útil das tubulações. Diversos fatores podem causar incrustações, incluindo:

- Circulação de água com excesso de minerais, conhecida como água dura;
- Sedimentação de partículas sólidas suspensas no líquido que circula pelos canos;
- Crescimento e proliferação de microrganismos como algas e bactérias;
- Circulação de líquidos com pressão inconstante;
- Reações químicas nos tubos, como a corrosão da superfície dos tubos metálicos.

O tipo mais comum de incrustação que ocorre nas tubulações, especialmente na região Sudeste, é um material predominantemente cristalino, constituído basicamente por carbonato de cálcio (calcita - $CaCO_3$). A incrustação é formada pela deposição de camadas sucessivas de material fino, com coloração variando entre bege/marrom e cinza, correspondendo aos elementos químicos presentes na água.

A formação de crostas de sais em tubulações é frequentemente observada em situações em que a água transportada pela instalação contém elevados teores de cálcio, magnésio e ferro dissolvidos (água dura). Este fenômeno é muito comum quando a fonte abastecimento de água das cidades são aquíferos subterrâneos, cujas águas, são frequentemente ricas em bicarbonatos.

Diante dessas constatações, algumas ações podem ser adotadas em novas edificações para minimizar o problema, como o controle da qualidade da água de abastecimento, especialmente sua dureza, adotando, se necessário, tratamentos que reduzam a concentração de substâncias dissolvidas.

Quando o problema já existe, a remoção de incrustações de carbonato de cálcio (calcita) pode ser feita por meio da aplicação de ácidos, como o ácido clorídrico (HCl), que dissolve e remove as incrustações presentes no interior das tubulações. Contudo, o uso dessa alternativa requer planejamento adequado e testes prévios, pois, apesar de o tubo de PVC rígido ser altamente resistente a ácidos fortes, ele pode sofrer ataque de alguns ácidos oxidantes em altas concentrações. Portanto, todo o sistema hidráulico em contato com a solução ácida deve ser avaliado quanto a sua resistência, além de ser necessário o uso de equipamentos de segurança, como luvas, botas, óculos e máscaras, para o manuseio adequado. Também é importante destacar que a probabilidade da presença de cloro em alta concentração na água de abastecimento pode acarretar riscos à saúde humana, pois o consumo excessivo pode causar irritação nas mucosas, problemas respiratórios e efeitos adversos no sistema gastrointestinal. Além disso, a exposição prolongada ao cloro em níveis elevados pode estar associada a distúrbios hormonais e ao aumento do risco de câncer.

Figura 3.61 Vista superior da incrustação.

Figura 3.62 Vista da superfície do sedimento.

Figura 3.63 Detalhe da incrustação.

PREVENÇÃO E LIMPEZA DE INCRUSTAÇÕES EM CHUVEIROS

As incrustações não ocorrem apenas nas tubulações, mas também em peças de utilização e aparelhos sanitários, como chuveiros, torneiras e registros. Muitas são as causas que podem levar ao entupimento do chuveiro, mas essas situações podem ser evitadas com procedimentos simples. O chuveiro pode entupir devido à falta de limpeza do reservatório e de encanamentos antigos, especialmente os de ferro. A limpeza periódica do chuveiro, realizada por um profissional experiente, pode resolver o problema em muitos casos.

Antes de iniciar a limpeza, desligue a energia elétrica do chuveiro. Desmonte a base do chuveiro, geralmente rosqueada, e limpe-a interna e externamente para remover impurezas que obstruem os pequenos furos. Depois de limpar, monte a tampa novamente e verifique se a água flui sem interrupções. Se o entupimento persistir, verifique se há ar na tubulação ou obstruções, e substitua peças danificadas, como a bucha, se necessário. Caso o problema continue, isso pode indicar um entupimento mais grave na própria tubulação, exigindo a intervenção de um profissional especializado.

Para evitar esses problemas, é importante realizar limpezas periódicas do chuveiro, especialmente em regiões com água dura, rica em cálcio e magnésio dissolvidos, que podem obstruir os pequenos furos de saída de água. As impurezas da água se acumulam nos orifícios bloqueando-os e impedindo a passagem normal da água.

Se o chuveiro estiver entupido por carbonato cálcio, o procedimento de limpeza deve ser diferente: coloque água suficiente para cobrir a parte inferior do chuveiro em uma vasilha e adicione meio copo de vinagre. Misture bem e coloque o chuveiro na solução. Deixe o ácido acético agir por uma hora para duchas plásticas, ou vinte minutos para modelos de metal. Após esse tempo, use uma escova para limpar as manchas externas, e, nos furos ainda entupidos, utilize um clipe de papel ou alfinete para remover os resíduos mais resistentes, que estarão amolecidos.

Depois de limpar o chuveiro, é importante verificar a carbonatação e o pH da água. Se o pH for superior a nove, pode ser necessário limpar a tubulação com injeções de produtos específicos que dissolvem a sujeira.

Figura 3.64 Jatos de água no chuveiro com os orifícios desobstruídos.

INCIDÊNCIA DE AR NAS TUBULAÇÕES DE ÁGUA FRIA

É comum ocorrer o acúmulo de ar em pontos altos de trechos de tubulações de água fria e quente em sistemas hidráulicos prediais, formando sifões devido à disposição dos elementos da construção, como portas e janelas. Essa configuração prejudica o desempenho da instalação.

As principais manifestações da presença de ar nas tubulações incluem: ruídos estranhos, baixa pressão de água nos pontos de utilização e fluxo irregular, que pode gerar vácuo e bolhas de ar, resultando na saída intermitente de água em torneiras e chuveiros. Esse fluxo descontinuado o de água pode levar à queima da resistência do chuveiro pela falta momentânea de escoamento de água. Se o acúmulo de ar for significativo, pode danificar componentes da instalação e causar vazamentos.

Bolhas de ar nas tubulações reduzem o fluxo de água. A instalação de um tubo ventilador permite a expulsão dessas bolhas, melhorando o desempenho dos pontos de utilização e dos aparelhos sanitários. Em casos de esvaziamento da rede por falta de água e posterior reabastecimento, o ar pode ficar retido, dificultando o fluxo. Nesses casos, a ventilação do barrilete facilita a expulsão do ar acumulado. O tubo ventilador deve ser instalado na saída da água fria do reservatório, logo após o registro de passagem, com a extremidade superior aberta acima do nível máximo do reservatório e com diâmetro igual ou superior ao da coluna de distribuição.

Em relação às tubulações horizontais, recomenda-se que possuam uma leve declividade para evitar a formação de bolhas de ar. Por esse motivo, é aconselhado evitar o uso de calços e guias que possam criar desníveis indesejáveis. Sempre que possível, a inclinação deve seguir a direção do fluxo da água, com o ponto mais alto sendo a saída da rede de distribuição do reservatório. Essa prática ajuda a garantir que o ar seja expulso adequadamente e o fluxo de água seja contínuo e eficiente, evitando problemas de desempenho das instalações.

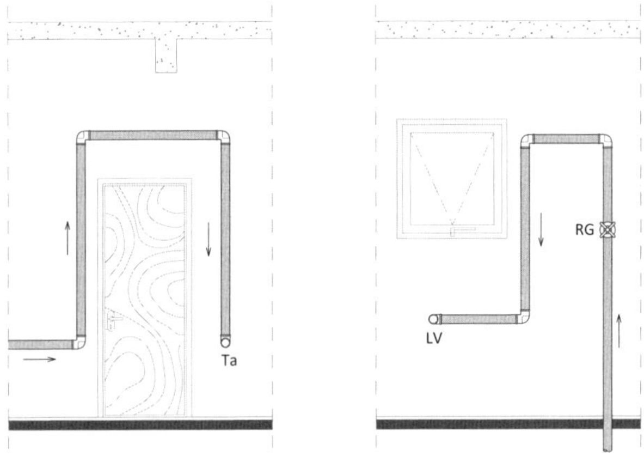

Figura 3.65 Desvios da tubulação com formato de sifões.

INCIDÊNCIA DE AR NO RAMAL PREDIAL

A incidência de ar no ramal predial (hidrômetro) pode ocorrer por diversas razões, como cortes no fornecimento de água devido a racionamentos, manutenção de rede, fechamento de adutoras, ou pelo uso de alta pressão na rede pública para garantir que a água atinja pontos mais elevados da cidade.

O principal problema é que o ar presente nas tubulações, ao ser empurrado pela água, entra na rede predial da edificação através do "kit cavalete" e é registrado pelo hidrômetro como se fosse água consumida. Como os hidrômetros são muito sensíveis, eles não conseguem distinguir entre água e ar, contabilizando ambos como consumo de água.

Detectar a presença de ar no ramal de entrada de água e na instalação predial pode ser desafiador. No entanto, durante uma interrupção no fornecimento, é possível realizar um teste simples: ao abrir uma torneira enquanto a água ainda não retornou, será possível notar a passagem de ar pela torneira seca. Da mesma forma, quando o abastecimento é retomado, a água pode sair em jatos intermitentes, evidenciando o ar sendo expulso da tubulação.

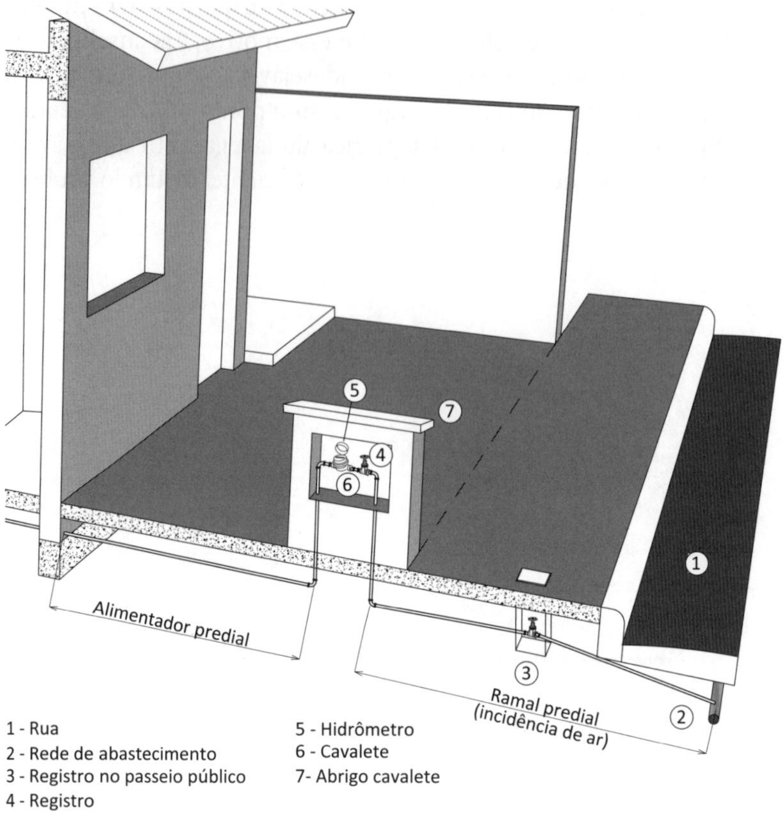

Figura 3.66 Incidência de ar no ramal predial.

ÁGUA BRANCA NA TORNEIRA: AR DISSOLVIDO SOB PRESSÃO

Quando a água sai branca na torneira, é muito comum se pensar em excesso de cloro. No entanto, o cloro não altera a cor da água, mesmo quando em concentrações elevadas. A água com aspecto leitoso não representa riscos à saúde, sendo apenas resultado de ar dissolvido na água sob pressão. Isso geralmente ocorre após reparos na rede pública ou predial, quando há entrada de ar na tubulação. A pressão aprisiona o ar atmosférico na água em forma de pequenas bolhas, o que dá a impressão de que a água está "branca" ou com aspecto leitoso.

Para confirmar que se trata de ar dissolvido, basta deixar um copo com a água de aspecto leitoso em repouso por cerca de vinte minutos. Com o tempo, as bolhas de ar se dissipam, e a água voltará ao seu aspecto normal.

Figura 3.67 Água com aspecto leitoso (devido ao ar dissolvido sob pressão).

DESAFIOS E APLICAÇÕES DO PEX EM INSTALAÇÕES PREDIAIS

Assim como ocorre com outros materiais, o uso do PEX deve ser respaldado por um projeto que atenda às especificações da NBR 15939 – Sistemas de Tubulações Plásticas para Instalações Prediais de Água Quente e Fria – Polietileno Reticulado. Esses cuidados evitam desencontros e improvisações durante a execução da obra.

Uma das principais desvantagens dos tubos PEX é sua inviabilidade para grandes diâmetros (acima de 32 mm), pois o aumento da rigidez do tubo torna seu manuseio difícil. Por isso, o uso desse material é desaconselhado em determinadas obras, como em edifícios, entre o reservatório superior e a entrada do apartamento, onde são necessários diâmetros maiores para conduzir grandes volumes de água para todos os apartamentos.

No entanto, o PEX é amplamente utilizado nos sistemas internos dos apartamentos, onde os diâmetros das tubulações são menores. Um ponto negativo é que, em instalações ponto a ponto, onde não há derivações no encaminhamento da tubulação, a quantidade de tubos necessários é maior em comparação com os materiais convencionais.

Outro fator a ser considerado é que, se não for corretamente instalado, o PEX pode se mover dentro das paredes com o uso da água. Além disso, há relatos de que o PEX pode ser mastigado por roedores, o que torna essencial vedar os vãos adequadamente para evitar perda de pressão, vazamentos e outros danos. Por isso, é recomendada a utilização de PEX em ambientes internos, enquanto cobre, CPVC ou PPR são mais indicados para ambientes externos.

Um aspecto importante é que o PEX não pode ser exposto ao ar livre sem uma proteção adicional que inclua bloqueadores de raios ultravioleta (UV), para evitar danos pela exposição ao sol.

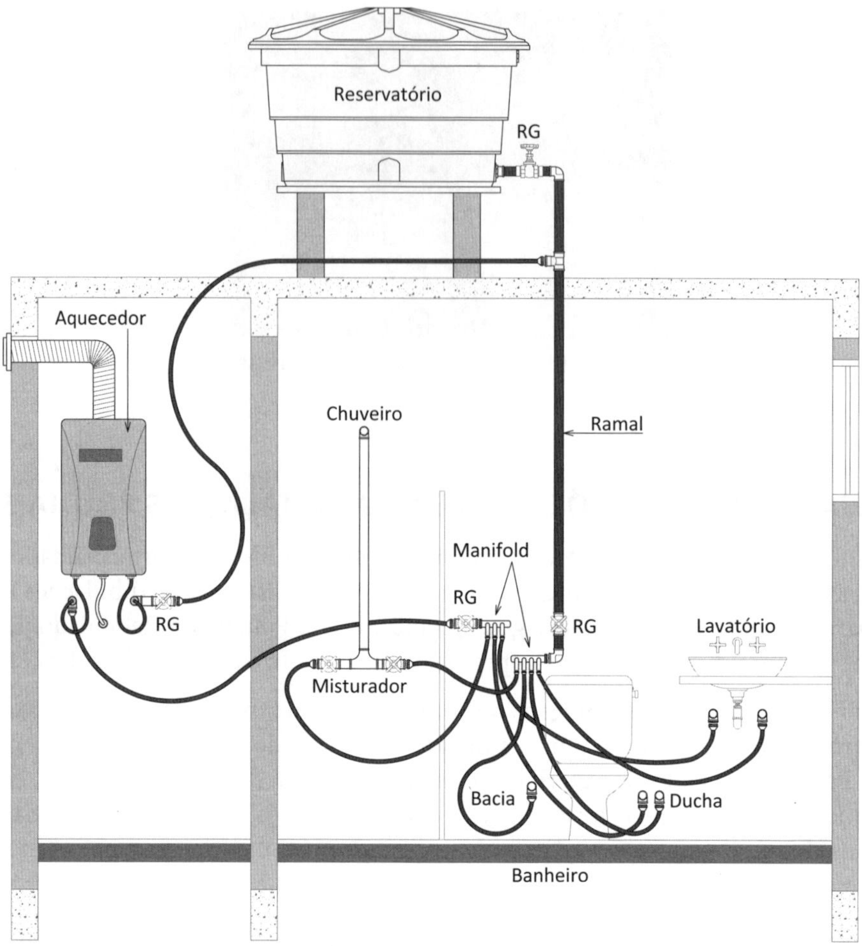

Figura 3.68 Instalação do sistema PEX com distribuidores (Manifold).

ATIVIDADES DE MANUTENÇÃO EM SISTEMAS PREDIAIS DE ÁGUA FRIA E QUENTE

De acordo com a NBR 5626:2020, os procedimentos de manutenção dos sistemas prediais de água fria e água quente (SPAFAQ) devem ser elaborados com base no projeto, nos desenhos cadastrais conforme *as built* (conforme construído), nos registros de execução e nas especificações dos fabricantes dos componentes. O planejamento da manutenção e a elaboração dos procedimentos correspondentes devem ser realizados em conformidade com a NBR 5674:2012 - Manutenção de edificações – Requisitos para o sistema de gestão de manutenção. As especificações ou instruções dos fabricantes dos componentes do SPAFAQ devem ser seguidas em todas as etapas de operação, uso e manutenção.

A seguir, são apresentadas as periodicidades máximas para diversas atividades de manutenção. Conforme a norma, os valores estabelecidos na tabela podem ser reduzidos após o inicio da operação da edificação, levando em consideração a complexidade e características do sistema, bem como as necessidades e condições encontradas em campo.

Tabela 3.6 Periodicidades máximas para atividades de manutenção.

Níveis de pressão	Verificação do funcionamento das válvulas redutoras de pressão	Semestral	Qualificado
	Verificação do funcionamento das válvulas de alívio e válvulas de segurança à pressão	Semestral	Habilitado
	Verificação do funcionamento dos vasos de expansão térmica	Semestral	Qualificado
	Verificação do funcionamento de vasos e tanques de pressão	Semestral	Capacitado
	Verificação do funcionamento de bombas e pressurizadores	Semestral	Qualificado
Preservação da qualidade da água	Limpeza dos reservatórios e do sistema de distribuição	Semestral	Capacitado
	Verificação do funcionamento de dispositivos de proteção contra refluxo	Anual	Qualificado
	Verificação da simultaneidade da operação das válvulas redutoras de pressão montadas em estações redutoras de pressão	Semestral	Capacitado
	Verificação da capacidade filtrante de dispositivos e elementos filtrantes	Semestral	Qualificado
	Verificação da deterioração e oxidação dos componentes	Semestral	Capacitado
Estanqueidade do sistema	Verificação da estanqueidade do reservatório	Semestral	Capacitado
	Verificação da estanqueidade do sistema de distribuição	Semestral	Capacitado
	Verificação da capacidade de bloqueio (estanqueidade) dos registros de fechamento	Semestral	Capacitado
	Verificação da estanqueidade das peças de utilização	Semestral	Capacitado
Manutenção geral de componentes	Verificação do funcionamento adequado de peças de utilização	Semestral	Capacitado
	Verificação do estado dos espaços destinados a tubulações não embutidas e não enterradas	Semestral	Capacitado
	Limpeza de crivos de chuveiros, arejadores e peças de utilização (aspectos não estéticos)	Semestral	Capacitado
Níveis de temperatura	Funcionamento das válvulas termostáticas	Anual	Qualificado
	Funcionamento das liras e juntas de expansão	Anual	Capacitado
	Funcionamento dos dispositivos limitadores de temperatura	Anual	Qualificado
	Verificação da temperatura das fontes de aquecimento	Anual	Capacitado
	Verificação da integridade do material isolante dos tubos e componentes do sistema	Anual	Capacitado

Fonte: NBR 5626:2020.

Normas importantes

ABNT NBR 14037:2011 - Diretrizes para elaboração de manuais de uso, operação e manutenção das edificações - Requisitos para elaboração e apresentação dos conteúdos;

ABNT NBR 5674:2012 - Manutenção de edificações - Requisitos para o sistema de gestão de manutenção.

CAPÍTULO 4

Patologia dos sistemas prediais de água quente

CONSIDERAÇÕES GERAIS

A norma que especifica os requisitos para projeto, execução, operação e manutenção dos sistemas prediais de água quente é a NBR 5626:2020 – Sistemas prediais de água fria e água quente: projeto, execução, operação e manutenção. O sistema predial de água quente (SPAQ) deve ser projetado de modo que, durante sua vida útil, atenda aos mesmos requisitos exigidos para os sistemas prediais de água fria.

O sistema de água quente é formado pelos seguintes componentes: tubulação de água fria para alimentação do sistema de água quente; aquecedores, que podem ser de passagem (ou instantâneos) ou de acumulação; dispositivos de segurança; tubulação de distribuição de água quente; e peças de utilização (chuveiro, ducha, torneiras de pia, lavatório e tanque). Existem no mercado diversos equipamentos para aquecimento, armazenamento e distribuição de água quente, oferecendo várias opções de aquecimento.

De acordo com a NBR 5626:2020 - o projeto do sistema de geração e, quando aplicável, de armazenamento de água quente, deve especificar o tipo de sistema de aquecimento previsto, considerando o volume, as temperaturas máxima e mínima de operação, a fonte de calor e sua respectiva respectiva potência.

Tabela 4.1 Principais usos de água quente (temperaturas convenientes).

Uso pessoal em banhos ou higiene	35 °C a 50 °C
Em cozinhas	60 °C a 70 °C
Em lavanderias	75 °C a 85 °C
Em finalidades médicas	100 °C

Tabela 4.2 Estimativa de consumo de água quente.

Prédio		Consumo (litros/dia)
Alojamento provisório de obra		24/pessoa
Casa popular ou rural		36/pessoa
Residências	Aquecedor elétrico	45/pessoa
	Aquecedor a gás	40/pessoa
	Aquecedor solar	50/pessoa
Apartamento		60/pessoa
Quartel		45/pessoa
Escola (internato)		45/pessoa
Hotel (sem incluir cozinha e lavanderia)		36/hóspede
Hospital		125/leito
Restaurantes e similares		12/refeição
Lavanderia		15/kg roupa seca

As manifestações patológicas em sistemas prediais de água quente representam um conjunto de problemas que podem comprometer tanto a eficiência quanto a segurança desses sistemas. Esses problemas frequentemente resultam de erros no projeto, uso de materiais inadequados ou falhas na execução das instalações. A identificação e correção dessas falhas são essenciais para garantir o funcionamento adequado do sistema e a segurança dos usuários, reforçando a importância de inspeções regulares e de uma manutenção preventiva eficaz. Além das manifestações patológicas relacionadas aos quatro parâmetros hidráulicos do escoamento (vazão, velocidade, perda de carga e pressão), apresentadas no capítulo anterior sobre patologia em sistemas prediais de água fria, serão discutidos neste capítulo os principais e mais frequentes problemas que ocorrem nos sistemas prediais de água quente. Esses problemas incluem deformação dos materiais, vazamentos, irregularidades na temperatura da água e falhas em aquecedores e dispositivos de segurança, entre outros.

DESEMPENHO E EFICIÊNCIA DE AQUECEDORES A GÁS

Existem diversos tipos de aquecedores, sendo os mais comuns nas instalações prediais os de aquecimento direto ou indireto, de passagem ou acumulação. As fontes de calor utilizadas pode ser eletricidade, gás ou energia solar.

O desempenho de um aquecedor, independentemente do modelo, depende de vários fatores. Para evitar problemas, ao escolher um modelo de aquecedor a gás, é fundamental garantir que ele esteja de acordo com as normas da ABNT, assegurando segurança e eficiência no seu funcionamento:

- NBR 5626:2020 – Sistemas prediais de água fria e água quente – Projeto, execução, operação e manutenção;
- NBR 13103:2020 – Instalação de aparelhos a gás: requisitos;
- NBR 16057:2012 – Sistema de aquecimento de água a gás (SAAG): projeto e instalação; a gás instantâneo;
- NBR 8130:2004 - Aquecedor de água a gás tipo instantâneo - Requisitos e métodos de ensaio;
- NBR 10540:2016 - Aquecedor de água a gás tipo acumulação - Terminologia;
- NBR 15575:2021 - Edificações habitacionais - Desempenho - Parte 6: Requisitos para os sistemas hidrossanitários.

AQUECEDORES DE PASSAGEM

Antes de instalar um aquecedor de passagem a gás, é essencial verificar se os pontos existentes na parede correspondem aos pontos de conexão de água fria, água quente e gás do aparelho. Todo aquecedor de passagem necessita de pressão para funcionar, pois é acionado pela circulação de água. Se a água chegar ao aquecedor a gás sem pressão suficiente, o dispositivo não será ativado.

A pressão mínima necessária para o acionamento pode variar conforme o modelo do aquecedor. Em geral, para modelos de aquecedores a gás digitais, essa pressão varia entre 2 e 4 m.c.a. (metros de coluna de água), enquanto nas versões mecânicas, pode variar entre 2 e 6 m.c.a. Além da pressão mínima, é necessário que o fluxostato detecte uma vazão mínima de água para ativar o aquecedor. Isso significa que, se o registro de uma torneira estiver aberto apenas parcialmente, o aquecedor a gás pode não ser ativado.

Normalmente, aquecedores a gás digitais requerem uma vazão mínima de aproximadamente 3,5 litros de água por minuto para operar, enquanto os modelos mecânicos necessitam de uma vazão mínima de cerca de 2 litros por minuto.

Para dimensionar corretamente o aquecedor de passagem, é necessário considerar o número de pontos de consumo que serão atendidos (como duchas e torneiras de lavatórios), bem como a vazão (em litros por minuto) das peças de utilização. Isso garantirá o desempenho adequado do sistema e evitará problemas operacionais.

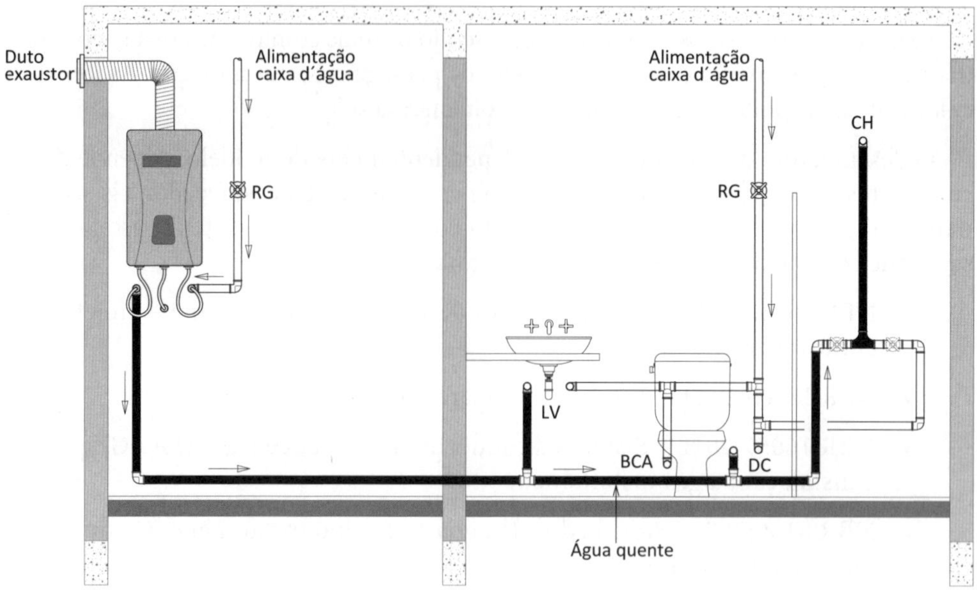

Figura 4.1 - Aquecedor de passagem.

AQUECEDORES DE ACUMULAÇÃO

De acordo com a NBR 15575:2021 – Edificações habitacionais – Desempenho – Parte 6: Requisitos para os sistemas hidrossanitários, os aquecedores de acumulação a gás devem atender aos seguintes critérios de desempenho específicos para garantir segurança e eficiência:

- Dispositivo de segurança: É imprescindível verificar a presença de um dispositivo de alívio de sobrepressão e um dispositivo de segurança, conforme indicado no projeto. Esses dispositivos são fundamentais para prevenir acidentes e proteger a integridade do sistema de aquecimento.
- Conformidade técnica: Deve-se confirmar, por meio da etiqueta ou do folheto do aquecedor, as características técnicas do equipamento, assegurando que a temperatura máxima especificada seja respeitada. Essa conformidade é essencial para evitar riscos de queimaduras e danos aos componentes do sistema.

No dimensionamento de aquecedores de acumulação, é essencial considerar as características específicas do sistema de aquecimento escolhido. Deve-se levar em conta fatores como a frequência de utilização, as temperaturas máxima e mínima de operação, o volume de armazenamento, e a capacidade de recuperação do aquecedor. Esses parâmetros garantirão que o sistema atenda à demanda de água quente de forma eficiente e segura.

Quando o aquecedor de acumulação é alimentado com água fria por gravidade, algumas condições específicas devem ser observadas:

- Escorvamento do reservatório: O reservatório do aquecedor deve permanecer escorvado, ou seja, sempre cheio, mesmo quando o reservatório de água fria estiver vazio. Isso garante o funcionamento contínuo do sistema e evita danos ao equipamento.
- Proibição de válvula de retenção: É proibido o uso de válvula de retenção no ramal de alimentação de água fria do equipamento, caso esse ramal não seja protegido contra a expansão térmica. A expansão térmica pode causar aumento de pressão na tubulação, o que pode resultar em falhas no sistema se a proteção adequada não for implementada.
- Controle da transferência de calor: A tubulação de alimentação de água fria deve ser equipada com um sifão térmico ou outro meio adequado para minimizar a transferência de calor por convecção da água quente armazenada no aquecedor para o reservatório de água fria. Isso ajuda a manter a eficiência energética do sistema, evitando desperdício de calor e aquecimento desnecessário da água fria.

Além disso, não é recomendada a alimentação do reservatório de água quente diretamente do ramal predial (ou seja, da rua), pois o golpe de aríete pode danificar o aquecedor.

Para instalar corretamente um aquecedor de acumulação a gás, é necessário prever um espaço específico e adequado. Antes de adquirir o equipamento, é essencial verificar o tamanho do *boiler* para garantir que haja espaço suficiente disponível. O aquecedor deve ser instalado em um local com ventilação permanente e equipado com um duto de exaustão apropriado para expelir os gases resultantes da combustão.

Além disso, o aquecedor de acumulação a gás deve possuir certificação do INMETRO e estar em conformidade com a norma técnica de instalação NBR 13103:2020 – Instalação de aparelhos a gás - Requisitos. Por esses motivos, a instalação deve ser realizada por uma Assistência Técnica credenciada para evitar acidentes e garantir a correta instalação do produto.

Outra opção de aquecedor de acumulação é o *boiler* elétrico, que também possui certificação do INMETRO, garantindo segurança elétrica, volume de água, pressão do reservatório e eficiência. Esse tipo de equipamento permite a utilização de água quente em dois ou mais pontos simultaneamente e está disponível em modelos horizontais e verticais, adaptando-se a diferentes necessidades e espaços disponíveis. O *boiler* elétrico é indicado tanto para residências quanto para apartamentos.

Para dimensionar o volume de um aquecedor de acumulação, seja ele elétrico ou a gás, é necessário identificar o número de usuários do sistema (moradores), o consumo médio de água quente por pessoa por dia (conforme indicado na Tabela 4.2), e considerar pontos adicionais de consumo, como banheiras de hidromassagem, máquinas de lavar louça, e a necessidade de água quente em pias de cozinha e tanques (ver Tabela 4.3). Com essas informações, é possível calcular o volume total de água quente consumido pelos usuários do sistema e dimensionar o aquecedor ideal para atender ao nível de conforto desejado.

Tabela 4.3 Pontos adicionais.

Peça de utilização	Volume (litros)
Banheira	Volume/2
Pia de cozinha	50
Máquina de lavar roupa	150

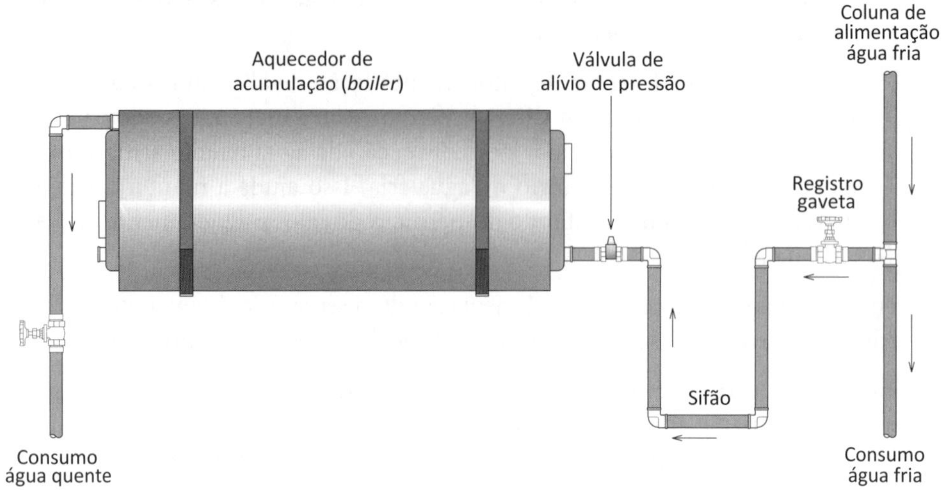

Figura 4.2 - Aquecedor de acumulação.

VENTILAÇÃO EM AMBIENTES COM AQUECEDORES A GÁS

Ao optar por um aquecedor a gás, a localização no projeto arquitetônico é um fator crucial, uma vez que o aparelho exige ventilação permanente no local de instalação. As aberturas de ventilação podem ser posicionadas na parte superior, inferior ou em ambas as posições do ambiente. O número e as dimensões dessas aberturas variam conforme a tipologia dos aparelhos instalados e a sua potência, sendo especificadas na NBR 13103:2020, que estabelece os requisitos de ventilação adequados para cada tipo de aquecedor.

Além da ventilação permanente, o uso de uma chaminé é obrigatório. A chaminé atua como um componente de segurança essencial, sendo responsável pela expulsão dos gases resultantes da combustão, como o monóxido de carbono, que é liberado durante o funcionamento do aquecedor a gás. O duto de exaustão conectado à chaminé deve ser resistente ao fogo e instalado por técnicos especializados, de acordo com as orientações da NBR 13103:2020.

A instalação de qualquer modelo de aquecedor a gás deve ser feita por um profissional qualificado, devido à complexidade técnica envolvida. Muitas vezes, os moradores podem não estar cientes dos riscos potenciais presentes em suas residências ou apartamentos. Para mitigar esses riscos, é recomendável realizar inspeções periódicas nos equipamentos a gás existentes e verificar as condições de ventilação dos ambientes onde esses aparelhos estão instalados.

Essas medidas garantem a segurança do sistema de aquecimento a gás e reduzem os riscos associados à sua operação, assegurando o conforto e a tranquilidade dos usuários.

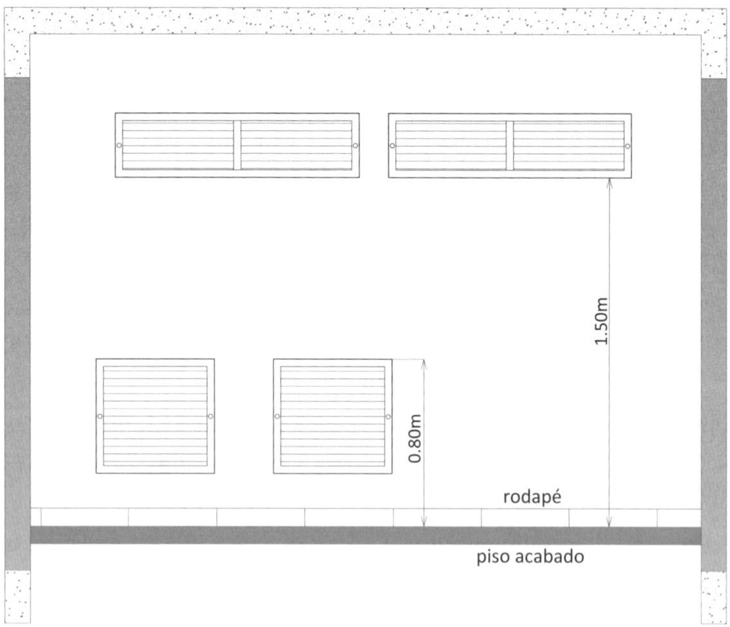

Figura 4.3 Aberturas para ventilação permanente (superior e inferior).

MANIFESTAÇÕES PATOLÓGICAS EM AQUECEDORES DE PASSAGEM A GÁS

PREVENÇÃO DE VAZAMENTOS DE GÁS

Os vazamentos de gás são extremamente perigosos devido à inflamabilidade do gás. Tanto o gás natural quanto o GLP (gás liquefeito de petróleo) podem se acumular em áreas mal ventiladas, aumentando significativamente o risco de incêndio e explosão. Além disso, a inalação de gases tóxicos, como o monóxido de carbono, resultante da queima incompleta do gás, pode causar intoxicação severa e até ser fatal.

Para prevenir vazamentos de gás em aquecedores, é fundamental seguir algumas medidas de segurança:

- Instalação profissional: Sempre contrate profissionais qualificados para a instalação de aquecedores a gás. Eles têm o conhecimento técnico necessário para seguir as normas e garantir uma instalação segura.
- Realize inspeções e manutenções periódicas nos aquecedores e em toda a tubulação de gás. Isso ajuda a identificar e corrigir potenciais problemas antes que se tornem perigosos.
- Ventilação adequada: Assegure-se de que o local onde o aquecedor está instalado tenha ventilação adequada, conforme exigido pela NBR 13103:2020. Ventilação insuficiente pode levar ao acúmulo de gases perigosos.
- Uso de detectores de gás: Instale detectores de gás em áreas onde os aquecedores estão presentes. Esses dispositivos podem alertar os moradores sobre vazamentos de gás antes que se tornem críticos.
- Verificação de conexões: Periodicamente, verifique as conexões e tubulações de gás para garantir que não haja vazamentos. Utilize água com sabão para testar se há formação de bolhas nas conexões, o que indica vazamento.
- Troca de mangueiras e reguladores: Substitua mangueiras e reguladores de gás regularmente, conforme as recomendações dos fabricantes, para evitar desgaste e deterioração que possam levar a vazamentos.
- Atenção aos sinais de vazamentos : Esteja atento a cheiros de gás ou a qualquer som de escape vindo das conexões. Ao suspeitar de um vazamento, desligue imediatamente o fornecimento de gás e ventile o local.
- Certificação dos equipamentos: Utilize apenas aquecedores e acessórios certificados pelo INMETRO, garantindo que passaram por testes de segurança rigorosos.

Seguir essas medidas de segurança não só protege contra vazamentos de gás, mas também garante a segurança de todos os moradores e a eficiência dos sistemas de aquecimento a gás.

O AQUECEDOR NÃO LIGA OU DESLIGA APÓS ALGUM TEMPO

Quando o aquecedor a gás não liga, uma das causas mais comuns é a falta de gás. Se o aquecedor desliga depois de um tempo em funcionamento, isso pode indicar insuficiência de gás, ou seja, a quantidade de gás que chega ao aquecedor é inferior à necessária para o seu funcionamento adequado. Esse problema pode variar dependendo do tipo de gás utilizado.

- Aquecedores a Gás GLP (gás de botijão):
    - Gás no fim: Se o aquecedor começa a desligar, pode ser que o botijão de gás esteja acabando. É recomendável verificar o nível de gás no botijão e, se necessário, substituí-lo por um novo;

- ▹ Dimensionamento incorreto de registros e medidores: Mesmo com o botijão cheio, o aquecedor pode não funcionar corretamente se os registros e medidores de gás não estiverem dimensionados adequadamente para suportar a demanda do aquecedor. Isso pode levar à insuficiência de gás para o aquecedor. Para solucionar, é recomendável contratar um profissional qualificado para redimensionar corretamente os registros e medidores de gás, garantindo que atendam às especificações do aquecedor.

- Aquecedores a Gás Natural (GN):
    - ▹ Baixa pressão do gás: Em aquecedores que utilizam gás natural, um problema comum é a baixa pressão do gás fornecido. A insuficiência de pressão impede o aquecedor de funcionar de forma eficaz. Nesse caso, é necessário contatar a empresa fornecedora de gás, que pode ajustar a pressão do gás conforme as necessidades do aquecedor.
- Medidas Preventivas e Soluções:
    - ▹ Monitoramento regular: Realize verificações periódicas dos níveis de gás, tanto em botijões quanto em sistemas de gás natural, para garantir que o fornecimento seja constante e adequado.
    - ▹ Manutenção profissional: Certifique-se de que todas as instalações e equipamentos de gás sejam regularmente inspecionados e mantidos por profissionais qualificados. Isso inclui verificar registros, medidores, válvulas de segurança e dispositivos de pressão.
    - ▹ Consulta a especialistas: Em caso de problemas recorrentes, é importante buscar a assistência de técnicos especializados para diagnosticar a raiz do problema e realizar os ajustes necessários.

Adotar essas medidas ajuda a assegurar que os aquecedores a gás funcionem de maneira eficiente e segura, proporcionando conforto e tranquilidade aos usuários.

FALHAS NA VENTOINHA: CAUSAS E SOLUÇÕES

Um problema comum enfrentado por usuários de aquecedores a gás é o aquecedor ligar e, logo em seguida, desligar. Esse comportamento pode estar relacionado ao funcionamento da ventoinha, responsável por expelir o monóxido de carbono gerado durante o processo de combustão. Quando a ventoinha encontra resistência para girar, ela perde eficiência e não consegue expulsar adequadamente o monóxido de carbono. Como resultado, o gás tóxico acaba se acumulando no interior do aquecedor, causando superaquecimento. Por questões de segurança, os aquecedores a gás são programados para desligar automaticamente quando detectam essa condição de risco.

- Causas Comuns:

  - ▹ Acumulação de sujeira: A causa mais frequente desse problema é o acúmulo de poeira e sujeira na ventoinha, que dificulta sua rotação. Com o tempo, essa sujeira pode criar uma barreira que impede o movimento suave da ventoinha, comprometendo seu funcionamento.
  - ▹ Desgaste natural da peça: Além da sujeira, o desgaste natural da ventoinha pode ser um fator contribuinte, especialmente em aquecedores mais antigos ou utilizados com alta frequência. O desgaste dos componentes mecânicos da ventoinha reduz sua eficiência e pode causar o desligamento automático.

- Soluções e Medidas Preventivas:
  - ▹ Limpeza regular: É essencial realizar a limpeza periódica da ventoinha e de outras partes internas do aquecedor para remover poeira e detritos acumulados. Esse procedimento garante que a ventoinha possa girar livremente e cumprir sua função de segurança.
  - ▹ Manutenção preventiva : Para evitar problemas e garantir o bom funcionamento do aquecedor, os fabricantes recomendam a realização de manutenção preventiva pelo menos uma vez por ano. Durante essa manutenção, um técnico qualificado pode verificar o estado da ventoinha, lubrificar componentes, se necessário, e substituir peças desgastadas.
  - ▹ Substituição de peças: Em casos de desgaste significativo da ventoinha, a substituição da peça pode ser necessária para restabelecer a eficiência e a segurança do sistema de aquecimento.

Adotar essas práticas de manutenção e cuidado garante que o aquecedor a gás funcione de maneira eficiente e segura, proporcionando tranquilidade e conforto aos usuários, além de prevenir riscos associados ao acúmulo de monóxido de carbono.

MANIFESTAÇÕES PATOLÓGICAS EM AQUECEDORES DE ACUMULAÇÃO A GÁS

Antes da instalação do aquecedor de acumulação, é essencial verificar os detalhes construtivos, analisando o projeto arquitetônico e inspecionando o protótipo para garantir a conformidade com a norma NBR 13103:2020 - Instalação de aparelhos a gás - Requisitos, além de cumprir a legislação vigente.

Os sistemas de aquecimento que utilizam aquecedores de acumulação exigem manutenção preventiva regular para prevenir falhas e garantir o bom funcionamento. A negligência nessas manutenções pode levar ao desgaste dos componentes internos, comprometendo o desempenho dos aquecedores e afetando diretamente a qualidade do aquecimento da água. Falhas decorrentes da falta de manutenção podem resultar em variações indesejadas na temperatura da água, tornando-a excessivamente quente, muito fria, ou até mesmo interrompendo o processo de aquecimento por completo.

Nos *boilers* elétricos, os principais defeitos que indicam a necessidade de assistência técnica incluem aquecimento insuficiente, temperatura excessiva, falha no aquecimento, aquecimento incompatível, odor de queimado, ruídos, entre outros.

Por exemplo, o aquecimento insuficiente em aquecedores de acumulação pode ser ocasionado por fatores como o tempo inadequado de aquecimento da água no reservatório ou uma desregulação do termostato. Uma desregulação do termostato pode impedir que a água alcance a temperatura adequada para uso, afetando o conforto dos usuários. Portanto, a verificação periódica do termostato e do sistema interno é crucial para garantir que a água seja aquecida à temperatura correta.

Em casos em que o aquecedor não está funcionando, é necessário realizar uma inspeção minuciosa dos seguintes aspectos:

- Verificar a alimentação de energia: Assegurar que o aquecedor esteja devidamente conectado à fonte de energia e que não haja problemas elétricos que possam interferir no seu funcionamento;
- Checar a regulagem do termostato: Confirmar que o termostato esteja configurado corretamente, de acordo com as especificações do fabricante, para garantir o funcionamento eficiente do aquecedor;
- Avaliar a resistência do equipamento: A resistência é responsável por aquecer a água no sistema. Se ela estiver danificada ou não estiver funcionando corretamente, o aquecedor não conseguirá aquecer a água de maneira eficaz.

Essas verificações básicas são essenciais para identificar e solucionar problemas comuns que podem comprometer o funcionamento do aquecedor. Realizar essas inspeções pode ajudar a manter a eficiência do sistema e evitar falhas mais graves, que poderiam demandar reparos mais complexos ou até a substituição do equipamento.

DESEMPENHO E EFICIÊNCIA DE AQUECEDORES SOLARES

A crescente adoção de energia solar no segmento de aquecedores de água surge como resposta à escassez de energia e ao aumento das tarifas de eletricidade. O sistema de aquecimento solar oferece diversas vantagens significativas:

- Economia de energia: Este sistema pode reduzir em média 35% da conta de luz, proporcionando uma redução considerável nos custos operacionais a longo prazo;
- Facilidade de manutenção: Os sistemas de aquecimento solar exigem pouca manutenção, tornando-se uma opção prática e econômica para os usuários;
- Fonte de energia inesgotável: A energia solar é renovável e inesgotável, garantindo uma fonte de energia sustentável e disponível de forma contínua.
- Ausência de poluição ambiental: A utilização de energia solar não emite poluentes, contribuindo para a redução das emissões de carbono e o impacto ambiental.

A principal desvantagem dos sistemas de aquecimento solar é a sua eficiência reduzida em dias nublados ou chuvosos. Nessas condições, a captação de energia solar é limitada, o que pode afetar o aquecimento da água. Para contornar essa limitação, muitos sistemas utilizam um sistema misto, combinando energia solar com energia elétrica, garantindo o fornecimento contínuo de água quente.

Fatores críticos para a eficiência do sistema de aquecimento solar incluem:

- Instalação adequada: A eficiência do sistema depende da orientação e inclinação dos coletores solares, que devem ser posicionados para otimizar a captação da luz solar. Instalações mal projetadas podem comprometer significativamente o desempenho;
- Manutenção regular: A manutenção periódica, incluindo a limpeza dos coletores e a verificação do estado dos componentes, é essencial para garantir o funcionamento eficaz e prolongar a vida útil do sistema;
- Dimensionamento correto: O sistema deve ser dimensionado de acordo com a demanda de água quente, considerando o número de usuários, a quantidade de água utilizada e as condições climáticas locais. Um dimensionamento inadequado pode resultar em insuficiência de água quente ou desperdício de recursos.

A NBR 15569:2020 – Sistema de aquecimento solar de água em circuito direto - Requisitos de projeto e instalação é a norma que especifica os requisitos para o projeto e instalação de sistemas de aquecimento solar. Esta norma abrange aspectos como a concepção, dimensionamento, arranjo hidráulico, instalação e manutenção dos sistemas, garantindo a eficiência e segurança dos sistemas de aquecimento solar de água, onde o fluido de transporte é a água. Seguir essa norma é crucial para assegurar a eficácia e a confiabilidade dos sistemas de aquecimento solar instalados.

INSTALAÇÃO DOS EQUIPAMENTOS

Para garantir o funcionamento adequado de um sistema de aquecimento solar em instalações residenciais, é essencial observar com rigor certos parâmetros de localização e disposição dos equipamentos na cobertura. Esses parâmetros são fundamentais para a eficiência e a longevidade do sistema.

Os coletores solares são componentes cruciais do sistema, pois absorvem a energia solar e a transferem para a água que circula pelos tubos em seu interior. Para otimizar essa absorção de energia, as placas dos coletores devem ser orientadas para o norte[1] geográfico, com um desvio máximo de 30° para nordeste ou noroeste. A inclinação ideal das placas em relação à horizontal deve levar em consideração a latitude local, adicionando de 5° a 10°, para garantir boa captação solar ao longo do ano. Na cidade de

1 Exceto nos Estados do Amapá, Roraima e Amazonas.

São Paulo, por exemplo, que se encontra a uma latitude de aproximadamente 23º, os coletores solares devem ser instalados com uma inclinação de cerca de 33º (23º + 10º).

Nos projetos que utilizam o sistema de termossifão (um método popular em instalações residenciais), a correta disposição de alturas e distâncias entre componentes como a caixa-d'água, o *boiler* (reservatório de água quente) e os coletores solares é fundamental para otimizar a circulação natural da água e o desempenho geral do sistema. Veja as orientações abaixo:

- Distância entre o *boiler* e a caixa d'água: O *boiler* deve estar a uma distância mínima de 15 cm do reservatório de água fria para garantir que permaneça sempre cheio, o que também indica a pressão de operação do sistema;
- Desnível máximo e mínimo: O desnível entre o topo da caixa-d'água e o fundo do reservatório térmico (*boiler)* não deve ultrapassar a pressão máxima especificada pelo fabricante. Além disso, para garantir a circulação eficiente da água nas canalizações de alimentação e retorno dos coletores, o desnível entre a parte inferior do *boiler* e a parte superior das placas solares deve ser de, no mínimo, 0,20 m e, no máximo, 4 m.
- Posicionamento do reservatório térmico: O reservatório térmico deve ser instalado o mais próximo possível dos coletores solares para minimizar perdas de calor e reduzir a ineficiência do sistema. A distância horizontal entre o reservatório térmico e os coletores não deve exceder 6 m, a fim de evitar queda de pressão e perda de eficiência no sistema de circulação.

Seguir essas diretrizes de instalação garante que o sistema de aquecimento solar funcione de forma eficiente e confiável, proporcionando uma fonte sustentável de água quente para as residências. Além disso, a conformidade com as especificações dos fabricantes e as normas técnicas assegura não apenas a eficiência energética, mas também a segurança e a durabilidade do sistema. Nesse sentido, é fundamental que o arquiteto e o projetista de instalações trabalhem em conjunto para compatibilizar o projeto arquitetônico com o projeto hidráulico, especialmente na integração do sistema de aquecimento solar. Essa colaboração é essencial para garantir que a localização do *boiler,* dos coletores solares e a tubulação de distribuição e as conexões estejam adequadamente planejadas dentro da estrutura da edificação, respeitando as características arquitetônicas e funcionais dos espaços. Além de orientar as placas para o norte, a compatibilização deve considerar a inclinação das placas em relação ao telhado, para evitar perdas de energia e garantir a eficiência do aquecimento. Dessa forma, maximiza-se o aproveitamento do sistema, contribuindo para a sustentabilidade e a economia de energia na edificação.

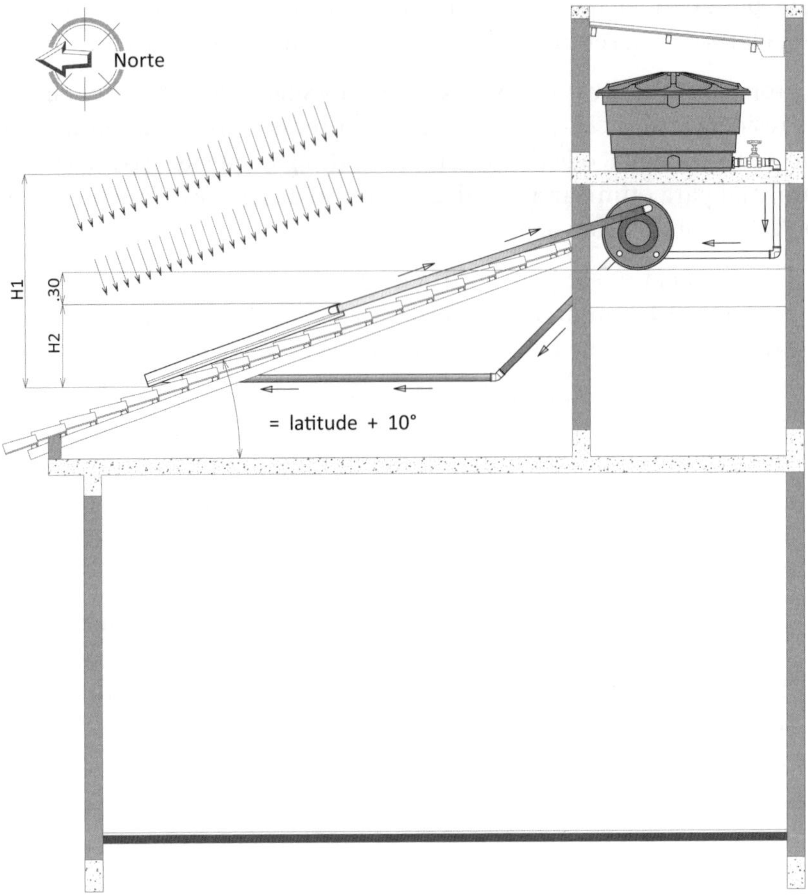

Figura 4.4 Inclinação ideal das placas.

É importante ressaltar que o *boiler* também pode ser instalado em nível com o reservatório de água fria, uma escolha que deve ser cuidadosamente considerada pelo arquiteto em função das interfaces com o projeto arquitetônico. Essa decisão é fundamental, pois a posição do *boiler* pode influenciar diretamente a eficiência do sistema de aquecimento de água e a estética do ambiente. Ao optar por essa configuração, é necessário levar em conta fatores como a altura do *boiler* e a necessidade de pressurização, além de garantir que a instalação não interfira com a disposição dos espaços e a funcionalidade do projeto. Portanto, a integração adequada entre o *boiler* e o restante do sistema hidráulico deve ser uma prioridade no planejamento arquitetônico, assegurando tanto o desempenho do sistema quanto a harmonia estética da edificação.

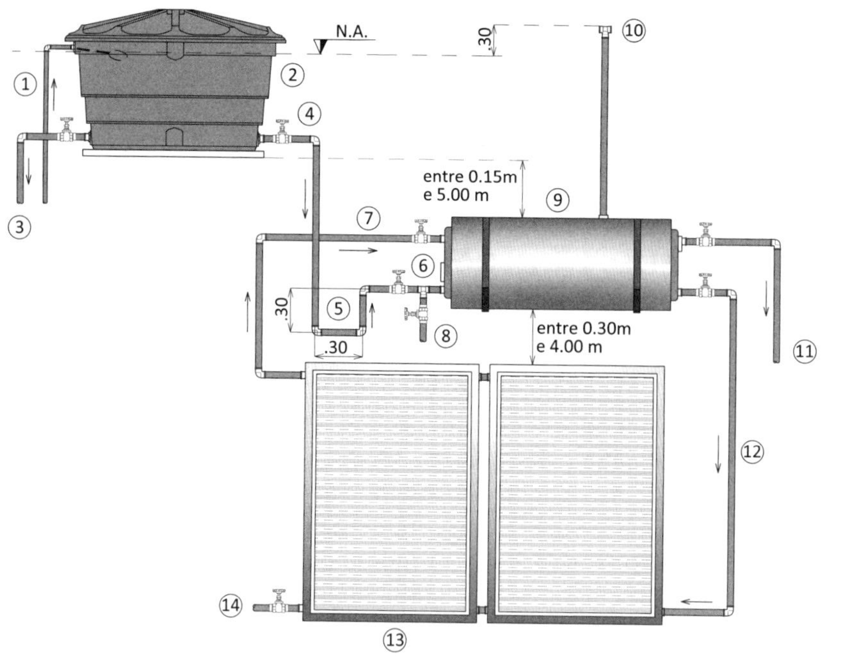

1 - Alimentação reservatório-água fria
2 - Caixa d' água
3 - Consumo água fria
4 - Registro geral do sistema
5 - Sifão de conexões
6 - Entrada de água fria
7 - Retorno do coletor - água quente
8 - Dreno do reservatório
9 - Reservatório - *boiler*
10 - Respiro
11 - Consumo - água quente
12 - Alimentação coletores - água fria
13 - Coletor solar
14 - Dreno dos coletores

Figura 4.5 Detalhe esquemático da instalação de aquecedor solar.

DIMENSIONAMENTO DO SISTEMA

O dimensionamento de um sistema de aquecimento solar está diretamente relacionado ao número de usuários e ao uso da água quente para os pontos de consumo. Para garantir a eficiência do sistema, o *boiler* deve ser dimensionado adequadamente como um aquecedor de acumulação (veja a Seção "Aquecedores de acumulação") Além disso, é fundamental considerar o local da instalação e a região onde será implantado o sistema.

O posicionamento incorreto dos coletores solares e um dimensionamento insuficiente, abaixo das necessidades diárias, podem reduzir significativamente a eficiência do sistema. Isso pode levar a um maior acionamento do auxílio elétrico aumentando, consequentemente, o custo de operação.

No que se refere ao dimensionamento dos coletores, é importante notar que, quanto maior o número de placas e, portanto, a área coletora de energia solar, maior será a quantidade de água quente disponível. Em geral, utiliza-se a proporção de 1 m^2 de área coletora para cada 50 litros de água a ser aquecida. No entanto, é essencial avaliar a eficiência da absorção solar da placa coletora conforme as informações fornecidas pelo fabricante.

MANIFESTAÇÕES PATOLÓGICAS EM SISTEMAS DE AQUECIMENTO SOLAR

A eficiência do sistema pode ser comprometida por falhas de projeto, erros de instalação e pela falta de manutenção dos seus componentes. Para evitar o acúmulo de sedimentos no reservatório e manter o bom desempenho, recomenda-se escoar cerca de 20 litros de água pelo dreno de limpeza, além de realizar uma drenagem total a cada 6 meses. Caso o aquecedor fique sem uso, é aconselhável renovar semanalmente a água armazenada. É importante não testar o equipamento com água suja ou contendo detritos e garantir a limpeza da tubulação antes da instalação do aquecedor.

As placas coletoras devem ser limpas pelo menos uma vez ao ano, preferencialmente pela manhã, quando a temperatura está mais baixa, para evitar a quebra do vidro por choque térmico. A limpeza deve ser feita com água e sabão neutro para eliminar a poeira e a oleosidade acumulada, já que o acúmulo de sujeira reduz a eficiência na captação de energia solar.

Os componentes elétricos do sistema devem ser revisados anualmente. Em alguns reservatórios, é fundamental verificar o anodo de magnésio e substituí-lo se houver desgaste. Os tubos de entrada de água fria, saída de água quente, descida para os coletores e retorno dos coletores devem ser rosqueados no tambor interno para facilitar a manutenção e aumentar a vida útil do aparelho. Em regiões com temperaturas baixas, se houver a válvula anticongelante, é importante removê-la e limpá-la antes do inverno.

É importante ressaltar que o uso da água de poços artesianos ou águas muito agressivas pode reduzir a vida útil do sistema, causando corrosão e incrustações nas tubulações e equipamentos. Águas com alta concentração de sais, metais pesados ou ácidos podem reagir com os materiais dos canos, levando a uma degradação acelerada e ao surgimento de vazamentos. Além disso, as incrustações formadas por elementos como carbonato de cálcio e magnésio podem obstruir as tubulações, comprometendo o fluxo de água e exigindo manutenções frequentes. Assim, é essencial realizar análises da qualidade da água e considerar o tratamento adequado antes de utilizar esses recursos hídricos, a fim de preservar a integridade e a eficiência do sistema hidráulico ao longo do tempo.

Tabela 4.4 Manifestações patológicas em sistemas de aquecimento solar.

Sintomas	Causas	Soluções
Água não está quente	Vidro do coletor sujo	Fazer limpeza da placa
	Sombra nos coletores	Fazer poda da vegetação ou retirar obstáculo da frente do coletor
	Consumo de água além do projetado	Redimensionar sistema
	Bolhas de ar na tubulação	Abrir todos os pontos de consumo até retirar todo o ar da tubulação, caso continue, solicitar assistência técnica
	Inclinação ou orientação do coletor solar incorreta	Solicitar assistência técnica
	Obstrução na tubulação ou ligação entre reservatório-coletor incorreta	Solicitar assistência técnica
Água não está quente mesmo com o sistema de apoio elétrico acionado	Alimentação elétrica desligada	Ligar disjuntor
	Termostato do reservatório mal regulado ou com defeito	Regular termostato, se não resolver, solicitar assistência técnica
	Resistência elétrica queimada	Solicitar assistência técnica
Água está quente demais	Termostato do reservatório mal regulado	Regular termostato
	Termostato queimado	Solicitar assistência técnica
Não sai água quente no ponto de consumo	Registro fechado	Abrir registro
	Tubulação entupida	Fazer limpeza da tubulação
	Bolha de ar	Abrir todos os pontos de consumo até retirar todo o ar da tubulação, caso continue, solicitar assistência técnica
Vazamento no sistema	Dilatação térmica excessiva e/ou falta de veda rosca	Refazer a união onde houve a dilatação térmica ou falta de veda rosca
	Defeito por congelamento da água na tubulação depois de uma geada	Solicitar assistência técnica

Fonte: Komeco Aquecedores.

VAZAMENTOS EM RESERVATÓRIO TÉRMICO (*BOILER*)

O reservatório térmico, conhecido como *boiler*, desempenha o papel crucial ao armazenar a água aquecida para uso posterior, especialmente durante períodos de baixa radiação solar ou menor demanda por água quente. A maioria dos modelos inclui um sistema de aquecimento auxiliar de aquecimento elétrico, embora existam modelos com sistemas a gás ou sem essa funcionalidade. Em dias de alta luminosidade, a água quente pode ser armazenada por várias horas sem a necessidade de acionar a resistência elétrica.

As principais falhas nos reservatórios térmicos podem ser causadas por diversos fatores, como erros de instalação, qualidade da água, pressão inadequada e exposição à maresia. A instalação incorreta é um dos fatores mais críticos, comprometendo o desempenho e a durabilidade do equipamento. Problemas incluem operar o *boiler* com pressão de água acima do limite recomendado, ausência de válvulas de segurança e calibração incorreta do vaso de expansão. Esses erros podem reduzir significativamente a vida útil do *boiler.*

Um dos principais problemas de vazamento nos nos *boilers* ocorre por desrespeitar a altura máxima entre a caixa-d'água e o reservatório. *Boilers* são classificados em dois tipos:

- *Boilers* de baixa pressão: São mais econômicos e indicados quando a caixa d'água está logo acima do *boiler,* suportando até 4 metros de coluna d'água (m.c.a.);
- *Boilers* de alta pressão: Recomendados para sistemas pressurizados e instalações onde a caixa d'água está em posição elevada, suportando pressões de até 40 metros de coluna d'água (m.c.a.).

PRESSÃO NEGATIVA NA PRESSURIZAÇÃO PÓS-*BOILER*

Na pressurização pós-*boiler,* onde a água não é pressurizada antes de entrar no reservatório térmico, é possível utilizar um *boiler* de baixa pressão, o que se torna uma vantagem relevante dessa abordagem. No entanto, essa modalidade apresenta algumas desvantagens, como a possibilidade de pressão negativa e desequilíbrio hidráulico, tornando-a menos recomendada, apesar de sua crescente popularidade.

As bombas pressurizadoras atuam por sucção, puxando a água. Na pressurização pós-*boiler,* a água é retirada diretamente do *boiler* pela bomba. Se houver algum impedimento na reposição de água ou entrada de ar no *boiler* enquanto a bomba pressurizadora opera, a pressão atmosférica pode exercer força excessiva nas paredes do equipamento, causando danos e, em casos extremos, até mesmo sua implosão.

Outra preocupação é o desequilíbrio hidráulico, onde a pressão da água quente pode ser muito maior que a da água fria, ou vice-versa. Para evitar esse problema, recomenda-se o uso de duas bombas de potência equivalente, interligadas eletronicamente. Dessa forma, ambas são acionadas simultaneamente, garantindo um equilíbrio adequado entre as pressões da água quente e fria.

Assim, embora a pressurização pós-*boiler* ofereça a vantagem de utilizar *boilers* de baixa pressão, é fundamental considerar suas desvantagens e adotar medidas para garantir o funcionamento seguro e eficiente do sistema.

DEFORMAÇÕES EM TUBULAÇÕES PLÁSTICAS PARA SISTEMAS DE ÁGUA QUENTE: CAUSAS E PREVENÇÃO

A condução de água quente com temperatura e pressão excessivas pode resultar em deformações nas tubulações feitas de materiais plásticos, como o CPVC (Cloreto de Polivinila Clorado) e o PPR (Polipropileno Copolímero Random). Esses materiais são amplamente utilizados em sistemas de água quente devido à sua durabilidade e resistência. No entanto, quando submetidos a condições extremas de temperatura e pressão, podem sofrer danos estruturais.

É crucial considerar não apenas a resistência mecânica dos materiais, mas também sua capacidade de suportar variações de temperatura e pressão ao longo do tempo ao escolher o material adequado para as tubulações de água quente. Embora o CPVC e o PPR ofereçam boa resistência, eles podem apresentar deformações se as condições de operação do sistema não forem adequadas.

Portanto, o dimensionamento e o projeto do sistema de água quente devem ser realizados por profissionais qualificados, considerando as caraterísticas do local de instalação e as condições de uso. Além disso, a manutenção regular do sistema e a inspeção periódica das tubulações são essenciais para prevenir danos e garantir o funcionamento eficiente a longo prazo.

De acordo com a NBR 5626:2020 – Sistemas prediais de água fia e água quente – Projeto, execução, manutenção e operação, a temperatura da água aquecida deve ser limitada a 70° C para garantir a segurança do usuário. Esse controle térmico deve ser realizado por dispositivos automáticos, incluindo a válvula reguladora de temperatura presente no aquecedor.

Os tubos e conexões de CPVC são fabricados conforme a NBR 15884 (Tubos de CPVC para instalações prediais de água quente), para uma pressão de serviço de até 6,0 Kgf/cm^2 e temperatura máxima de 80°C, o que é 10°C acima do permitido pela norma. Já os tubos e conexões de PPR são fabricados para suportar uma pressão de serviço de até 6,7 Kgf/cm^2 e temperatura máxima de 70°C, embora possam resistir a picos de até 95°C. Essa tolerância é crucial em caso de falhas no aquecedor.

Além disso, a escolha entre CPVC e PPR deve levar em conta as particularidades de cada material. O CPVC, por exemplo, é mais indicado para locais onde a estabilidade térmica é primordial, já que apresenta maior resistência ao cloro e ao calor contínuo. O PPR, por outro lado, é reconhecido pela maior flexibilidade e resistência a impactos, o que pode ser vantajoso em locais sujeitos a movimentações estruturais ou onde há a possibilidade de choques mecânicos. Compreender as diferenças entre os materiais e suas aplicações específicas é fundamental para otimizar o desempenho do sistema de tubulações e garantir a sua longevidade.

Se forem identificadas deformações nas tubulações, deve-se realizar o reparo ou a substituição do termostato ou do dispositivo automático de acionamento dos queimadores, além de substituir a tubulação danificada para garantir a segurança e a eficiência do sistema.

Por fim, é fundamental destacar que a tubulação de água fria que alimenta os aquecedores deve ser confeccionada com materiais capazes de suportar a temperatura máxima da água quente, que é de 70°C. Isso garante a integridade do sistema e previne danos causados por temperaturas elevadas na tubulação de água fria.

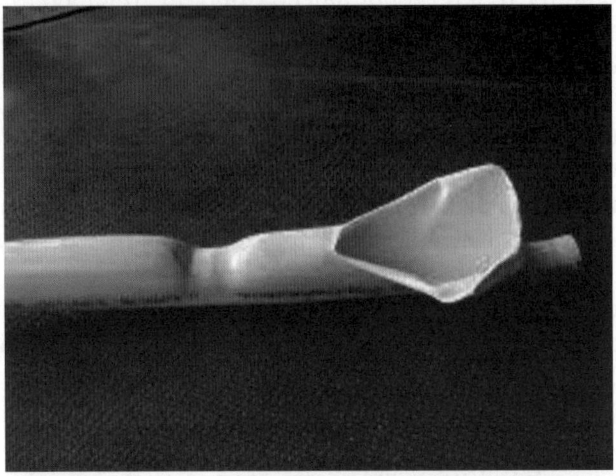

Figura 4.6 Deformação em tubulação de CPVC devido à exposição prolongada a temperaturas excessivas.

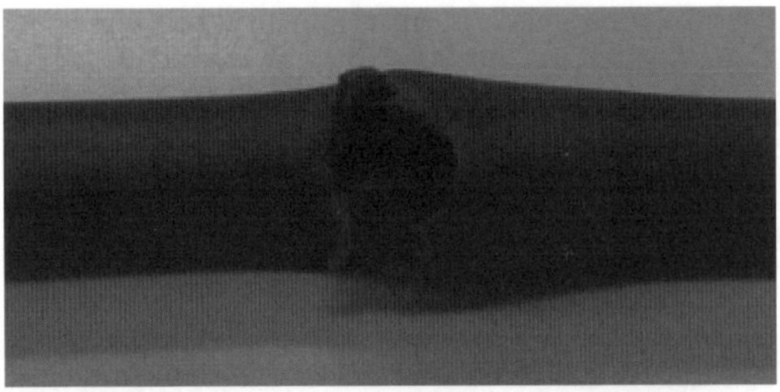

Figura 4.7 Deformação em tubulação de PPR devido à exposição prolongada a temperaturas excessivas.

SISTEMAS DE PROTEÇÃO PARA CONTROLE DE PRESSÃO E TEMPERATURA EM SISTEMAS DE ÁGUA QUENTE

Os sistemas básicos de comando automático dos aquecedores já desempenham a função de controle de temperatura. No entanto, é importante complementar esses equipamentos com dispositivos adicionais de segurança para prevenir superaquecimento e reduzir o risco de queimaduras graves durante o uso normal do sistema. Diversas estratégias podem ser adotadas para controlar e regular a temperatura da água. Além dos sistemas internos dos próprios aquecedores, a instalação de válvulas termostáticas no sistema de distribuição ou diretamente nos pontos de uso é uma prática comum para manter a temperatura da água dentro de limites seguros e confortáveis.

A instalação de válvulas termostáticas no sistema de distribuição e nos pontos de uso ajuda a monitorar e regular a temperatura da água. É crucial que esses dispositivos sejam adequadamente dimensionados e integrados ao projeto hidráulico, assegurando que as configurações de temperatura sejam mantidas mesmo em situações de variação na pressão da água ou no fluxo. Dessa forma, ao priorizar a segurança térmica, não só se protege a integridade física dos usuários, mas também se promove uma experiência de uso mais agradável e tranquila.

Essas medidas são essenciais para garantir a segurança e o bem-estar dos usuários, evitando riscos de queimaduras ou desconforto causado por temperaturas excessivas. A pressão do sistema é regulada por meio do suspiro, um dispositivo de segurança projetado para evitar o aumento de pressão do vapor em casos de superaquecimento. É crucial que o diâmetro do tubo de respiro seja igual ou superior ao diâmetro da tubulação de distribuição para assegurar o funcionamento adequado do sistema de segurança.

Portanto, quando há risco de a temperatura da água ultrapassar 45°C nos pontos de uso corporal, é fundamental implementar recursos de segurança intrínseca com atuação automática para limitar a temperatura a esse valor seguro. Essas precauções são indispensáveis para evitar incidentes e garantir o conforto e a segurança dos usuários.

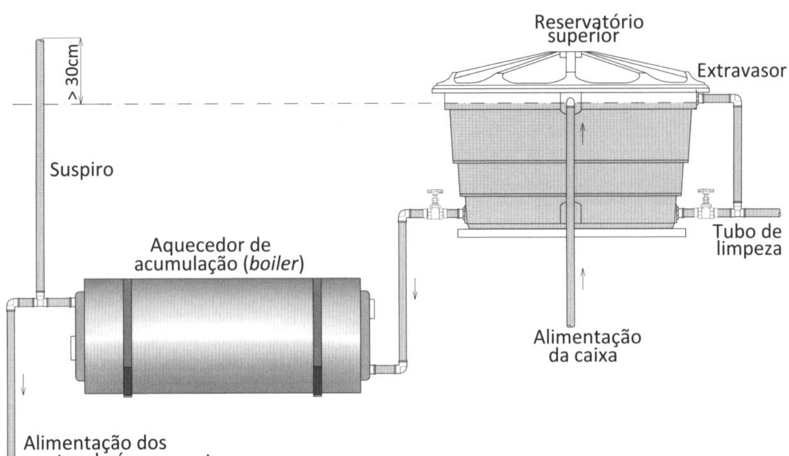

Figura 4.8 Dispositivos controladores de pressão e temperatura.

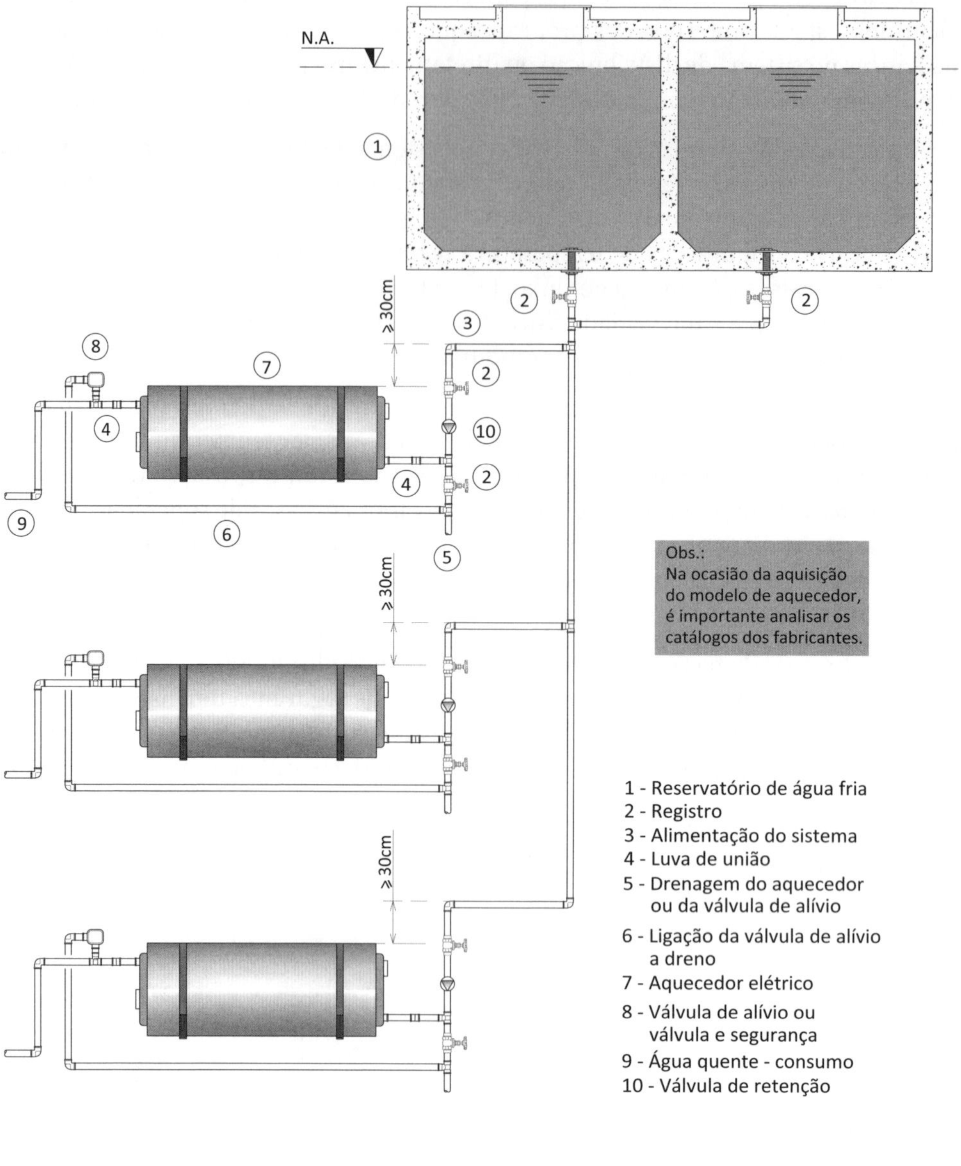

Figura 4.9 Instalação de válvulas de alívio de pressão em aquecedores de acumulação em edifícios de apartamentos.

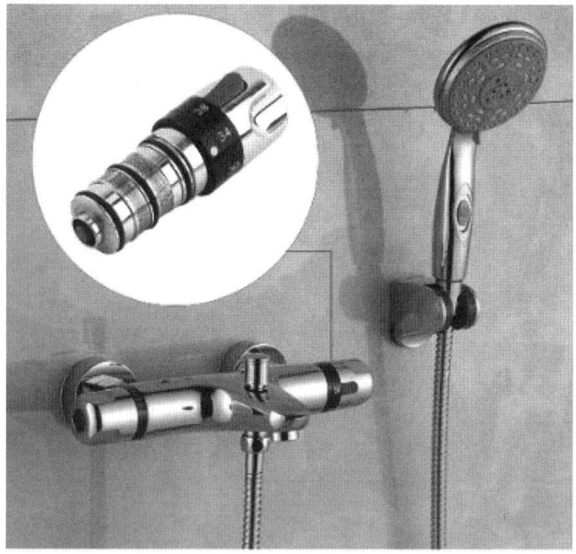

Figura 4.10 Válvula termostática antiqueimadura.

RETORNO DE ÁGUA QUENTE PARA A TUBULAÇÃO DE ÁGUA FRIA

Como explicado anteriormente, os aquecedores de acumulação de água quente devem possuir válvula de alívio ou respiro, para que, em caso de mau funcionamento, o excesso de pressão seja dissipado por esses dispositivos. A válvula de alívio deve passar por manutenção com a mesma periodicidade do *boiler*.

Na ausência desses dispositivos, existe o risco de retorno de água quente pela prumada de água fria, o que pode causar deformação da tubulação. É importante evitar a inversão de fluxo entre a água quente e a rede de água fria, pois o retorno de água quente para a tubulação de água fria pode deformar o tubo. Nesse caso, deve-se verificar se o rompimento ocorreu na tubulação de alimentação de água fria que alimenta o misturador do aparelho e substituir o trecho danificado de tubo de PVC.

Um exemplo comum ocorre com o uso da ducha higiênica, quando o usuário deixa ambos os registros de pressão abertos e fecha o fluxo d'água apenas no gatilho da mangueira. Para evitar a deformação da tubulação de água fria pelo retorno de água quente, é importante orientar o usuário e sempre fechar o fluxo d'água pelos registros do misturador.

A deformação causada pelo retorno de água quente pode ser evitada na elaboração do projeto hidrossanitário. Antes do misturador, devem ser utilizados tubos de CPVC ou PPR para água fria. Para evitar cortes e conexões em trechos pequenos, a transição para a tubulação de água quente pode ser feita no registro de gaveta, mas também é aceitável realizá-la próxima aos misturadores. Nesse caso, é essencial usar conectores e adaptadores apropriados. Quando se utilizam registros metálicos, essas conexões são fundamentais para a transição entre tubos soldáveis e os registros ou misturadores roscáveis.

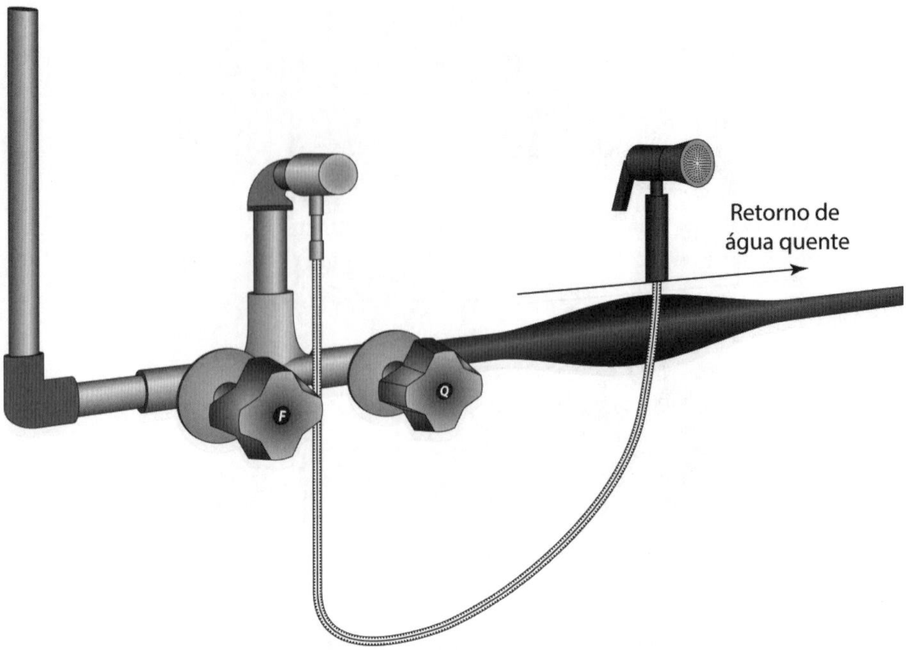

Figura 4.11 Deformação do tubo de água fria que alimenta o misturador devido ao retorno de água quente.

OSCILAÇÕES DE TEMPERATURA NOS MISTURADORES DURANTE O USO

A temperatura da água no sistema de armazenamento e distribuição de água quente deve atender às necessidades dos usuários e aos usos pretendidos. No entanto, é comum ocorrerem oscilações de temperatura da água quente nos pontos de utilização, resultando em variações ao longo do tempo. Essas oscilações são frequentemente atribuídas a falhas de projeto.

Conforme estabelecido pela NBR 5626:2020 - Sistemas prediais de água fria e água quente - Projeto, execução, operação e manutenção, o sistema predial de água quente deve ser projetado para minimizar o risco de escaldamento. É importante ressaltar que as tubulações de distribuição de água fria que alimentam aquecedores ou misturadores de água fria e quente não devem abastecer aparelhos sanitários cuja operação possa causar variações de pressão ou risco de escaldamento, como válvulas de descarga de bacia sanitária.

Um exemplo comum dessa situação ocorre quando o sub-ramal do chuveiro está conectado ao mesmo ramal da válvula de descarga. Quando a válvula de descarga é acionada, a vazão de água que alimentava o sub-ramal do chuveiro é redirecionada para a válvula de descarga. Isso resulta na redução da vazão de água fria no sub-ramal do chuveiro, enquanto a vazão de água quente se mantém, levando ao desequilíbrio da temperatura ajustada para o banho. Oscilações semelhantes também podem ocorrer quando o lavatório está em uso.

Outra causa de oscilação de temperatura nos misturadores do chuveiro é o desequilíbrio hidráulico. A água fria, geralmente com pressão maior que a água quente, pode dominar o encanamento e bloquear a passagem da água quente vinda do aquecedor.

Nos aquecedores de passagem a gás, o equipamento é acionado quando há fluxo de água e desliga automaticamente quando o fluxo é interrompido. No entanto, às vezes o aquecedor não desliga completamente se a água fria não bloqueia totalmente a passagem da água quente, o que pode causar variações repentinas de temperatura durante o banho.

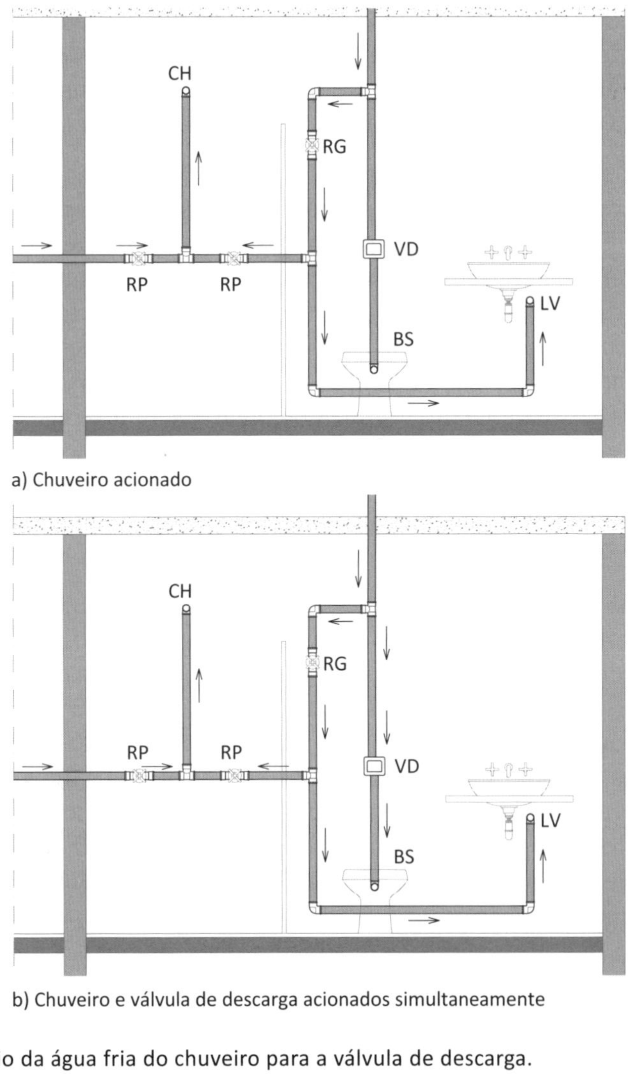

Figura 4.12 Desvio da água fria do chuveiro para a válvula de descarga.

DEMORA NA CHEGADA DE ÁGUA QUENTE

Um problema comum durante o banho é a demora na chegada de água quente. Ao abrir o registro da ducha ou torneira, é necessário aguardar que a água fria presente na tubulação seja escoada antes que a água quente chegue. Durante esse intervalo, a água fria acaba sendo desperdiçada no ralo, embora seu consumo seja contabilizado pelo hidrômetro. Em situações extremas, essa espera pode chegar a 5 ou 6 minutos, especialmente em residências de grande porte e prédios altos com sistemas centrais de aquecimento.

Quanto maior o comprimento das tubulações entre o aquecedor (seja a gás, solar ou elétrico)e os pontos de consumo, maior será o volume de água acumulada nas tubulações e, consequentemente, o desperdício. Em sistemas onde o aquecedor está próximo ao ponto de uso, essa espera pode durar apenas alguns segundos. No entanto, se a distância for considerável, pode levar minutos. Por exemplo, em chuveiros elétricos, a água é aquecida diretamente no ponto de uso, proporcionando aquecimento quase instantâneo. Já em aquecedores de passagem a gás ou em sistemas de aquecimento solar, existe uma distância entre o aquecedor e o ponto de utilização, o que aumenta o tempo de espera.

Para evitar o desperdício de água, é recomendável instalar um sistema de recirculação de água quente. Em edifícios altos, onde a origem da água quente está muito longe dos pontos de consumo, é necessário manter as prumadas sempre aquecidas para garantir a rápida chegada da água quente aos pontos. No entanto, é importante considerar que o sistema de recirculação, ao manter a água constantemente reaquecida, provoca uma perda térmica considerável, tornando-o menos viável para edifícios de pequeno e médio porte, ou prédios baixos de até três pavimentos, onde o volume de água consumida pode não justificar essa perda térmica. Esse problema também pode ocorrer em locais onde, em determinados períodos do ano, a temperatura da água é muito baixa e um aquecedor de passagem é utilizado. Nessas circunstâncias, o aumento de temperatura fornecido pelo aquecedor pode não ser suficiente para alcançar a temperatura desejada.

Em ambas as situações, o ideal é utilizar um aquecedor de acumulação, corretamente dimensionado de acordo com o volume a ser consumido, juntamente com um sistema de recirculação para evitar a demora na chegada de água quente e o desperdício de água. O superdimensionamento das tubulações também pode causar demora na chegada de água quente aos pontos de utilização, uma vez que as canalizações podem funcionar como reservatórios, atrasando a chegada da água quente e, consequentemente, provocando seu resfriamento. Portanto, é essencial que o projeto hidráulico considere não apenas o dimensionamento adequado das tubulações, mas também a configuração do sistema de aquecimento, garantindo eficiência no consumo e conforto para os usuários.

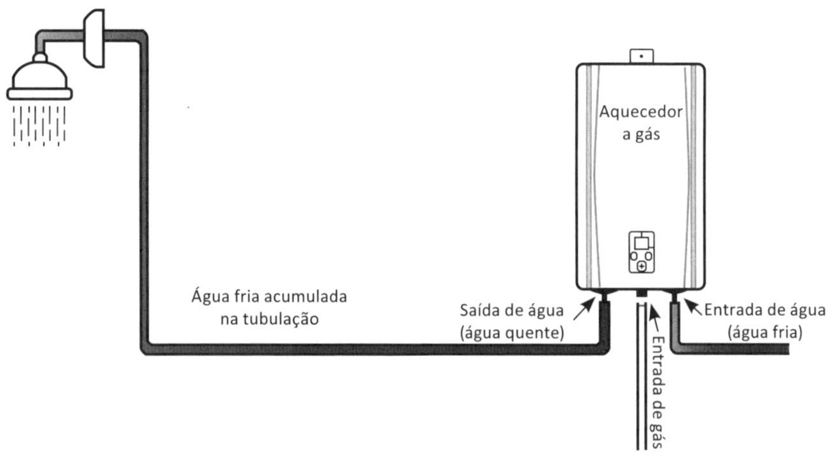

Figura 4.13 Demora na chegada da água quente devido ao aquecedor estar distante do chuveiro.

AQUECIMENTO INSUFICIENTE DA ÁGUA

O aquecimento insuficiente da água pode ser causado por dois principais fatores: perda térmica ao longo da tubulação devido à ausência de isolamento térmico e desempenho inadequado do aquecedor.

AUSÊNCIA DE ISOLAMENTO TÉRMICO

Quando a tubulação de água quente não possui isolamento térmico, ocorre perda de calor ao longo do percurso até os pontos de uso. Esse fenômeno é particularmente evidente em ambientes mais frios ou em tubulações expostas a áreas não aquecidas. Sem o isolamento adequado, o calor da água é dissipado para o ambiente, resultando em uma temperatura mais baixa quando a água finalmente chega aos pontos de consumo.

O isolamento térmico das tubulações é essencial para minimizar essa perda de calor, assegurando que a água mantenha a temperatura desejada durante o trajeto. Além disso, o isolamento térmico também ajuda a evitar o deslocamento do revestimento das paredes. Para garantir a eficácia do isolamento, o tubo deve ser completamente revestido, assegurando que a água quente não perca calor ao longo do percurso.

A característica mais importante a ser observada em um material isolante térmico é a sua condutividade térmica (K): quanto menor a condutividade térmica, melhor a capacidade de isolamento.

Os tubos de cobre são amplamente utilizados na construção civil. Entre as vantagens do cobre, podemos destacar sua resistência química, mecânica e à corrosão. Nas edificações, eles são recomendados para instalações de gás, redes de combate a incêndio e tubulações de água quente. No entanto, nos sistemas de água quente, climatização e refrigeração, eles oferecem total eficiência apenas quando são adequadamente isolados.

No caso de tubulações em CPVC, as trocas de calor atingem valores mínimos devido a baixa condutividade térmica do CPVC. Por essa razão, nas instalações executadas com tubos e conexões de CPVC, a água quente chega mais rapidamente ao ponto de consumo, em função da pequena perda de calor ao longo da tubulação.

De acordo com o Manual Técnico Tigre, o uso de isolamento térmico no CPVC é recomendado apenas nos casos em que as distâncias entre o aquecedor e o ponto de consumo sejam superiores a 20 metros ao ar livre (casos raros) ou em situações onde a perda térmica possa ser mais significativa, a critério do projetista responsável.

MATERIAIS PARA ISOLAMENTO TÉRMICO

Os materiais para isolamento térmico são projetados para reduzir a transferência de calor entre os ambientes internos e externos, garantindo que a temperatura desejada seja mantida de forma mais eficiente e econômica. A escolha do material de isolamento térmico é fundamental, pois determina não apenas a eficácia do isolamento, mas também a durabilidade e o custo operacional dos sistemas. Compreender as propriedades e aplicações desses materiais é essencial para otimizar o desempenho térmico e minimizar perdas de energia em projetos de construção e sistemas prediais. Existem diversos materiais para o isolamento térmico, como:

- Lã de rocha: possui enorme resistência a altas temperaturas e ao fogo;
- Fibra de vidro: além de oferecer isolamento térmico e acústico, proporciona grande resistência mecânica;
- Fibra cerâmica: apresenta baixa condutividade térmica e é resistente a choques térmicos;
- Silicato de cálcio: possui alta resistência e um dos mais baixos coeficientes de transmissão de calor;
- Espuma elastomérica: apresenta excelente coeficiente de condutividade térmica.

Tabela 4.5 Características dos materiais dos tubos condutores de água quente sem isolamento térmico (valores médios).

Material	Temperatura máxima de serviço (°C)	Temperatura de pico (°C)	Coeficiente de dilatação linear (C^{-1})	Condutibilidade térmica (W/m°C)	Pressão de serviço (mca)	Formas de execução das juntas
Cobre	200	220	0,017	339,4	145 a 500	Soldagem
CPVC	60	90	$0{,}0602 \times 10^{-4}$	0,137	60	Adesivo
PERT	70	70	$1{,}95 \times 10^{-4}$	0,400	51 a 104	Termofusão
PEX	80	100	$1{,}40 \times 10^{-4}$	0,380	60	Crimpagem, anel deslizante e engate rápido
PEX alumínio	95	110	$0{,}602 \times 10^{-4}$	0,450	100	Prensagem
PPR	80	95	0,1	0,240	60	Termofusão

AQUECIMENTO INSUFICIENTE DEVIDO AO DESEMPENHO DO AQUECEDOR

Outra causa de insuficiência no aquecimento da água está relacionada ao próprio aquecedor. O equipamento responsável por aquecer a água pode enfrentar problemas de desempenho que resultam em aquecimento inadequado. Esta situação pode ser originada por diversos fatores, como mau funcionamento do equipamento, falhas nos componentes internos, falta de manutenção adequada ou dimensionamento inadequado do aquecedor em relação à demanda de água quente da residência ou edifício. Esses aspectos podem comprometer significativamente o desempenho do aquecedor, afetando a temperatura e a disponibilidade de água quente conforme a necessidade dos usuários.

Além dos problemas mencionados, o desempenho do aquecedor pode ser impactado por questões relacionadas à instalação e ao tipo de sistema utilizado. Instalações inadequadas, como conexões mal feitas ou obstruções nas tubulações, podem prejudicar o fluxo de água quente e reduzir a eficiência do aquecedor. Em sistemas de aquecimento central, por exemplo, a distribuição de água quente pode ser comprometida por bombas insuficientemente dimensionadas ou mal posicionadas.

É também crucial considerar o tipo de aquecedor, pois aquecedores a gás, elétricos e solares têm características e limitações distintas. Um aquecedor a gás, por exemplo, pode sofrer com a falta de pressão adequada, enquanto um aquecedor elétrico pode ter dificuldades se sua capacidade de aquecimento não corresponder à demanda. Assim, um diagnóstico preciso e a manutenção adequada são essenciais para garantir que o aquecedor opere de maneira eficiente e forneça água quente de acordo com as necessidades dos usuários.

PRESSÃO INSUFICIENTE NOS PONTOS DE ÁGUA QUENTE

Uma pressão insuficiente nos pontos de água quente pode ter várias causas. Problemas no sistema de encanamento, como tubulações obstruídas, vazamentos ou tubos muito estreitos, podem reduzir a pressão da água. Além disso, um aquecedor mal dimensionado ou com desempenho inadequado, que não funcione corretamente, pode não fornecer água quente com a pressão correta. Válvulas de controle mal ajustadas também podem afetar a pressão da água quente. A altura do reservatório de água quente em relação aos pontos de uso também é relevante; se o reservatório estiver localizado muito baixo, pode haver pressão insuficiente.

A pressão dinâmica mínima da água quente atuante nos pontos de utilização deve ser suficiente para assegurar a vazão de projeto. O fabricante deve definir os valores limites da pressão dinâmica para os equipamentos de sua produção, respeitando as normas específicas. Em qualquer caso, a pressão dinâmica da água quente nos pontos de utilização não deve ser inferior a 1 m.c.a.

De acordo com a NBR 5626:2020, "as pressões dinâmicas das águas fria e quente atuantes a montante de misturadores convencionais devem ter valores semelhantes entre si para evitar oscilações de temperatura da água durante o uso, especialmente quando operarem com baixas vazões de projeto."

É importante também ressaltar que uma pressão excessiva nos pontos de utilização tende a aumentar desnecessariamente o consumo de água. Portanto, em condições dinâmicas, os valores das pressões nesses pontos devem ser controlados para se aproximarem dos mínimos necessários para o adequado funcionamento das peças de utilização ou dos aparelhos sanitários, operando com a vazão de projeto.

EFEITOS DA DILATAÇÃO E DA CONTRAÇÃO TÉRMICA

Todos os materiais estão sujeitos aos efeitos da dilatação térmica, expandindo-se quando aquecidos e contraindo-se quando resfriados. A dilatação térmica ocorre de três formas: linear, superficial e volumétrica. No caso das tubulações, a dilatação linear, ao longo do comprimento dos tubos, é predominante, inclusive em tubulações de PVC. Ela é mais preocupante nas tubulações de água quente porque o aumento significativo da temperatura acelera esse processo de expansão. Em sistemas de água quente, a temperatura pode atingir níveis elevados, intensificando a variação dimensional dos materiais que compõem as tubulações.

Independentemente do tipo e temperatura do fluido, as tubulações estão sujeitas à dilatação e contração térmica, abrangendo desde água fria e quente até esgoto e águas pluviais. Portanto, é essencial considerar no projeto o efeito da dilatação e contração térmica.

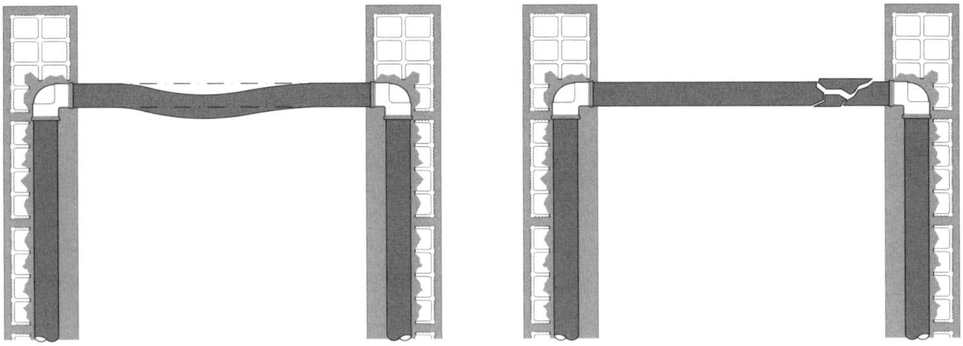

Figura 4.14 Efeitos da dilatação térmica.

A dilatação ou a contração linear dos tubos pode ocasionar rupturas em conexões devido a tensionamento causado por essas variações térmicas. Quando tais rupturas ocorrem, é necessário verificar se a tubulação aparente está exposta a grandes variações de temperatura, o comprimento máximo da tubulação sem desvios de direção, o sistema de apoios e a presença de dispositivos que permitem absorver a movimentação da tubulação.

Na maioria das instalações embutidas, essa movimentação é absorvida pelo traçado da tubulação devido ao grande número de conexões utilizadas. Em instalações aparentes, deve-se evitar trechos longos e retilíneos entre pontos fixos para minimizar o impacto da dilatação térmica.

Conforme a NBR 5626:2020, "o projeto deve contemplar elementos ou mecanismos que permitam absorver as movimentações térmicas, sempre que necessários, como liras ou juntas de expansão". As liras, que são desvios na tubulação feitos com curvas de 90º, funcionam como "molas" para garantir a boa expansão e contração das tubulações. É crucial instalar as liras sempre no plano horizontal para evitar a formação de sifões, que podem comprometer o funcionamento do sistema.

Outra opção para absorver variações do comprimento dos tubos são as juntas de expansão. A Junta de Expansão Aquatherm®, fabricada em CPVC, é indispensável na construção ou reforma de residências, comércios e indústrias. Aplicada entre pontos fixos e retilíneos da tubulação de água quente, é utilizada para absorver a dilatação térmica da tubulação e minimizar o tensionamento do sistema de tubos e conexões. O dimensionamento da junta de expansão deve ser consultado no manual do fabricante para assegurar a adequação ao sistema em questão.

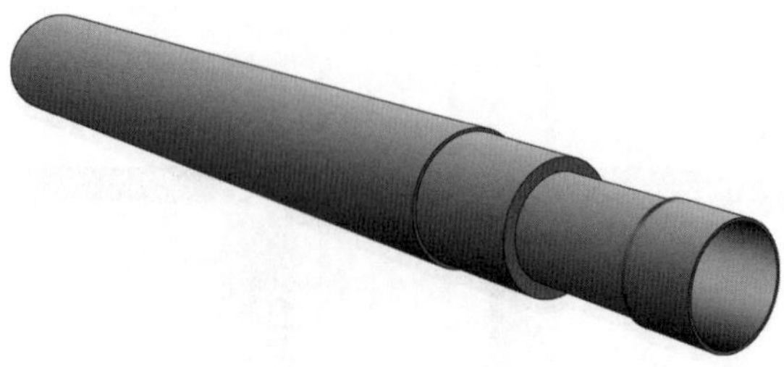

Figura 4.15 Junta de expansão Aquatherm® (Tigre).

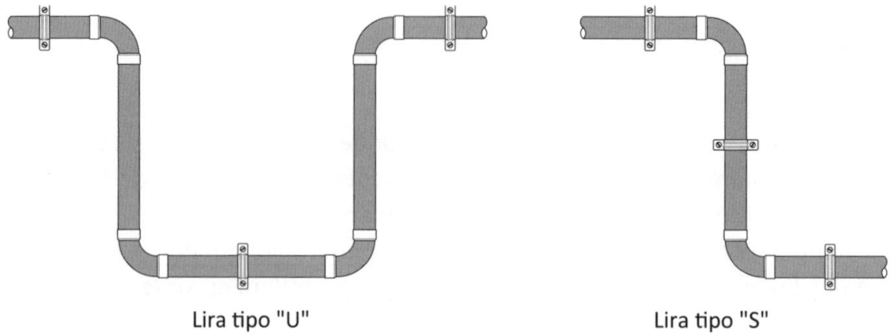

Figura 4.16 Instalação de liras.

USO DE MATERIAIS EM SISTEMAS DE ÁGUA QUENTE

Uma das principais causas de problemas em sistemas prediais de água quente está relacionada ao desconhecimento sobre as características dos materiais utilizados para a condução dessa água. Em instalações prediais, são comumente empregados tubos e conexões de cobre, CPVC (policloreto de vinila clorado), PEX (tubos flexíveis de polietileno reticulado) e PPR (polipropileno copolímero Randon).

O cobre é reconhecido por sua excelente condutividade térmica e resistência a altas temperaturas, sendo frequentemente utilizado em sistemas que requerem alta durabilidade, como nas uniões entre placas solares. No entanto, é um material mais caro e demanda mão de obra especializada para instalação, além do uso de revestimento com isolamento térmico para minimizar a troca de calor com o ambiente externo.

Por outro lado, os tubos plásticos, como CPVC, PEX e PPR, são projetados de acordo com as normas internacionais e brasileiras para uma vida útil de 50 anos a uma temperatura de projeto de 70°C, conforme a norma ISO 9080:2012. O CPVC oferece alta resistência à condução de líquidos sob altas temperaturas, dispensando o isolamento térmico devido à sua natureza isolante, o que contribui para uma rápida chegada da água quente ao ponto de uso, sem perda significativa de calor.

O PPR Tipo 3 é uma resina avançada para condução de água quente, destacando-se pela resistência à corrosão, longa vida útil, mesmo em condições extremas, e baixa condutividade térmica, o que ajuda a conservar a temperatura da água sem necessidade de isolamento adicional. Além disso, o PPR é conhecido por sua capacidade de suportar altas pressões e temperaturas, tornando-o ideal para aplicações em sistemas prediais de água quente e fria. Sua resistência à pressão elevada é crucial em edifícios altos, onde a pressão em sistemas hidráulicos pode ser significativamente maior, e em ambientes industriais, onde a durabilidade é um fator essencial. O PEX, de forma similar, deve ser projetado conforme normas específicas para sistemas de tubulações plásticas em instalações prediais de água quente e fria, conforme estabelecido pela NBR 15939-1:2011 e NBR 15939-2:2011. Sua flexibilidade facilita a instalação, permitindo o uso de longos trechos contínuos sem necessidade de conexões específicas, evitando o risco de vazamentos e pontos de falha no sistema. O PEX também tem a vantagem de ser resistente ao acúmulo de incrustações internas, o que mantém o desempenho hidráulico ao longo do tempo.

O avanço contínuo dessas tecnologias exige o desenvolvimento de normas atualizadas que regulamentem a produção e uso desses materiais, garantindo seu desempenho seguro e eficaz nos sistemas prediais.

Tabela 4.6 Formas de união entre os tubos e conexões para sistemas prediais de água quente.

Material do tubo/conexão	Tipos de união previstos pelas normas brasileiras
Cobre	Solda a quente (por capilaridade)
Dilatação térmica linear (10^3mm/m°C)	Solda fria (química)
Ensaio de Flexão (MPa)*	Eletrofusão e termofusão
Impacto de corpo de duro (m)	Junta mecânica (crimpagem) e eletrofusão
Compressão uniaxial (MPa)*	Indicador da resistência mecânica e durabilidade da rocha
Desgaste *Amsler* (mm/1000m)	Principalmente quando aplicada em pisos de alto tráfego de pessoas

Tabela 4.7 Normas brasileiras para tubos e conexões em sistemas prediais de água quente – requisitos mínimos e procedimentos de projeto e instalação.

Material	Norma brasileira de requisitos mínimos (tubos)	Normas brasileiras de projeto e instalação	
Cobre	*ABNT NBR 13206:2010* Tubo de cobre leve, médio e pesado, sem costura, para condução de fluidos — Requesitos	*ABNT NBR 5626:2020* Projeto e execução de instalações prediais de água quente	
CPVC	*ABNT NBR 15884-1:2010* Sistemas de tubulações plásticas para instalações prediais de água quente e fria — Policloreto de vinila clorado (CPVC) Parte 1: Tubos - Requesitos	*ABNT NBR 5626:2020* Projeto e execução de instalações prediais de água quente	*ABNT NBR 15884-3:2010* Sistema de tubulações plásticas para instalações prediais de água quente e fria — Policloreto de vinila clorado (CPVC) Parte 3: Montagem, instalação, armazenamento e manuseio
PPR	*ABNT NBR 15813-1:2010* Sistemas de tubulações plásticas para instalações prediais de água quente e fria — Parte 1: Tubos de polietileno copolímero random (PP-R) tipo 3 - Requesitos	*ABNT NBR 5626:2020* Projeto e execução de instalações prediais de água quente	*ABNT NBR 15813-3:2010* Sistemas de tubulações plásticas para instalações prediais de água quente e fria — Parte 1: Tubos e conexões de polietileno copolímero random (PP-R) tipo 3 Parte : Montagem, instalação, armazenamento e manuseio
PEX	*ABNT NBR 15939-1:2021* Sistemas de tubulações plásticas para instalações prediais de água quente e fria — Polietileno reticulado (PE-X) Parte 1: Requesitos e métodos de ensaio	*ABNT NBR 5626:2020* Projeto e execução de instalações prediais de água quente	*ABNT NBR 15939-2:2011* Sistemas de tubulações plásticas para instalações prediais de água quente e fria — Polietileno reticulado (PE-X) Parte 2: Procedimentos para projeto *ABNT NBR 15939-3:2011* Sistemas de tubulações plásticas para instalações prediais de água quente e fria — Polietileno reticulado (PE-X) Parte 3: Procedimentos para instalação

USO OBRIGATÓRIO DO COBRE EM SISTEMAS DE ÁGUA QUENTE E VAPOR

Ao especificar um material para a condução de água quente, em certas situações o uso do cobre é obrigatório, por ser um material mais resistente disponível no mercado. Por exemplo, a instalação de sistemas de vapor em hospitais e lavanderias exige o uso de cobre devido à sua durabilidade. Da mesma forma, na instalação de aquecedores de passagem, as tubulações e conexões de cobre são necessárias para garantir a segurança dos usuários. A resistência do cobre a altas temperaturas, sem sofrer rompimentos, deformações ou danos, justifica seu uso obrigatório nessas situações. O uso de materiais alternativos na instalação de aquecedores pode resultar em rompimentos, vazamentos de água aquecida ou até mesmo na explosão do aquecedor, especialmente em casos de estrangulamento da tubulação causados por incrustações ou derretimento dos tubos.

CAUSAS E PREVENÇÃO DE VAZAMENTOS EM TUBULAÇÕES DE COBRE

Vazamentos em tubulações de cobre são comuns e podem ser atribuídos a diversos fatores, como qualidade do material, falhas no processo de soldagem e corrosão dos tubos. Embora o uso de tubulações de cobre seja amplamente adotado devido à sua resistência e durabilidade, problemas relacionados à qualidade do cobre, soldagens inadequadas e processos corrosivos podem comprometer a integridade das tubulações. Isso resulta em vazamentos que podem causar danos prejudiciais, exigindo reparos ou substituição de partes afetadas. Compreender as causas desses vazamentos é fundamental para adotar medidas preventivas e assegurar a eficiência e segurança dos sistemas de condução de água quente em tubulações de cobre.

VAZAMENTOS CAUSADOS PELA QUALIDADE DO MATERIAL

De acordo com a NBR 13206:2010 - Tubo de cobre leve, médio e pesado, sem costura, para condução de fluidos – Requisitos, os tubos de cobre devem conter no mínimo 99,90% de cobre em sua composição química. Esses tubos e suas conexões são classificados em três classes distintas:

- Classe E: Indicada para sistemas prediais de água quente, esta classe suporta uma pressão de serviço máxima de 4 kgf/cm^2 ou 40 m.c.a. Para se ter um parâmetro da alta resistência mecânica suportada, o menor valor de pressão de ruptura encontrado é de 14 kgf/cm^2 ou 140 m.c.a., que é 3,5 vezes maior que a pressão admitida pela norma.
- Classe A: Geralmente utilizados em instalações de gás, a norma especifica que esses tubos devem ter uma espessura mínima de 0,8 mm.
- Classe I: Destinada a instalações de alta pressão, como em aplicações industriais. As conexões para os tubos de cobre, executadas com o mesmo material, seguem os requisitos da NBR 11720:2010 - Conexões para união de tubos de cobre por soldagem ou brasagem capilar - Requisitos. Estas conexões podem ser fornecidas com ou sem anel de solda e possuem pressão de serviço compatível com a dos tubos.

Vazamentos em tubulações de cobre podem ser decorrentes da qualidade do material utilizado, especialmente no que diz respeito à pureza do cobre. O cobre de baixa pureza ou com impurezas pode comprometer sua integridade estrutural ao longo do tempo. Essas impurezas podem tornar o cobre mais suscetível à corrosão e à formação de porosidades internas, o que enfraquece o material e cria pontos de fragilidade, aumentando o risco de vazamentos. Além disso, impurezas podem dificultar a soldagem adequada das juntas, resultando em vazamentos futuros.

Portanto, garantir a qualidade e a pureza do cobre é essencial para a durabilidade e confiabilidade do sistema de água quente. Isso inclui adquirir cobre de fornecedores confiáveis e realizar testes e inspeções antes da instalação. Investir em cobre de alta qualidade desde o início ajuda a prevenir problemas de vazamentos, garantindo a segurança e eficiência dos sistemas prediais.

VAZAMENTOS POR FALHAS NO PROCESSO DE SOLDAGEM

O cobre é um excelente material, mas apresenta desafios importantes devido ao seu custo elevado e à complexidade do processo de soldagem com estanho, o que exige habilidade especializada para garantir a qualidade do trabalho. Para prevenir vazamentos resultantes de falhas na soldagem, é essencial contar com mão de obra altamente qualificada, especialmente quando o material escolhido demanda solda nas conexões, como é o caso do cobre.

Existem dois principais métodos de soldagem: a solda quente e a solda fria. A solda quente, amplamente preferida, é mais tradicional e considerada mais segura, embora exija equipamentos caros, além de conhecimento técnico e experiência para ser realizada com sucesso. Também conhecido como brasagem ou solda por fusão, esse processo envolve o aquecimento das peças a serem unidas até que a solda seja derretida e flua para dentro da junta. Nesse método, as peças de trabalho não são derretidas; apenas a solda derrete e se funde com as superfícies das peças, formando uma ligação forte ao resfriar.

Figura 4.17 Processo de soldagem com estanho.
Fonte: Infosolda.com.br

VAZAMENTOS CAUSADOS PELA CORROSÃO

A corrosão do cobre em sistemas prediais de água quente pode ocorrer devido fatores como pH inadequado da água, altos níveis de oxigênio dissolvido, presença de impurezas, temperaturas elevadas da água, fluxo intenso e soldagem inadequada dos tubos. Esses elementos podem levar à degradação do cobre ao longo do tempo, comprometendo a integridade dos sistemas de tubulação. Para prevenir a corrosão, é essencial manter o equilíbrio do pH da água, reduzir impurezas, controlar a temperatura da água, garantir uma soldagem adequada e considerar materiais compatíveis. Além disso, a aplicação de revestimentos protetores pode ajudar a prolongar a vida útil dos sistemas de cobre.

Além da qualidade da água, um fator que acelera significativamente a degradação de tubos metálicos é o fenômeno conhecido como "par galvânico" ou "pilha galvânica". Quando dois materiais metálicos de naturezas eletroquímicas distintas entram em contato direto na presença de água, uma corrente elétrica de baixa voltagem é gerada na região de contato, semelhante a uma pilha ou bateria elétrica. Esse processo desencadeia reações químicas que promovem a corrosão do metal menos nobre, resultando em deterioração precoce e acelerada da tubulação. Uma solução viável para mitigar a corrosão galvânica em tubos metálicos é a aplicação de uma camada isolante de material não condutor entre os metais diferentes. Esse método emprega uma conexão conhecida como "união dielétrica", que consiste em uma luva de plástico em um dos lados para evitar o contato com a porca da união, juntamente com um anel de borracha que veda e separa os dois materiais, impedindo qualquer contato direto que possa causar o fenômeno de corrosão galvânica.

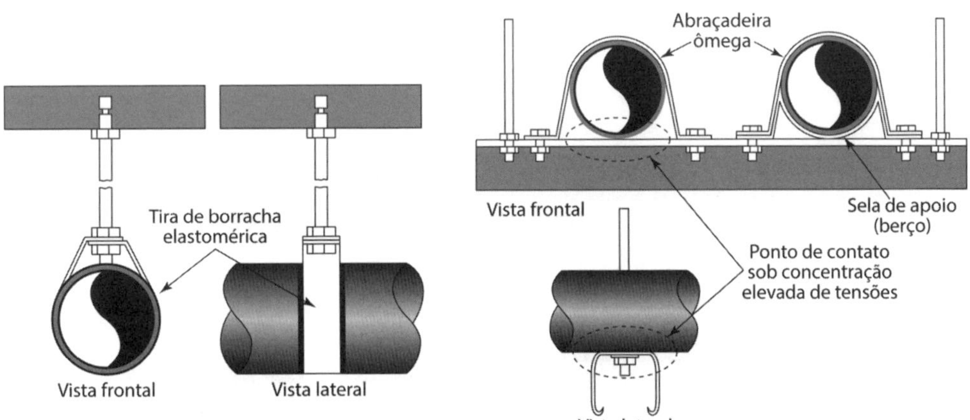

Figura 4.18 Isolamento com tira de borracha para impedir o contato direto de tubo de cobre com o suporte de aço galvanizado.

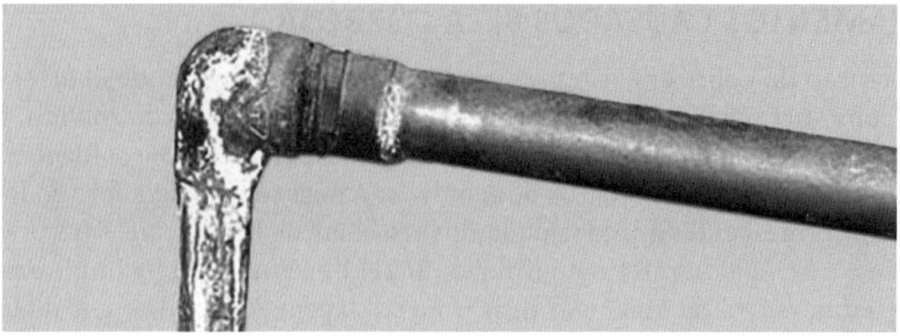

Figura 4.19 Vazamentos resultantes do contato direto entre tubulação de cobre e tubulação de aço galvanizado.

Figura 4.20 União dielétrica.

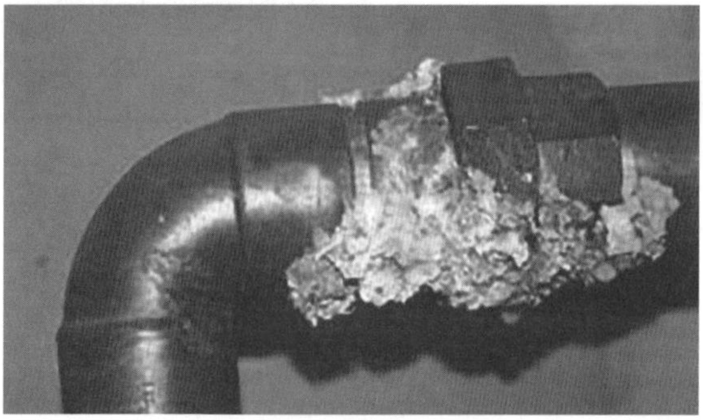

Figura 4.21 Corrosão provocada pelo fenômeno do "par galvânico".

CAPÍTULO 5
Patologia dos sistemas prediais de esgoto sanitário

CONSIDERAÇÕES GERAIS

As instalações prediais de esgotos sanitários tem como finalidade específica coletar, conduzir e afastar todos os resíduos provenientes do uso adequado dos aparelhos sanitários das edificações, direcionando-os para um destino apropriado, geralmente indicado pelo órgão público competente. O destino final dos esgotos sanitários pode ser uma rede pública de coleta de esgotos ou um sistema particular de coleta e pré-tratamento em áreas onde não há disponibilidade de sistema de coleta e transporte de esgotos. As condições técnicas para projeto e execução das instalações prediais de esgotos sanitários, garantindo a higiene, segurança, economia e conforto dos usuários, são estabelecidas pela NBR 8160:1999- Sistemas prediais de esgoto sanitário. De acordo com a norma, o sistema de esgoto sanitário deve ser projetado de modo a:

- Evitar a contaminação da água, de forma a garantir a sua qualidade de consumo, tanto no interior dos sistemas de suprimento e de equipamentos sanitários, quanto nos ambientes receptores;

- Permitir o rápido escoamento da água utilizada e dos despejos introduzidos, evitando a ocorrência de vazamentos e a formação de depósitos no interior das tubulações;
- Garantir o funcionamento dos fechos hídricos que impedem que os gases provenientes do interior do sistema predial de esgoto sanitário atinjam áreas de utilização;
- Impossibilitar o acesso de corpos estranhos ao interior do sistema;
- Permitir que os seus componentes sejam facilmente inspecionáveis;
- Impossibilitar o acesso de esgoto ao subsistema de ventilação;
- Permitir a fixação dos aparelhos sanitários somente por dispositivos que facilitem a sua remoção para eventuais manutenções.

Além de um bom projeto, o estudo das manifestações patológicas em sistemas prediais de esgoto sanitário e suas causas tem como objetivo prevenir falhas e adotar medidas adequadas de reparo. Identificar e compreender as origens dos problemas, como vazamentos, entupimentos, mau cheiro, entre outros, permite a implementação de soluções preventivas na fase de projeto e intervenções corretivas quando necessário, evitando danos maiores e garantindo a operação eficiente e segura desses sistemas.

Essa abordagem integrada, combinando um projeto adequado com o estudo das patologias, é essencial para garantir a eficiência, a segurança e a durabilidade dos sistemas prediais de esgoto sanitário. De acordo com a NBR 15575:2021 Edificações habitacionais – Desempenho - Parte 6: Requisitos para os sistemas hidrossanitários, o nível de desempenho das instalações é alcançado quando o projeto atende ao disposto nas normas: NBR 8160:1999 – Sistemas prediais de esgoto sanitário – Projeto e execução; NBR 7229:1997 – Projeto, construção e operação de sistemas de tanques sépticos e NBR 13969:1997 – Tanques sépticos – Unidades de tratamento complementar e disposição final dos efluentes líquidos – Projeto, construção e operação.

A seguir, são apresentadas as principais manifestações patológicas dos sistemas prediais de esgoto sanitário, que geralmente ocorrem devido à não conformidade com a NBR 8160:1999, a erros de projeto e à ausência de mão de obra especializada.

RETORNO DE ODORES

O mau cheiro e a pressão negativa (vácuo) são alguns dos principais problemas em sistemas de esgoto, frequentemente mencionados como as principais reclamações dos clientes. Um dos fatores responsáveis pelo mau cheiro nos ralos dos banheiros e da área de serviço é o retorno de gases provenientes do esgoto primário através do encanamento. Toda instalação de esgoto deve ser ventilada para permitir o escoamento dos gases para a atmosfera. A falta dessa ventilação pode resultar em mau cheiro nos ambientes residenciais, como banheiro, cozinha e área de serviço.

As causas do mau cheiro nesses locais podem ser diversas, incluindo a ausência ou instalação do desconector (sifão), o rompimento do desconector, a falta de plugue no sifão da caixa sifonada, a decomposição do material orgânico acumulado no sifão e na caixa sifonada, a ausência ou vedação inadequada da saída da bacia sanitária, além da falta de ventilação adequada das instalações de esgoto, em desconformidade com NBR 8160:1999. Outros fatores incluem caixas de passagem e de gordura com sistemas ineficientes de vedação da tampa.

Tabela 5.1 Causas de mau cheiro e soluções esperadas.

Causas de mau cheiro	O que deve ser verificado	Soluções esperadas
Ausência ou sistema de ventilação inadequado	Analisar todo o sistema de esgoto e verificar se está faltando o sistema de ventilação ou se está inadequado	Corrigir o sistema de esgoto instalando sistema de ventilação
Ausência ou desconector inadequado	Verificar ausência de desconector (caixa sifonada) ou caixa sifonada com fecho hídrico menor que 50 mm	Instalar caixa sifonada que possua fecho hídrico de 50 mm
Ausência ou vedação inadequada da saída do vaso sanitário	Verificar se a junta entre a saída do vaso sanitário com a tubulação de esgoto está incorreta	Instalar vedação para saída de vaso sanitário ou anel de vedação
Vedações ineficientes	Verificar se as juntas (soldáveis ou elásticas) das tubulações estão corretas	Corrigir eventuais erros das juntas
Caixas de passagem e de gordura com sistema ineficiente de vedação da tampa	Verificar se as caixas de passagem/ inspeção e de gordura são tradicionais (de alvenaria ou concreto). Verificar se há trincas ou quebras nas tampas	Substituir as tradicionais caixas de passagem/inspeção e de gordura por outras mais modernas. Substituir tampas por novas.
Ausência de plugue no sifão da caixa sifonada/ caixa de gordura	Verificar se a caixa sifonada/caixa de gordura está sem o plugue do sifão	Instalar o plugue no sifão da caixa sifonada/caixa de gordura
Decomposição do material orgânico acumulado na caixa sifonada	Se há acúmulo desses materiais, cabelos/secreções em cestos de limpeza ou no fundo da caixa sifonada	Limpeza periódica com a retirada desse material, ao menos uma vez por mês

DESCONECTORES: AUSÊNCIA E INSTALAÇÃO INADEQUADA

O desconector é um dispositivo dotado com fecho hídrico projetado para impedir a passagem de gases no sentido contrário ao deslocamento do esgoto. Nas instalações prediais de esgoto, existem dois tipos básicos de desconectores: o sifão e a caixa sifonada. Esses dispositivos podem ser destinados a um único aparelho ou a um conjunto de aparelhos de uma mesma unidade autônoma, como é o caso da caixa sifonada.

De acordo com a NBR 8160:1999, todos os aparelhos sanitários devem ser protegidos por desconectores. Cada desconector deve possuir um fecho hídrico com altura mínima de 50 mm e uma abertura de saída com diâmetro igual ou superior ao do ramal de descarga a ele conectado. A norma também destaca a importância de garantir a manutenção do fecho hídrico, levando em consideração as condições ambientais, como evaporação, tiragem térmica, ação do vento e variações de pressão, além das condições de uso, incluindo sucção e sobrepressão.

Quando um desconector, como um ralo ou sifão, apresenta mau cheiro, é importante verificar se há água presente ou se está entupido. No caso dos sifões, é essencial confirmar a existência da curvatura em forma de "S", que garante a presença de água e impede o retorno do mau cheiro. O mau cheiro é comum em ambientes onde o fecho hídrico de um desconector tem altura inferior a 50 mm. Nesse caso, recomenda-se substituir o desconector. Contudo, se a perda do fecho hídrico for causada por evaporação, é possível restaurá-lo abrindo a torneira da pia ou do lavatório até que a água no sifão seja reposta.

Sifão

O sifão é um tipo específico de desconector utilizado para receber efluentes de um único aparelho sanitário. Esse dispositivo é projetado com uma camada líquida, conhecida como "fecho hídrico", que deve ter uma altura mínima de 5 cm, conforme exigido pela norma. Ao adquirir sifões, é essencial observar essa previsão para garantir o correto funcionamento do sistema. Independentemente do tipo de sifão, seja ele rígido ou flexível, todos devem possuir um fecho hídrico com altura mínima de 5 cm. Essa medida é fundamental para evitar o retorno de odores provenientes da coleta de esgoto. A falta de um fecho hídrico adequado ou sua redução compromete não apenas o conforto dos usuários, mas também a saúde e a higiene do ambiente.

Uma característica vantajosa dos modelos mais antigos de sifão é que ele não permitem uma instalação inadequada sem que isso seja facilmente perceptível. Qualquer vazamento se torna imediatamente evidente ao abrir a torneira do lavatório (pia). No entanto, com o sifão sanfonado, esse controle pode ser comprometido, permitindo instalações incorretas que não evidenciam vazamentos de imediato. Isso pode resultar em odores de esgoto, um problema comum em muitas instalações.

Além do odor, instalações inadequadas do sifão podem levar a entupimentos, não apenas no próprio sifão, mas também na tubulação dentro da parede. Resolver esses problemas pode exigir mais trabalho e ser mais complexo do que simplesmente corrigir um vazamento visível no sifão. Portanto, é fundamental garantir que o sifão seja instalado corretamente para evitar complicações futuras e assegurar o bom funcionamento do sistema de esgoto sanitário.

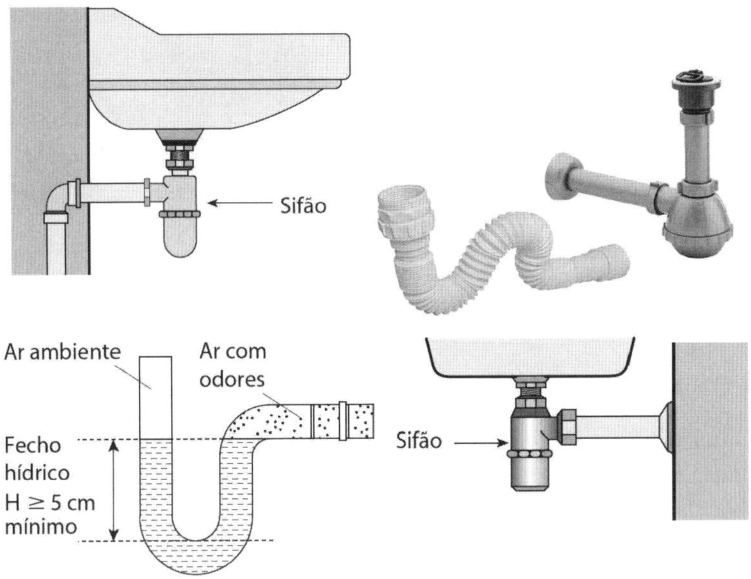

Figura 5.1 Tipos de sifões.

Caixa sifonada

A caixa sifonada é um dispositivo de formato cilíndrico, equipado com um desconector, projetado para receber os efluentes de diversos aparelhos, como lavatórios, banheiras, ralos de chuveiros e águas provenientes da lavagem de pisos, onde é necessária uma grelha. Sua tampa deve ser facilmente removível para permitir a manutenção, incluindo as tampas dos ralos cegos.

A função principal da caixa sifonada é proporcionar vedação hídrica para evitar a entrada de odores e insetos pelos ralos. Caso haja mau cheiro na caixa sifonada, é essencial verificar se há um desconector instalado e se o fecho hídrico possui uma altura mínima de 5 cm. Outra possível causa de mau cheiro pode ser a ausência de um plugue no sifão da caixa sifonada; nesse caso, é recomendado instalar o plugue para resolver esse problema.

As caixas sifonadas são fabricadas em materiais como PVC e ferro fundido, com diâmetros padrões de 100 mm, 125 mm e 150 mm. Elas podem ter de uma a sete entradas para tubulações com diâmetros de 40 mm e possuem uma única saída disponível, com diâmetros de 50 mm e 75 mm. A caixa sifonada deve ser posicionada adequadamente para receber os ramais de descarga e encaminhar a água servida para o ramal de esgoto, garantindo tanto a funcionalidade hidráulica quanto a estética da instalação.

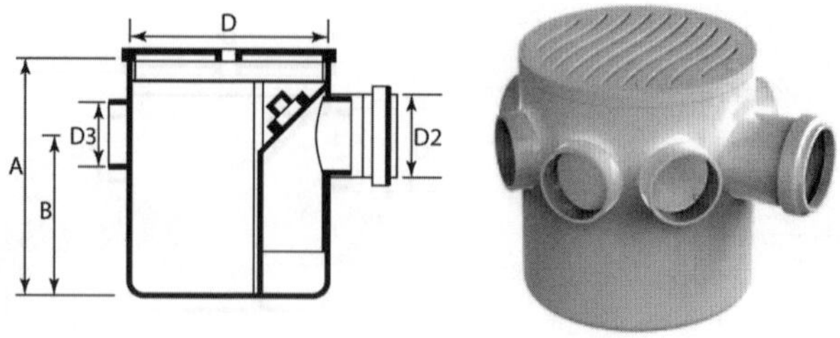

Figura 5.2 Caixa sifonada.

FALTA DE MANUTENÇÃO NOS DESCONECTORES

O mau cheiro proveniente do sifão e do ralo sifonado é um problema comum, geralmente causado pela falta de limpeza e manutenção adequadas desses componentes do sistema de esgoto. Quando o sifão e o ralo sifonado não são limpos regularmente, resíduos como gordura, cabelos, restos de alimentos e outros detritos podem se acumular nesses dispositivos. Esse acúmulo cria um ambiente favorável para a proliferação de bactérias e odores desagradáveis.

Para evitar o mau cheiro proveniente do sifão e do ralo sifonado, é fundamental realizar a limpeza regular desses componentes. Isso pode ser feito removendo o sifão e o ralo sifonado periodicamente e limpando-os com água quente e detergente ou utilizando produtos específicos para a remoção de resíduos orgânicos e gordura. Além da limpeza, é importante garantir uma boa ventilação nos ambientes onde esses dispositivos são instalados. Uma ventilação adequada ajuda a dissipar os odores desagradáveis e promove uma melhor circulação de ar, contribuindo para a redução dos problemas relacionados ao mau cheiro.

AUSÊNCIA OU VEDAÇÃO INADEQUADA NA SAÍDA DA BACIA SANITÁRIA

Quando ocorre mau cheiro no vaso sanitário, as causas mais prováveis são a ausência ou a vedação inadequada da saída do vaso sanitário, ou rejunte deteriorado entre a bacia e o piso. Para corrigir esse problema, é essencial verificar se a vedação entre a saída da bacia sanitária e a tubulação de esgoto esta correta. Caso seja constatada alguma irregularidade, deve-se instalar uma vedação adequada na saída da bacia sanitária ou substituir o anel de vedação, especialmente se estiver danificado.

Além disso, é importante verificar se o espaço entre a base da bacia sanitária e o piso está completamente preenchido com rejunte. O rejunte é crucial para evitar a liberação de gases e odores do sistema de esgoto para o ambiente. Se houver espaços vazios ou se o rejunte estiver deteriorado, deve-se reaplicá-lo ou substituí-lo para garantir uma vedação eficaz.

Figura 5.3 Anel de vedação para bacia sanitária.

VEDAÇÃO INEFICIENTE EM CAIXAS DE INSPEÇÃO E DE GORDURA

Se as caixas de inspeção (gordura) estiverem apresentando mau cheiro, é provável que o problema seja causado por um sistema ineficiente de vedação das tampas. As caixas de inspeção tradicionais, feitas de alvenaria ou concreto, frequentemente desenvolvem fendas ou trincas ao longo do tempo, tanto nas tampas quanto na estrutura das caixas, permitindo a saída de odores desagradáveis.

Para resolver esse problema, é recomendável substituir as caixas de passagem e de gordura por modelos mais modernos e eficientes, que ofereçam melhor vedação e resistência às intempéries. Os modelos mais recentes, fabricados em PVC, são projetados para minimizar o risco de vazamentos e odores indesejados.

Além disso, para evitar entupimentos e mau cheiro, é essencial realizar a limpeza regular da caixa de gordura. A limpeza da caixa de gordura deve ser feita regularmente, geralmente a cada seis meses ou de acordo com a necessidade, dependendo do uso. O procedimento consiste em remover a gordura acumulada e os resíduos sólidos, utilizando uma pá ou um aspirador de líquidos, e, em seguida, enxaguar com água quente para eliminar quaisquer resíduos remanescentes. A falta de manutenção adequada pode resultar no acúmulo de resíduos e na liberação de odores desagradáveis para o ambiente.

Portanto, investir em caixas de inspeção e gordura industrializadas de PVC e realizar limpezas periódica são medidas eficazes para manter o sistema de esgoto funcionando corretamente e eliminar problemas de mau cheiro. As caixas de inspeção de PVC são projetadas para oferecer excelente vedação e durabilidade, reduzindo significativamente o risco de vazamentos e a liberação de odores desagradáveis. Além disso, esses modelos são mais resistentes às intempéries e menos propensos a desenvolver trincas, garantindo uma solução mais confiável e duradoura para o sistema de esgoto.

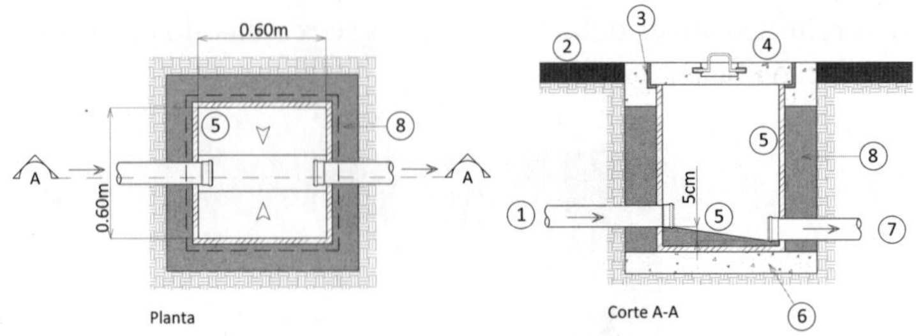

1 - Entrada do esgoto
2 - Piso acabado
3 - Vedante
4 - Tampa hermeticamente fechada
5 - Argamassa de areia e cimento
6 - Base de concreto magro
7 - Saída do esgoto
8 - Alvenaria ou concreto

Figura 5.4 Caixa de inspeção de alvenaria (concreto).

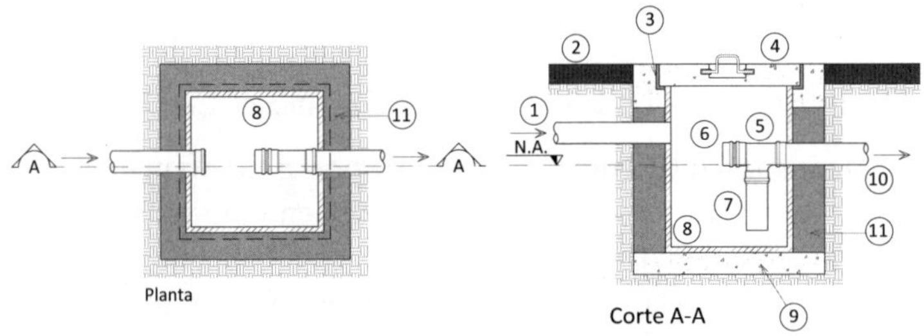

1 - Esgoto secundário
2 - Piso acabado
3 - Vedante
4 - Tampa hermeticamente fechada
5 - Tê sanitário
6 - Cap Ø 100mm
7 - Tubo de PVC - septo
8 - Argamassa de areia e cimento
9 - Base de concreto magro
10 - Esgoto primário
11 - Alvenaria ou concreto

Figura 5.5 Caixa de gordura de alvenaria (concreto).

Figura 5.6 Caixa múltipla de PVC.
Fonte: Tigre.

AUSÊNCIA OU VENTILAÇÃO INADEQUADA NO SISTEMA DE ESGOTO

A principal função da ventilação no sistema de esgoto é permitir o fluxo de ar entre o interior das instalações de esgoto e a atmosfera externa. Essa função é crucial para proteger o sistema contra possíveis rupturas do fecho hídrico dos desconectores. A falta de ventilação adequada pode resultar em mau cheiro nos ambientes residenciais, como banheiros, cozinha e áreas de serviço.

O sistema de ventilação tem como objetivo manter uma pressão positiva, permitindo a entrada de ar externo e evitando a formação de pressão negativa (vácuo). A pressão negativa pode causar a sucção da água presente nos sifões, responsáveis por bloquear a passagem dos gases malcheirosos para o ambiente interno.

Para verificar se o sistema de ventilação está funcionando corretamente, é possível realizar um teste prático. Remova a grelha da caixa sifonada do banheiro e observe se há redução no nível do fecho hídrico ou turbulência em sua superfície ao acionar a descarga do vaso sanitário. Se for identificado algum desses problemas, é necessário corrigir o sistema de esgoto, instalando um sistema de ventilação adequado, conforme especificado pela NBR 8160:1999.

Portanto, uma ventilação adequada no sistema de esgoto é essencial para garantir o funcionamento correto dos desconectores e evitar problemas como mau cheiro nos ambientes residenciais.

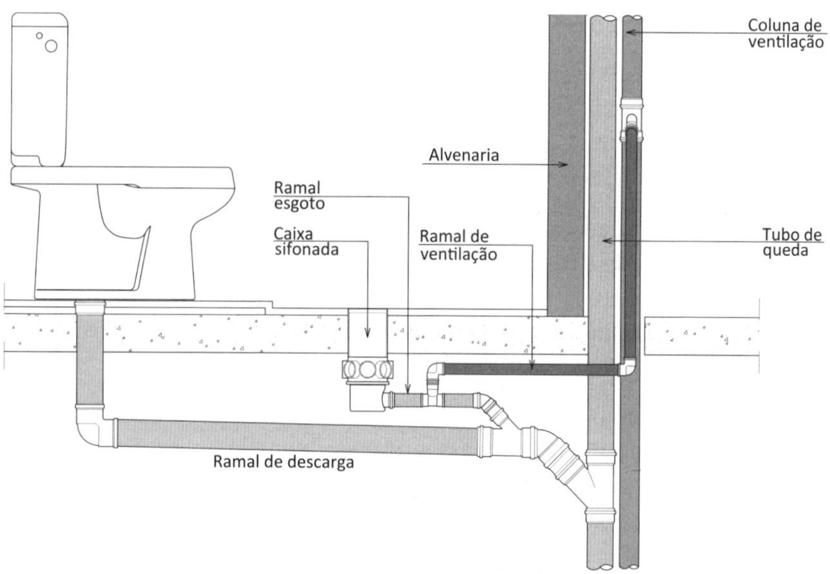

Figura 5.7 Ventilação do ramal de esgoto.

TIPOS DE VENTILAÇÃO: PRIMÁRIA E SECUNDÁRIA

O subsistema de ventilação é essencial para garantir o correto funcionamento dos sistemas prediais de esgoto sanitário e prevenir o retorno de gases malcheirosos para dentro das edificações. Conforme especificado pela NBR 8160:1999 – Sistemas prediais de esgoto sanitário, esse subsistema é composto por duas formas de ventilação: a primária e a secundária.

A ventilação primária é proporcionada pelo ar que flui pelo interior do tubo de queda, que se estende até a atmosfera, formando a tubulação de ventilação primária. De acordo com a norma, a extremidade superior do tubo de ventilação primária deve estar sempre aberta para a atmosfera e ultrapassar o telhado em pelo menos 30 cm. Em terraços, essa altura mínima não pode ser inferior a 2 m, para evitar que gases fétidos retornem para os ambientes em uso, como áticos, sacadas, terraços de salões de festa, piscinas e apartamentos.

Em relação ao projeto arquitetônico, a extremidade aberta de um tubo ventilador primário ou coluna de ventilação não deve estar localizada a menos de 4 m de qualquer janela, porta ou abertura de ventilação, a menos que seja elevada pelo menos 1 m acima das vergas desses vãos.

A ventilação secundária é utilizada para equilibrar a pressão nos sistemas de esgoto e facilitar a eliminação dos odores. Essa forma de ventilação pode ser instalada em pontos estratégicos do sistema. A inclusão de tubos ventiladores secundários ajuda a garantir que o ar possa fluir adequadamente por todo o sistema, evitando a formação de vácuo e, consequentemente, a sucção do fecho hídrico dos desconectores.

Para evitar a entrada de folhas, água da chuva e outros tipos de obstrução nas colunas de ventilação, recomenda-se a instalação de terminais de ventilação, disponíveis nos diâmetros de 50, 75 e 100 mm. Esses dispositivos são projetados para eliminar a necessidade de cotovelos com telas de proteção nas extremidades das colunas de ventilação.

É crucial evitar a instalação inadequada dos terminais das colunas de ventilação de esgoto e tubos ventiladores primários em locais sujeitos a áreas de depressão causadas por ventos fortes na cobertura do edifício. Essas condições podem resultar no retorno de odores desagradáveis para o interior da edificação, comprometendo o conforto dos usuários e a eficiência do sistema.

Assim, seguir as diretrizes estabelecidas pela NBR 8160:1999 para a ventilação do sistema de esgoto é fundamental para assegurar a adequada operação e segurança das instalações prediais.

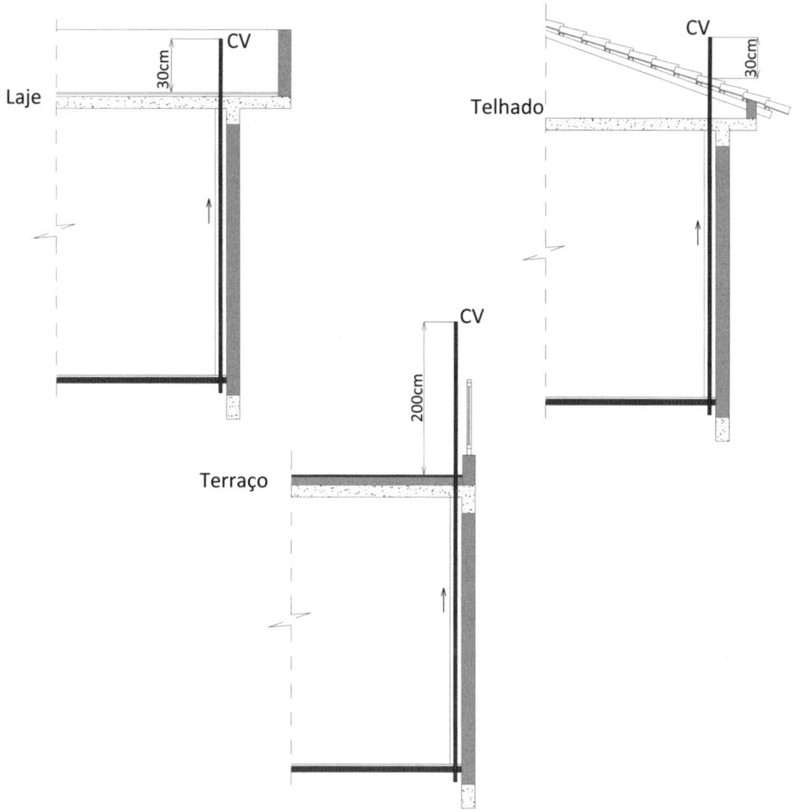

Figura 5.8 Detalhes da ventilação na cobertura.

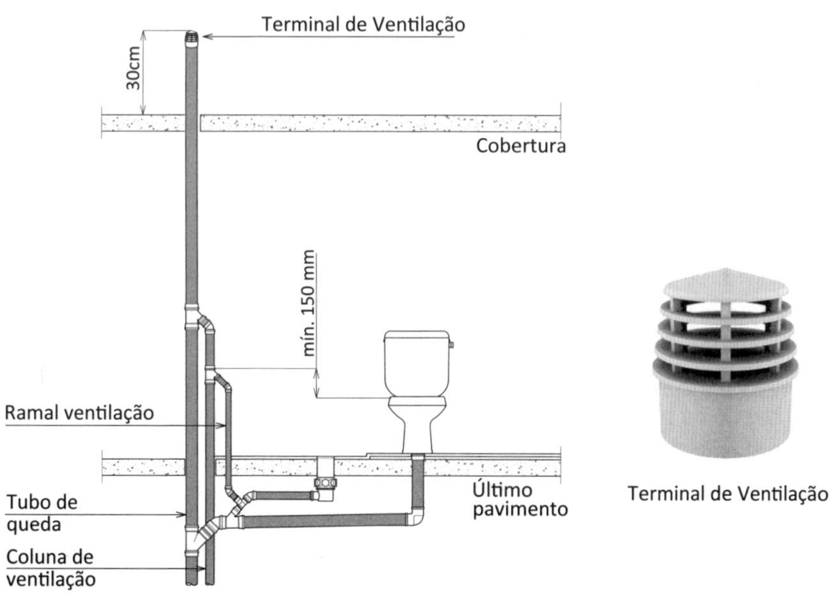

Figura 5.9 Detalhe de ventilação primária.

Figura 5.10 Tubo ventilador tampado.

VÁLVULA DE ADMISSÃO DE AR: PROBLEMAS COMUNS

A válvula de admissão de ar (VAA) foi desenvolvida na Suécia em 1970 e introduzida nos Estados Unidos em 1986. Sua incorporação à norma brasileira NBR 8160:1999 ocorreu apenas em 1999, no item 4.3.4. A principal função da VAA é permitir a entrada de ar na tubulação de ventilação do esgoto, substituindo a ventilação secundária. Essa válvula é crucial para equalizar a pressão interna do sistema de esgoto, contribuindo para a preservação dos fechos hídricos, que são essenciais para impedir a entrada de gases malcheirosos nos ambientes internos.

Para garantir uma instalação adequada da VAA, ela deve ser posicionada verticalmente, a pelo menos 10 cm acima do fecho hídrico mais alto do ramal da tubulação. Locais ideais para sua instalação incluem interiores de *shafts*, forros, sancas e gabinetes embutidos na alvenaria. A instalação pode ser feita de forma aparente, desde que seja respeitada uma ventilação renovável mínima de 20 cm^2. Em instalações que utilizam apenas caixas sifonadas, a altura mínima para instalação da VAA deve ser de 35 cm acima do nível do piso.

Embora a válvula de admissão de ar (VAA) apresente vantagens como a eliminação da necessidade de colunas de ventilação e a simplificação do sistema de esgoto, alguns problemas podem ocorrer se sua instalação ou manutenção não forem adequadas. Uma das falhas mais comuns é o mau funcionamento da válvula devido ao acúmulo de sujeira, poeira ou resíduos, o que pode impedir a entrada de ar e comprometer a equalização da pressão. Além disso, se a VAA for instalada em locais inadequados ou sem ventilação mínima necessária, pode ocorrer a formação de vácuo na passagem, provocando o esvaziamento dos fechamentos hídricos e permitindo a entrada de gases fétidos em ambientes internos. Outro problema potencial é a escolha de válvulas de baixa qualidade, que podem não ser fornecidas corretamente, gerando mau cheiro e redução na eficiência.

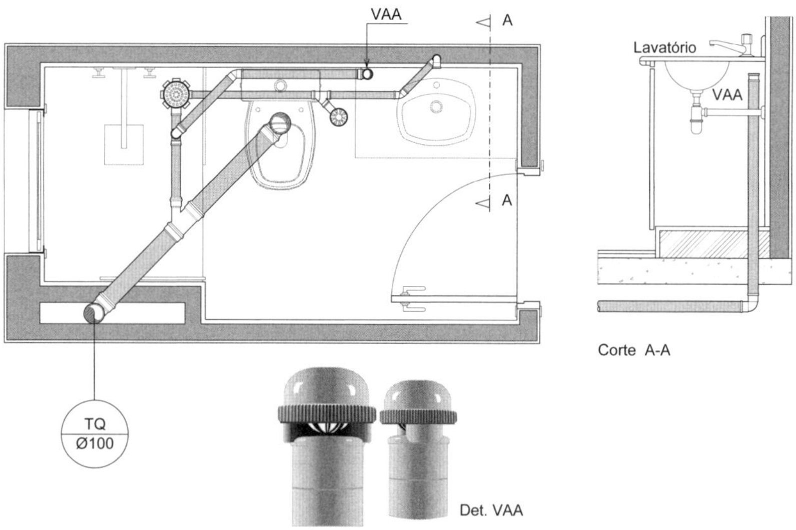

Figura 5.11 Detalhe da instalação da válvula de admissão de ar.

PREVENÇÃO DO ACESSO DE ESGOTO NO SISTEMA DE VENTILAÇÃO

A ligação do ramal de ventilação a uma coluna de ventilação em pavimentos sobrepostos deve ser realizada de maneira a impedir o acesso de esgoto sanitário ao interior do sistema. Para isso, toda tubulação de ventilação deve ser instalada com um aclive mínimo de 1%, garantindo que qualquer líquido que nela ingresse possa escoar completamente, por gravidade, para o ramal de descarga ou de esgoto de onde a ventilação se origina.

O ramal deve ser conectado à coluna de ventilação a pelo menos 15 cm acima do nível de transbordamento do aparelho sanitário mais alto (referente aos aparelhos sanitários cujos desconectores estão ligados à tubulação de esgoto primário, como bacias sanitárias, pias de cozinha, tanques de lavar, máquinas de lavar etc.), excluindo aqueles que despejam em ralos ou caixas sifonadas de piso.

Um erro frequentemente observado é a ligação direta e ao mesmo nível do ramal de ventilação na coluna de ventilação, sem a presença de uma "alça de ventilação" com altura adequada. Essa alça deve sempre ser instalada quando a coluna de ventilação parte de um pavimento inferior. Sua função é garantir que, em caso de entupimento da rede, o esgoto não consiga fluir para a coluna de ventilação.

A ausência da alça de ventilação é o maior problema existente nas instalações de esgotamento sanitário: poucos instaladores posicionam corretamente o ramal de ventilação do esgoto em seu ponto correto e constroem a alça de ventilação com a altura adequada. Mesmo que o projeto esteja correto, alguns profissionais, durante a execução das obras, optam por remover essa alça, acreditando estar economizando, sem compreender a importância crítica dessa componente.

A NBR 8160:1999 também recomenda que "a distância entre a saída do aparelho sanitário e a inserção do ramal de ventilação deve ser igual a, no mínimo, duas vezes o diâmetro (2DN) do ramal de descarga", ou seja, refere-se ao trecho de tubulação a jusante do elemento sifonado. Essa recomendação é essencial para garantir que a ventilação funcione de maneira eficaz, prevenindo a formação de pressão negativa no sistema, que poderia comprometer a eficácia do fecho hídrico e permitir o retorno de odores indesejáveis para o ambiente.

Tabela 5.2 Distância máxima de um desconector ao tubo do ventilador (NBR 8160:1999)

DN ramal de descarga	Distância máxima (m)
40	1,0
50	1,2
75	1,8
100	2,4

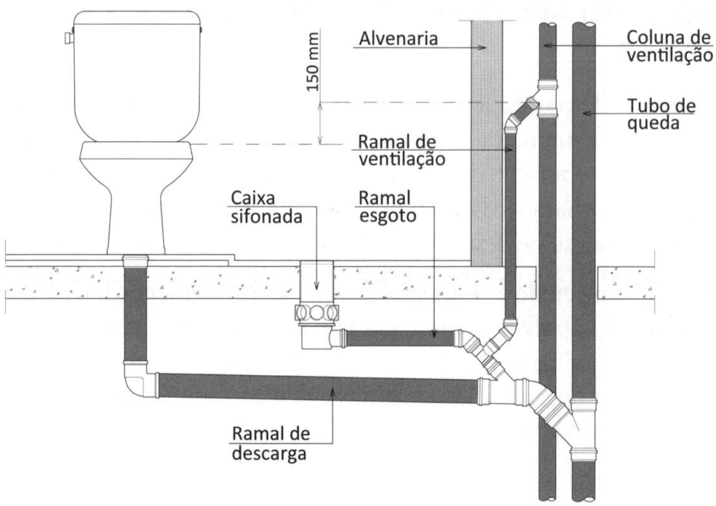

Figura 5.12 Detalhe da ligação do ramal de ventilação.

VAZAMENTOS NOS SISTEMAS DE ESGOTO SANITÁRIO

Diferente dos vazamentos em sistemas prediais de água potável, que que geralmente causam problemas econômicos e contratempos, os vazamentos de esgoto são muito mais grave, pois envolvem questões de saúde pública. Além do mau cheiro, existe a preocupação com a proliferação de microrganismos, como fungos e bactérias. No caso de infiltrações em pisos, os fungos podem ser especialmente resistentes e perigosos, podendo causar problemas respiratórios e doenças de pele.

Nos sistemas prediais de esgoto sanitário, os vazamentos podem ser classificados como aparentes, quando são facilmente detectados pelos usuários, e ocultos, quando são difíceis de identificar, como em tubulações e conexões enterradas. Vazamentos em tubulações aparentes podem ser detectados pela presença de água visível na própria tubulação. No entanto, quando a tubulação é embutida em forros ou paredes, o vazamento é identificado pela presença de manchas de umidade, bolor ou bolhas na pintura. Uma característica distinta dos vazamentos de esgoto em tubulações embutidas, em comparação aos de água potável, é que eles podem causar manchas provocadas por fungos.

Para tubulações enterradas, a detecção de vazamentos é mais complexa, mas pode ser indicada sinais como manchas de umidade que sobem pelas paredes, afundamento parcial de pisos e/ou manchas de umidade próximas ao local do vazamento. Para resolver problemas localizados em tubos de esgoto de instalações concluídas, decorrentes de acidentes ou vazamentos em juntas mal executadas, é comum o uso de luvas de correr e sistemas de acoplamento que permitem a interligação entre dois pontos fixos.

Antes da entrega da obra, o sistema de esgoto sanitário deve ser submetido a ensaios para verificar sua estanqueidade. Caso não seja aprovado, o ensaio deverá ser repetido após adoção de medidas corretivas. De acordo com a NBR 15575-6:2021 – Edificações habitacionais – Desempenho, Parte 6: Requisitos para os sistemas hidrossanitários (item 10.1.3), as tubulações dos sistemas prediais de esgoto sanitário e de águas pluviais não podem apresentar vazamentos quando submetidas a uma pressão estática de 60 kPa (6 m.c.a.), durante 15 minutos, se o ensaio for feito com água, ou 35 kPa (3,5 m.c.a.), durante o mesmo período, se o ensaio for feito com ar.

As tubulações devem ser ensaiadas conforme as prescrições do Anexo G (normativo) da NBR 8160:1999 – Sistemas prediais de esgoto sanitário – Projeto e execução.

VAZAMENTOS EM PAVIMENTOS SOBREPOSTOS

Um problema muito comum que gera dúvidas e discussões entre vizinhos ocorre quando o vazamento se origina do apartamento do andar superior, levando muitas vezes o síndico a ser acionado para tentar resolver a questão.[1] Antes de se falar em responsabilização, é fundamental identificar a origem do vazamento, que pode ser decorrente tanto da tubulação da área comum quanto da área privativa do apartamento. Para uma identificação correta, recomenda-se a contratação de um profissio-

1 CALLÉ, A. *Quem é o responsável pelo reparo na coluna, prumada, tubulação e vazamentos no Condomínio?* Disponível em https://calleadv.jusbrasil.com.br/artigos/310785937/quem-e-o-responsavel-pelo-reparo-na-coluna-prumada-tubulacao-e-vazamentos-no-condominio. Acesso em 8 fev. 2022.

nal ou empresa habilitada, garantindo que a causa do problema e o responsável sejam identificados de forma precisa, o que permite a adoção das providencias necessárias.

As prumadas (redes verticais), ou prumada central, localizadas na área comum do condomínio e de uso geral dos condôminos, são de responsabilidade do condomínio em caso de danos ou vazamentos provenientes dessa rede comum. Nesses casos, cabe ao condomínio arcar com os custos do conserto e indenizar os prejuízos causados. Por outro lado, a rede horizontal (ramais que ligam a prumada à unidade), assim como os ramais internos de lavatórios, bacias sanitárias e outros aparelhos, são de responsabilidade dos proprietários das unidades, uma vez que esses ramais são de uso individual e têm origem na parte interna da unidade.

Segundo o advogado Alexandre Callé, especializado em condomínios e locação, caso seja necessário acessar o apartamento de onde se origina o vazamento para realizar os reparos, ou até mesmo providenciar a quebra de parte do gesso, piso ou azulejo, o incômodo deverá ser tolerado pelo proprietário, a fim de que o problema no apartamento do andar inferior seja rapidamente sanado. Essa obrigação baseia-se no direito de vizinhança, consagrado no art. 1.277 do Código Civil, que estabelece que o proprietário ou possuidor de um imóvel tem o direito de cessar interferências prejudiciais à segurança, ao sossego e à saúde dos habitantes, causada pela utilização de propriedade vizinha.

Em muitos casos, os reparos necessários são simples e eficazes, como o refazimento do rejunte do ralo do banheiro. No entanto, há situações que demandam intervenções mais complexas e demoradas, e é nesses cenários que surgem discussões e desentendimentos entre os envolvidos.

VAZAMENTOS EM SIFÕES

Um sifão vazando pode trazer muitos problemas, como danificar móveis, gabinetes, utensílios, entre outros. No entanto, esse é um problema que pode ser facilmente resolvido e, com uma manutenção adequada, também pode ser prevenido. Normalmente, esses vazamentos são percebidos pela presença de umidade na conexão válvula/sifão ou válvula/aparelho, devido à falta de estanqueidade nessas ligações. As causas mais prováveis desses vazamentos incluem deterioração (como ressecamento ou trincas), ausência de vedação ou falha na fixação correta do sifão à pia e à saída do esgoto.

O copo do sifão costuma vazar se estiver entupido, mal encaixado ou com ausência de vedante. Se o problema estiver relacionado à vedação, deve-se reforçá-la utilizando fita veda rosca, garantindo que todas as peças estejam secas antes de aplicar a fita. Após a vedação, é essencial conectar o sifão à pia e à saída de esgoto de maneira firme, para evitar novos vazamentos. Caso o vazamento seja causado por um furo ou fissura do sifão, a melhor solução é substituir a peça por completo.

Para evitar futuros vazamentos, algumas medidas simples podem ser tomadas. Ao precisar substituir ou adquirir um novo sifão, é recomendável optar por sifões feitos de materiais mais resistentes, como o metal. Além de terem uma vida útil maior do que os sifões de plástico, os de metal são mais robustos e menos propensos a apresentar furos ou fissuras mesmo após anos de uso. No caso de sifões de plástico já instalados, a melhor forma de prevenir vazamentos é realizar limpezas periódicas, evitando o acúmulo de resíduos que possam enfraquecer o plástico e causar vazamentos.

VAZAMENTOS EM RALOS

As causas mais prováveis de vazamentos em ralos são o rejuntamento danificado entre o piso e o ralo ou falha na ligação entre o ralo e o tubo. É muito comum ocorrerem vazamentos e infiltrações de água na ligação da caixa sifonada com o piso e no ralo seco com os pisos, o que se manifesta através de manchas de umidade no forro rebaixado (gesso) abaixo do piso onde estes componentes estão instalados. Quando a tubulação é aparente, o vazamento é visível e se manifesta por meio de gotejamento ou escoamento de água. Nos casos em que o ralo está instalado ao nível do solo, o vazamento pode ser detectado por meio de manchas de umidade no piso ou de umidade ascendente em paredes.

Às vezes, não é fácil identificar o problema, pois o vazamento ocorre frequentemente na ligação entre o ralo e o piso, onde este coleta a água efluente do lavatório, chuveiro ou proveniente da limpeza do piso, mas nem sempre se manifesta nesse local. Em muitos casos, a água escoa através da tubulação ligada ao ralo, levando o vazamento para um ponto distante, o que dificulta a detecção.

Em relação ao rejunte, é fundamental garantir sua aplicação correta e sem falhas. Embora o rejunte, por si só, não assegure a impermeabilização completa, ele desempenha um papel crucial como primeira barreira contra a infiltração de água. Manter o rejunte sempre íntegro é essencial para evitar danos causados pela umidade. Portanto, verificar regularmente o estado do rejunte e realizar os reparos necessário contribui significativamente para a durabilidade e a eficácia do sistema de drenagem, além de prevenir problemas futuros de infiltração.

Para solucionar problemas de infiltração de água entre o rejunte do piso e a parede externa do tubo prolongador da caixa sifonada, a Tigre oferece no mercado o ralo anti-infiltração. Estes ralos são fabricados nas bitolas DN 100 e DN 150. A principal vantagem desse tipo de ralo é a capacidade de coletar água de infiltrações entre o piso e o corpo da caixa sifonada, conduzindo-a para seu interior e, assim, impedindo que a infiltração se espalhe para a parte inferior da laje ou do terreno.

Além disso, o ralo anti-infiltração apresenta outros benefícios, como:

- Fácil instalação: As ranhuras na parte inferior facilitam a fixação e impedem a formação de bolhas de ar na argamassa de assentamento;
- Compatibilidade: É compatível com todos os sistemas de impermeabilização disponíveis no mercado;
- Fixação da manta: Possui limitadores e uma área recartilhada para fixação da manta, evitando sua instalação incorreta.

O ralo anti-infiltração é aplicado em conjunto com sistemas de impermeabilização, como manta impermeabilizante ou outros produtos), em contrapisos de banheiro, lavabos, varandas, terraços, garagens, e áreas de serviço, tanto em edificações verticais quanto horizontais. A execução correta dos arremates no ralo é, provavelmente, o detalhe mais crítico do processo de impermeabilização.

Figura 5.13 Ralo anti-infiltração.

VAZAMENTOS EM PÉS DE COLUNA

Apesar de sua grande resistência, o PVC utilizado em tubulações de esgoto pode sofrer danos causados por esforços internos, como o impacto de objetos em pés de coluna, ou por esforços externos, especialmente quando instalado de forma aparente. Além disso, um projeto mal executado, como a ausência ou deficiência de ventilação, pode levar ao rompimento da tubulação devido à formação de pressões negativas internas. Nesses casos, a utilização da Série Reforçada é a mais indicada, pois possui maior espessura de parede, conferindo maior resistência a essas condições adversas.

Comparada à linha de ferro fundido ("FºFº"), a Série Reforçada de PVC apresenta várias vantagens: é mais fácil de instalar, possui um custo mais baixo e atende a todas as exigências normativas para instalações prediais, tornando-se uma opção mais adequada para diversos projetos.

Para resistir aos impactos dos sólidos que são escoados pelo tubo de queda e que caem com grande força, a Tigre oferece uma conexão com maior espessura de parede em comparação às curvas tradicionais, sendo assim mais robusta e com um ângulo de 87º 30'.

As prumadas (colunas), por estarem localizadas na área comum do condomínio e serem de uso coletivo, fazem com que qualquer dano ou vazamento oriundo dessa rede seja de responsabilidade do condomínio, cabendo a ele realizar os reparos e indenizar os prejuízos causados.

É importante destacar que o síndico do condomínio é o responsável legal pela manutenção e conservação das áreas comuns da edificação, ou seja, das partes de uso geral e coletivo dos condôminos. Ele deve garantir que as instalações estejam em conformidade com as normas vigentes e tomar as medidas necessárias para prevenir e corrigir eventuais problemas.

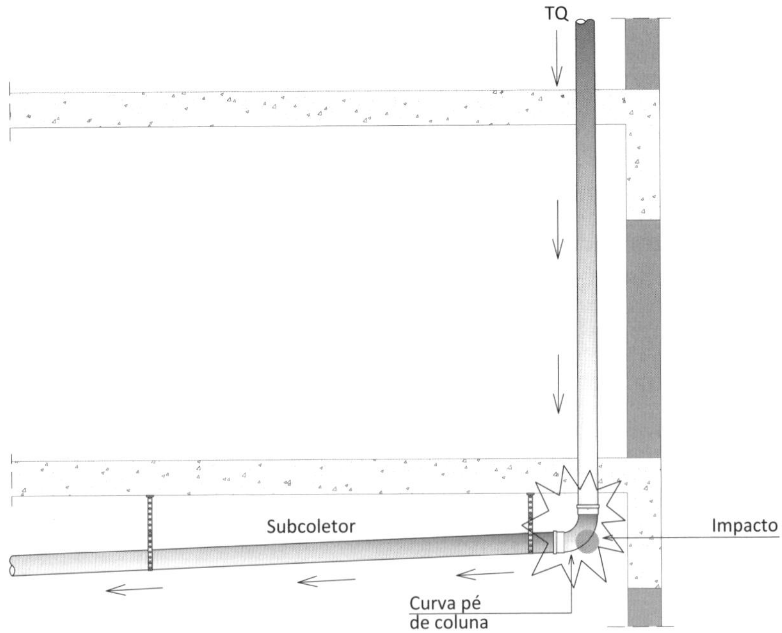

Figura 5.14 O impacto do esgoto no pé de coluna.

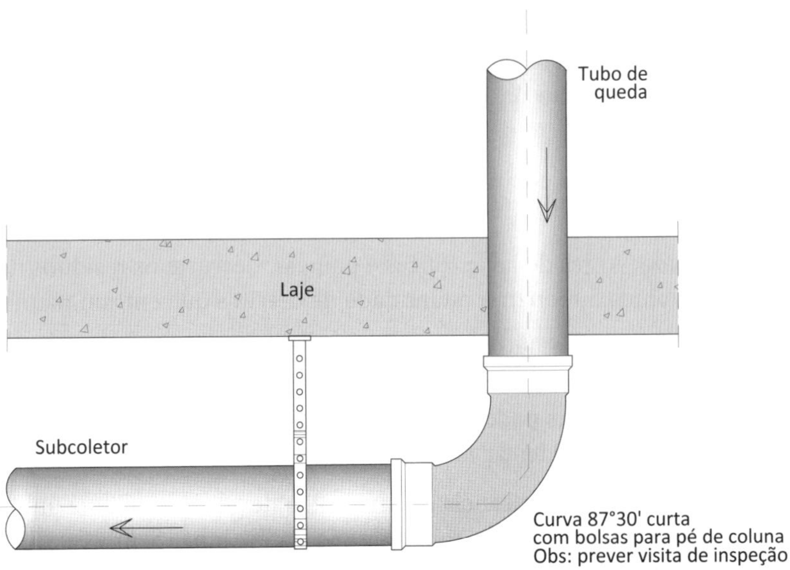

Figura 5.15 Detalhe da curva no pé da coluna.

ENTUPIMENTOS EM ÁREAS MOLHADAS: CAUSAS E PREVENÇÃO

O entupimento de esgoto em áreas molhadas, como cozinha, banheiro e lavanderia, é um problema recorrente que causa diversos transtornos para os usuários de residências e edifícios. Essas áreas são especialmente propensas a entupimentos devido ao acúmulo de resíduos sólidos, gordura, cabelos, papel higiênico, entre outros materiais, que podem obstruir as tubulações e prejudicar o fluxo normal de água e esgoto.

A falta de conscientização dos moradores sobre o descarte adequado de resíduos é uma das principais causas desses entupimentos. Frequentemente, itens inadequados são descartados nos ralos e vasos sanitários, contribuindo para o bloqueio das tubulações ao longo do tempo. Além disso, a ausência de declividade adequada nas instalações de esgoto pode favorecer o acúmulo de sedimentos e materiais sólidos, agravando o problema.

Para evitar esses transtornos, é essencial educar os moradores sobre a importância de descartar corretamente os resíduos sólidos e utilizar filtros ou grades nos ralos para impedir que objetos maiores entrem na tubulação. A realização periódica de manutenções preventivas, como limpezas de caixas de gordura e sifões, ajuda a minimizar o risco de entupimentos.

Quando os entupimentos ocorrem, é importante adotar métodos adequados para solucioná-los, como o uso de produtos desentupidores específicos ou a contratação de profissionais especializados. Ignorar ou negligenciar entupimentos pode resultar em danos mais graves às instalações hidráulicas e sanitárias, além de custos mais elevados de reparo.

PREVENÇÃO E SOLUÇÃO DE ENTUPIMENTOS NA COZINHA

Na cozinha, um dos principais problemas que causam entupimentos são os restos de comida descartados na pia e o acúmulo de gordura nas tubulações de esgoto. Esses resíduos podem obstruir o fluxo da água, em alguns casos, impedindo completamente a passagem pelo cano.

Para evitar que a pia da cozinha fique entupida, recomenda-se adotar as seguintes práticas:

- Pré limpeza: Antes de lavar louças e panelas, descarte os resíduos maiores no lixo. Isso ajuda a reduzir a quantidade de detritos que entram na tubulação.
- Uso de desentupidor: Em caso de entupimento, uma solução inicial eficaz é utilizar um desentupidor de borracha no sifão da pia. Repetir o movimento vigorosamente algumas vezes pode restaurar o fluxo da água pelo ralo. Se não houver sucesso, é aconselhável tentar novamente antes de buscar outros métodos.
- Caixa de gordura: A ausência de uma caixa de gordura (CG) é uma causa comum de entupimentos do ramal da pia da cozinha. Sem esse dispositivo, a gordura proveniente da lavagem de louças e panelas se acumula nos canos, obstruindo o fluxo de esgoto e provocando o retorno da sujeira pela pia. Na

caixa de gordura, a gordura se separa da água: por ser mais leve, a gordura flutua e deve ser removida regularmente e descartada no lixo

- Manutenção da caixa de gordura: Se a gordura não for retida na caixa de gordura e alcançar diretamente a tubulação de esgoto, ela pode aderir às paredes dos canos, reduzindo significativamente o espaço para o escoamento e aumentando o risco de entupimentos. Manter a caixa de gordura em bom estado e realizar manutenções periódicas ajuda a garantir o fluxo adequado do esgoto e prevenir entupimentos na pia da cozinha.

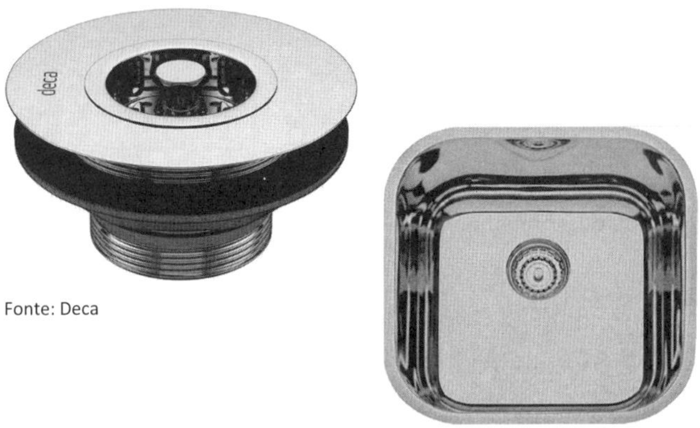

Fonte: Deca

Figura 5.16 Válvula instalada na cuba da pia para evitar a entrada de sólidos.

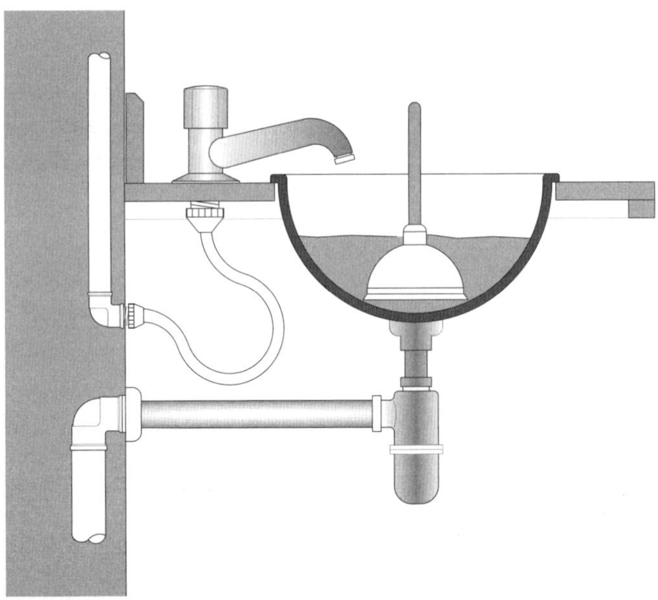

Figura 5.17 Desentupidor de borracha.

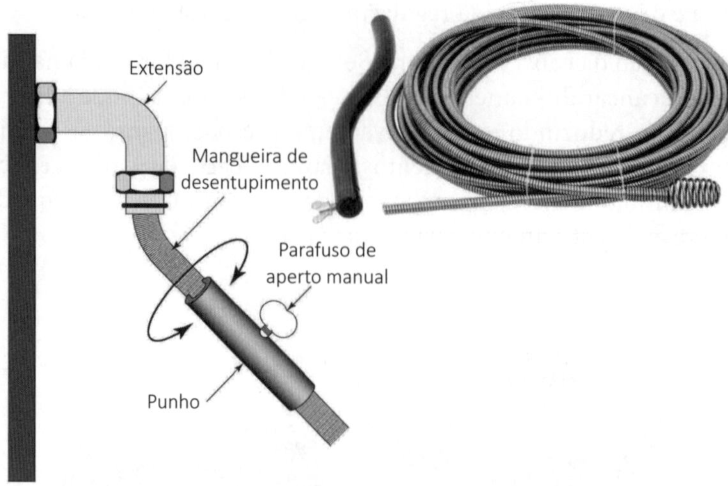

Figura 5.18 Mangueira de desentupimento.

PREVENÇÃO E SOLUÇÃO DE ENTUPIMENTOS NA ÁREA DE SERVIÇO

Na área de serviço, também conhecida como lavanderia, os entupimentos são frequentemente causados por pequenos objetos e fiapos de roupa que acidentalmente entram nas tubulações. Por serem materiais não orgânicos e acidentais, é difícil prevenir completamente esses entupimentos.

- Causas Comuns de Entupimentos:
  - ▷ Pequenos objetos e fiapos de roupa: Objetos pequenos, fiapos e resíduos de tecido podem se acumular nas tubulações, provocando obstruções. Para solucionar o problema, métodos físicos como o uso de arames ou mangueiras para forçar a passagem de água são eficazes para remover esses materiais.
  - ▷ Espuma de sabão: A formação de espuma de sabão também é um problema comum, pois, com o tempo, pode solidificar e obstruir o ralo. Embora inicialmente líquida, a espuma pode acumular-se, especialmente em locais com uso frequente de sabão.
- Soluções e Prevenção:
  - ▷ Uso de produtos específicos: Para lidar com o acúmulo da espuma de sabão, recomenda-se o uso de produtos específicos para limpeza de esgoto, que ajudam a dissolver a espuma acumulada, prevenindo obstruções mais graves.
  - ▷ Limpeza regular: Manter uma rotina de limpeza preventiva nas tubulações evita o acúmulo de resíduos e espuma, garantindo o bom funcionamento do sistema de esgoto da lavanderia.

Embora seja difícil eliminar completamente todas as causas de entupimento, adotar essas práticas pode ajudar a minimizar os problemas e manter o sistema de esgoto funcionando de forma eficiente. A prevenção e a manutenção regular são essenciais para evitar que pequenos problemas se transformem em grandes transtornos, prolongando a vida útil das tubulações e garantindo um ambiente mais limpo e seguro.

PREVENÇÃO E SOLUÇÃO DE ENTUPIMENTOS NO BANHEIRO

No banheiro, os entupimentos são comuns em três pontos principais: o ramal da bacia sanitária, o ramal do lavatório e o ramal do ralo do chuveiro. Cada uma dessas áreas apresenta causas e soluções específicas para manter o sistema de esgoto funcionando corretamente.

Entupimento da bacia sanitária

Os entupimentos da bacia sanitária geralmente ocorrem devido ao descarte inadequado de itens não biodegradáveis, como fraldas, absorventes e lenços umedecidos. Esses objetos, que não se dissolvem facilmente, podem se acumular nas tubulações, resultando em bloqueios graves. Além disso, o uso excessivo de papel higiênico também é um fator contribuinte, pois grandes quantidades descartadas de uma só vez podem sobrecarregar o sistema de esgoto.

Problemas estruturais nas tubulações, como tubos danificados ou instalados com pouca inclinação, podem agravar o problema, permitindo o acúmulo de resíduos. Também é importante considerar que pequenos objetos acidentalmente deixados cair na bacia, além de resíduos gordurosos descartados incorretamente, podem obstruir o fluxo de água, dificultando o escoamento e aumentando o risco de entupimentos ao longo do tempo.

Os métodos para desentupir bacias sanitárias incluem soluções caseiras, como o uso de um desentupidor de borracha, que cria pressão para desalojar obstruções, e a combinação de vinagre e bicarbonato de sódio, que pode ajudar a dissolver resíduos; também é possível despejar água quente na bacia para derreter bloqueios. Além disso, ferramentas como arames podem ser utilizadas, enquanto produtos químicos específicos podem ser aplicados com cautela para evitar danos às tubulações. Em casos mais graves, é aconselhável chamar um profissional especializado para resolver o entupimento de forma eficaz e segura.

Entupimento do lavatório

Os entupimentos de lavatórios são frequentemente causados pelo acúmulo de cabelos, que se misturam a resíduos de sabonetes e produtos de higiene, formando bloqueios nas tubulações. O acúmulo de gordura, especialmente em casos onde pincéis de maquiagem são lavados, também pode ser um fator.

A ausência de limpezas regulares no sifão é outro fator que agrava o problema, pois permite que os resíduos se acumulem e formem entupimentos ao longo do tempo.

Para desentupir lavatórios de banheiro, podem ser utilizados métodos caseiros, como o desentupidor de borracha, e a combinação de vinagre com bicarbonato de sódio, que ajuda a dissolver resíduos. A aplicação de água quente também pode soltar obstruções mais leves. Em casos críticos, é recomendável chamar um profissional especializado.

Entupimento do ralo do chuveiro

O entupimento do ralo do chuveiro é frequentemente causado pelo acúmulo de cabelos, que são indissolúveis e se acumulam nas tubulações dificultando o fluxo da água. Além disso, resíduos de sabonetes, produtos de higiene e sujeira que se acumulam no ralo podem contribuir para a obstrução, formando um bloqueio sólido ao longo do tempo. A falta de limpeza regular do ralo seco/caixa sifonada também agrava o problema, permitindo que esses materiais se acumulem e obstruam a passagem da água. Instalar ralos com grelhas removíveis facilita a manutenção.

Outro fator que pode causar entupimentos no ralo do chuveiro é a instalação inadequada, como a ausência de declividade correta nas tubulações, que impede que a água escoe livremente.

Para desentupir o ralo do chuveiro podem ser utilizados os mesmos métodos utilizados para o desentupimento do lavatório. Porém, manter o ralo limpo para evitar acúmulos de resíduos é a melhor solução.

A manutenção regular e a adoção de boas práticas preventivas são fundamentais para evitar entupimentos no banheiro. O uso de protetores de ralo, a conscientização sobre o descarte adequado de resíduos e a realização de limpezas periódicas ajudam a garantir o bom funcionamento do sistema de esgoto, prevenindo problemas futuros.

Figura 5.19 Ralo entupido por cabelo.

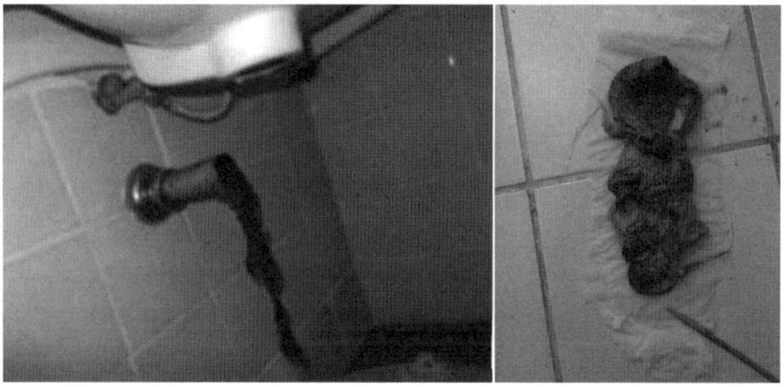

Figura 5.20 Ramal de lavatório entupido por cabelo.
Fonte: Macedo (2015).

ENTUPIMENTO EM SUBCOLETORES DE ESGOTO: CAUSAS E SOLUÇÕES

O subcoletor é a tubulação horizontal responsável por receber os efluentes de um ou mais tubos de queda ou de ramais de esgoto. Ele deve ser instalado, sempre que possível, em áreas não edificadas do terreno. Em edifícios com vários pavimentos, o subcoletor é geralmente fixado sob a laje de cobertura do subsolo, utilizando braçadeiras, e deve ser protegido e de fácil inspeção.

As obstruções nos subcoletores são predominantemente causadas pelo descarte inadequado de objetos em vasos sanitários, pias e ralos. Essa prática, juntamente com uma inclinação inadequada da tubulação, pode levar ao entupimento do tubo. Tubos que transportam gordura, especialmente os provenientes de pias de cozinha, devem ser conectados a uma caixa de gordura antes de se juntarem à rede de esgoto. A caixa de gordura é essencial para separar e reter as gorduras e óleos presentes na água residual, evitando que esses materiais atinjam à tubulação de esgoto principal e causem entupimentos.

Além dessas causas, entupimentos nos subcoletores podem ocorrer por fatores como erros no traçado das tubulações de esgoto, uso inadequado de conexões (como curvas de 90° e TEs) e a introdução de restos de argamassa e outros materiais nas tubulações, ralos e aparelhos sanitários durante a execução da obra.

Para prevenir entupimentos nos subcoletores de esgoto, é fundamental realizar a correta execução da obra e a manutenção periódica dos dispositivos que compõem o sistema predial de esgoto sanitário como sifões, ralos e caixas sifonadas. A instalação de dispositivos de inspeção, que garantam a manutenção adequada do sistema, também é essencial, em conformidade com a NBR 8160:1999 e a NBR 15575:2021.

Figura 5.21 Entupimento de subcoletor de esgoto por gordura.

Figura 5.22 Subcoletores de esgoto entupidos por restos de materiais de construção.

Figura 5.23 Ralo entupido com argamassa após execução do piso.

ENTUPIMENTO PELO USO INADEQUADO DE CONEXÕES

De acordo com NBR 8160:1999, as mudanças de direção nos trechos horizontais devem ser feitas utilizando peças com ângulo central igual ou inferior a 45°. Portanto, não devem ser utilizadas as seguintes conexões: TE e curva 90°. O TE, por exemplo, nunca pode ser instalado na posição horizontal, pois não é uma peça direcional. Em vez do TE, deve-se usar uma junção em Y (45°), que é uma peça direcional.

A utilização inadequada do TE e da curva de 90° nos trechos horizontais pode contribuir para o entupimento das tubulações. Isso ocorre, geralmente, em mudanças bruscas de direção, para as quais devem ser utilizadas sempre curvas de 45° com pontos de inspeção, caso as tubulações sejam aparentes. Se as tubulações estiverem enterradas, recomenda-se a utilização de caixas de inspeção em todas as mudanças de direção, de declividade ou de diâmetro, pois esses pontos suscetíveis a entupimentos. Com as caixas de inspeção, a probabilidade de entupimentos é reduzida, e a manutenção das tubulações pode ser realizada com maior facilidade.

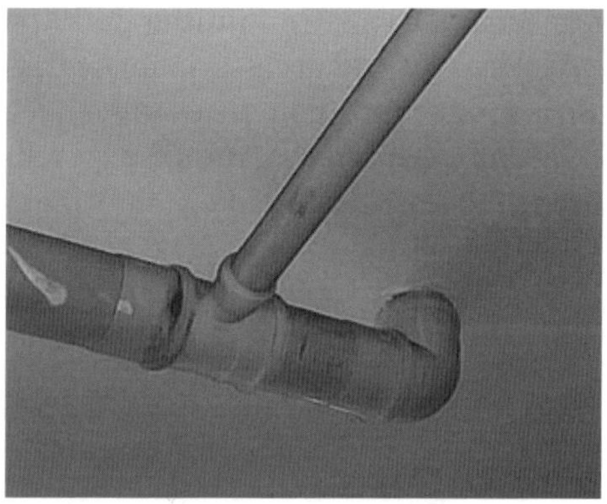

Figura 5.24 Uso inadequado de conexão TE.

Situação encontrada Situação corrigida

Figura 5.25 Entupimento causado pelo uso inadequado de conexões em T.

ENTUPIMENTO POR AUSÊNCIA DE DECLIVIDADE

Ao contrário das instalações de água, que funcionam sob pressão, o esgoto flui naturalmente por gravidade, ou seja, os esgotos fluem naturalmente dos pontos mais altos para os mais baixos. Portanto, os subcoletores devem possuir uma declividade mínima para o escoamento do esgoto, prevenindo assim o refluxo do fluido e o entupimento da tubulação devido à falta de declividade.

Segundo a NBR 8160:1999, as declividades mínimas recomendadas para as tubulações de esgoto são as seguintes:

- $DN \leq 75 \rightarrow i = 2\%$
- $DN \geq 100 \rightarrow i = 1\%$

Os subcoletores devem ter um diâmetro mínimo de 100 mm para garantir uma declividade mínima de 1%. Além disso, é necessário intercalar esses subcoletores com caixas de inspeção ou conexões que possuam dispositivos adequados para essa finalidade. Essas medidas são recomendadas para garantir o correto escoamento e facilitar a inspeção e manutenção das tubulações de esgoto, conforme especificado pela norma NBR 8160:1999.

Figura 5.26 Escoamento livre (por gravidade).

RETORNO DE ESGOTO NAS EDIFICAÇÕES

O retorno de esgoto em residências e prédios de apartamentos pode ocorrer por diversas razões. Um dos principais motivos é a obstrução nas tubulações, que bloqueia o fluxo normal de água e resíduos, resultando no retorno do esgoto para dentro dos edifícios. Além disso, problemas no sistema de encanamento, como vazamentos ou conexões mal feitas, também podem permitir esse retorno indesejado.

Em algumas situações, o sistema de esgoto pode ficar sobrecarregado devido à ligação clandestina de águas pluviais na rede de esgoto, sendo necessária a correção dessa conexão ilegal para evitar problemas futuros. Danos ou bloqueios na rede pública de esgoto também podem afetar residências e prédios conectados a ela, tornando fundamental verificar se outros imóveis vizinhos estão enfrentando o mesmo problema e solicitar à Companhia de Saneamento local medidas corretivas.

Nos edifícios de vários pavimentos, o retorno de esgoto frequentemente está relacionado ao entupimento da prumada do edifício, geralmente causado pelo descarte inadequado de óleo de cozinha na pia e pelo uso impróprio dos vasos sanitários. Essas práticas podem comprometer todo o sistema de esgoto do edifício, afetando não apenas uma unidade residencial, mas todos os moradores.

Em casos de problemas na rede de esgoto de condomínios verticais, é essencial contratar uma empresa especializada ou um profissional qualificado para identificar a origem do problema e determinar as responsabilidades. Se o problema ocorrer nas caixas de esgoto da área comum, a responsabilidade pelo reparo e manutenção é do condomínio, de acordo com as normas e regulamentos vigentes.

Figura 5.27 Retorno de esgoto na caixa sifonada.

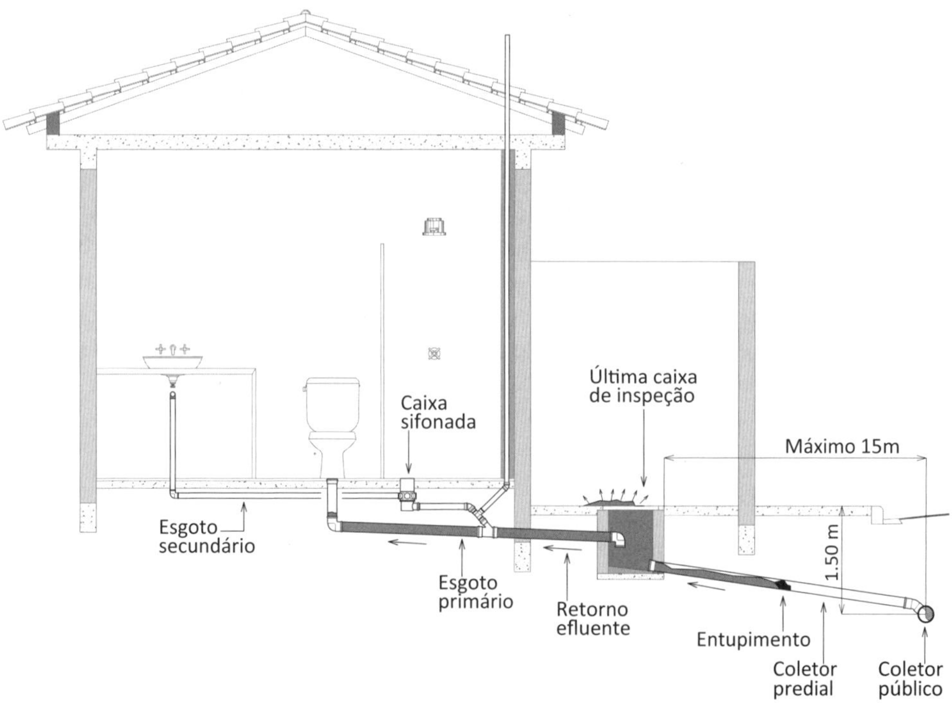

Figura 5.28 Entupimento do coletor predial.

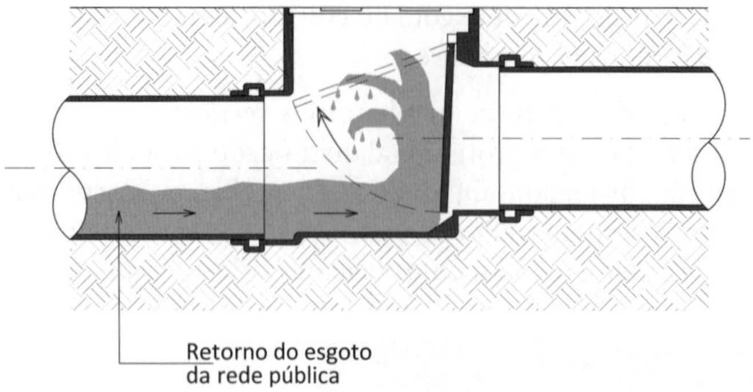

Fonte: Krona

Figura 5.29 Válvula de retenção de esgoto com diâmetro nominal (DN) de 100 mm.

TÉCNICAS MODERNAS DE DESENTUPIMENTO DAS TUBULAÇÕES DE ESGOTO

Em situações mais complexas ou persistentes, é recomendável contar com serviços especializados de empresas de desentupimento. Essas empresas utilizam equipamentos como máquinas de desentupimento com cabos rotativos, hidrojateamento de alta pressão e até mesmo inspeção por câmeras de vídeo para localizar e resolver o problema de forma eficiente.

SISTEMA ROTO-ROOTER

O método "Roto-Rooter" é uma técnica simples, barata, rápida e eficiente para desentupir vasos sanitários. Ele emprega um cabo giratório com uma garra acoplada em uma extremidade, projetado para remover obstruções nas tubulações. Ao ser inserido na tubulação obstruída e girado, o cabo rompe e desloca os materiais bloqueadores, restaurando o fluxo normal de água sem causar danos ao encanamento ou ao vaso sanitário. Esta abordagem é reconhecida por sua capacidade de lidar com obstruções de diferentes tipos e níveis de gravidade, sendo amplamente adotada por profissionais de encanamento e serviços de desentupimento de esgoto.

HIDROJATEAMENTO

O método de desentupimento de esgoto conhecido como "Hidrojateamento" é altamente eficiente e totalmente automatizado. Utiliza uma bomba de alta pressão que libera cerca de 200 litros de água por minuto, direcionada através de bicos rotativos de alta eficácia acoplados à bomba, os quais ajudam na remoção da sujeira e obstruções nas tubulações.

Uma das vantagens significativas do hidrojateamento é que ele não faz uso de produtos químicos corrosivos ou abrasivos, como soda cáustica, nitratos ou ácidos, durante o procedimento. Isso o torna uma opção mais segura e ambientalmente amigável ao meio ambiente em comparação com outros métodos de desentupimento que dependem desses produtos químicos.

O hidrojateamento é recomendado para desentupir uma variedade de locais, incluindo vasos sanitários, encanamentos da cozinha, banheiro, lavatórios e lavanderias residenciais. Sua eficácia, rapidez e segurança tornam-no uma escolha popular para serviços de desentupimento em residências e estabelecimentos comerciais.

VÍDEO-INSPEÇÃO

O sistema conhecido como "Vídeo-Inspeção" é uma técnica moderna amplamente adotada por empresas de desentupimento. Este método é particularmente recomendado para inspecionar redes de esgoto e de águas pluviais em residências e estabelecimentos comerciais e industriais, permitindo a identificação precisa de problemas nas tubulações sem a necessidade de escavações. O processo de vídeo-inspeção envolve o uso de microcâmeras com lentes de cristal de safira e cabos de fibra ótica, que são inseridos nos encanamentos para filmar seu interior. Com a vídeo inspeção, é possível identificar danos, obstruções e outras irregularidades com rapidez e precisão. As imagens capturadas podem ser transferidas para um DVD e utilizadas em relatórios de inspeção ao final de construções ou reformas, fornecendo um registro visual detalhado do estado das tubulações.

Quando aplicada em redes de esgoto, a microcâmera permite localizar entupimentos, vazamentos, caixas de inspeção ocultas e redes irregulares de esgoto. Essa capacidade de identificar problemas de forma precisa e eficiente torna o sistema de vídeo-inspeção uma ferramenta valiosa para profissionais de encanamento e serviços de desentupimento.

RETORNO DE ESPUMA EM ÁREAS MOLHADAS

O retorno de espuma em áreas de serviço (lavanderias) pode ocorrer por dois motivos: quando o ramal da máquina de lavar roupas é ligado diretamente à caixa sifonada ou quando a ligação do ramal dessas áreas, localizadas nos andares mais baixos de um edifício (primeiro e segundo andar), é realizada próxima ao pé da coluna, isto é, na área de maior pressão de impacto. Este problema é causado pelo fenômeno da sobrepressão.

Para confirmar se o problema está no ralo, deve-se observar se, imediatamente após o despejo da máquina de lavar roupa, ocorre o retorno de espuma pelo ralo. Geralmente, as máquinas de lavar roupas e louças possuem uma vazão de descarte instantânea maior e com mais pressão de lançamento. Além disso, um ramal subdimensionado, com 40 mm para esgotamento dessas máquinas ligado à caixa de inspeção, pode acarretar transbordamento de água do desconector no piso. Para máquina de lavar roupas, a norma define unidade de descarga (UHC) igual a 3 e diâmetro mínimo de 50 mm.

Por outro lado, a ligação dos ramais dos andares inferiores não deve ser realizada nas áreas de sobrepressão, conforme definido no item 4.2.4.3 da norma NBR 8160:1999 e ilustrado na Figura 1 (zonas de sobrepressão). De acordo com a norma, são consideradas zonas de sobrepressão:

- O trecho, de comprimento igual a 40 diâmetros, imediatamente a montante do desvio para horizontal;
- O trecho de comprimento igual a 10 diâmetros, imediatamente a jusante do mesmo desvio;
- O trecho horizontal de comprimento igual a 40 diâmetros, imediatamente a montante do próximo desvio;
- O trecho de comprimento igual a 40 diâmetros, imediatamente a montante da base do tubo de queda, e o trecho do coletor ou subcoletor imediatamente a jusante da mesma base;
- Os trechos a montante e a jusante do primeiro desvio na horizontal do coletor com comprimento igual a 40 diâmetros ou subcoletor com comprimento igual a 10 diâmetros;
- O trecho da coluna de ventilação, para o caso de sistemas com ventilação secundária, com comprimento igual a 40 diâmetros, a partir da ligação da base da coluna com o tubo de queda ou ramal de esgoto.

SOLUÇÕES PARA MITIGAR O RETORNO DE ESPUMA EM EDIFICAÇÕES

Para evitar problemas de retorno de espuma, é essencial seguir rigorosamente as especificações normativas e garantir que a instalação das tubulações seja realizada de forma correta, levando em consideração as áreas de sobrepressão e dimensionando adequadamente os ramais de esgoto. Quando já existe o problema, algumas medidas podem ajudar a atenuar ou até mesmo eliminar o retorno de espuma, tais como[2]:

- Adoção de um caminho alternativo para o escoamento de ar, associado ao escoamento líquido na base do tubo de queda (conhecido como *Jump*);
- Suavização da mudança de direção do escoamento líquido, com a instalação de conexões com angulação mais suave na base do tubo de queda em questão;
- Aumento da seção do subcoletor subsequente ao tubo de queda que recebe os despejos do ralo, por onde ocorre o retorno de espuma;

2 Fonte: GNIPPER, Sérgio. *Soluções para evitar retorno de espuma nas instalações hidráulicas da A.S.* 10 out. 2010. Disponível em: <http://consultoriaeanalise.com/2010/10/solucoes-para-evitar-retorno-de-espuma-nas-instala..es-hidr.ulicas-da.htm>. Acesso em: 28 nov. 2012.

- Instalação de tubo ventilador de alívio em local adequado na base do tubo de queda sujeito a sobrepressão, ou no início do correspondente subcoletor;
- Instalação de um novo tubo de queda devidamente ventilado para receber o ramal de descarga do ralo dos andares afetados pela sobrepressão.

É importante ressaltar que o retorno de espuma é um fenômeno que não se limita apenas às áreas de serviço e lavanderias em pavimentos sobrepostos; ele pode ocorrer em diversos ambientes da edificação quando a conexão do tubo de queda ao subcoletor acontece nas zonas de sobrepressão, conforme delineado no item 4.2.4.3 da NBR 8160:1999. Por exemplo, em um edifício comercial, identificou-se que, no pavimento de cota mais baixa, a conexão do tubo de queda do banheiro ao subcoletor estava localizada em uma zona de sobrepressão. Essa situação provocou o retorno de espuma misturada com esgoto, gerando um odor desagradável e comprometendo a higiene dos ambientes, além de causar desconforto aos usuários.

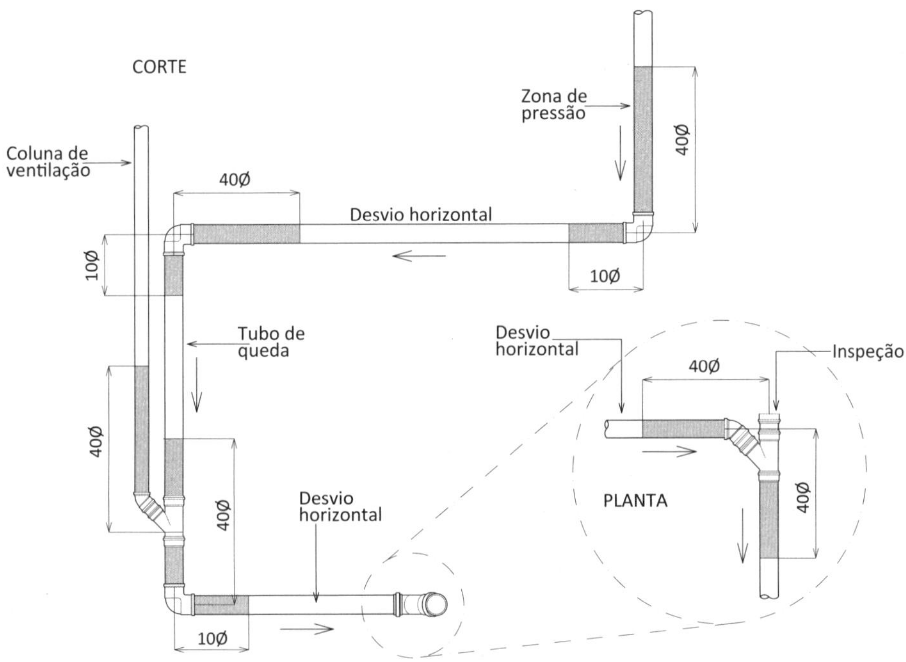

Figura 5.30 Zonas de sobrepressão (NBR 8160:1999).

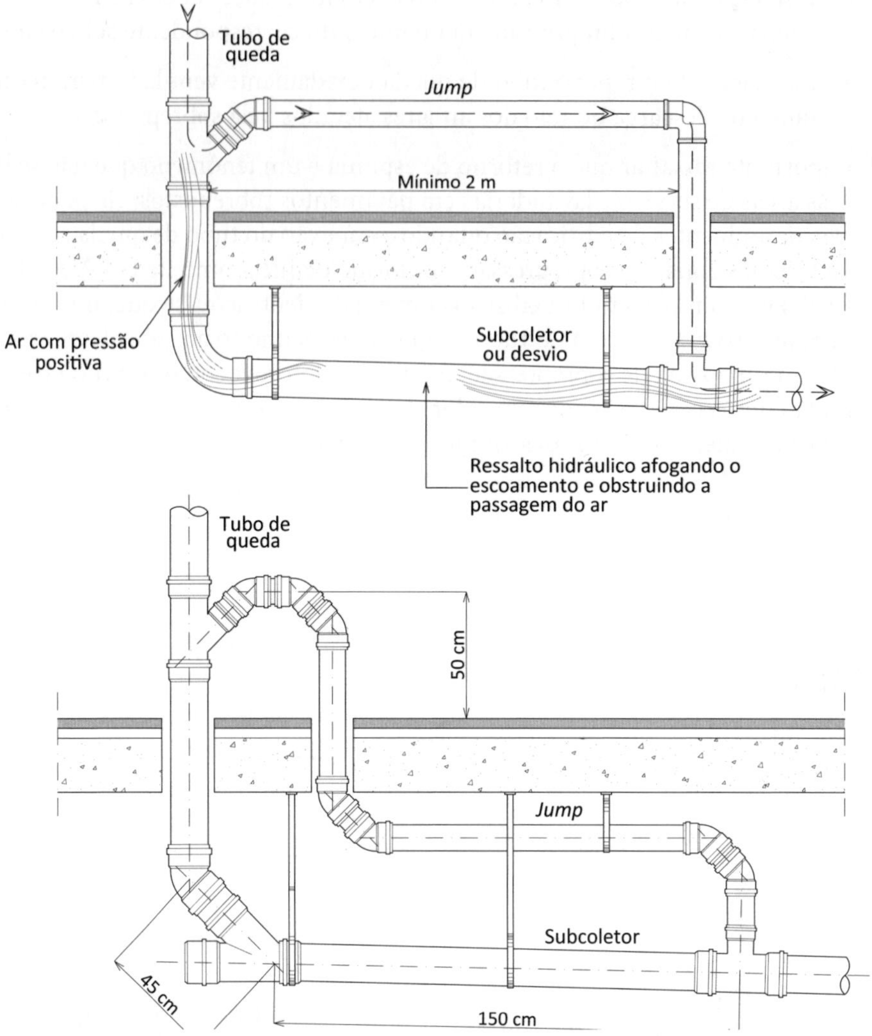

Figura 5.31 Adoção de caminho alternativo para o escoamento de ar, associado ao escoamento líquido na base do tubo de queda (conhecido como *Jump*).

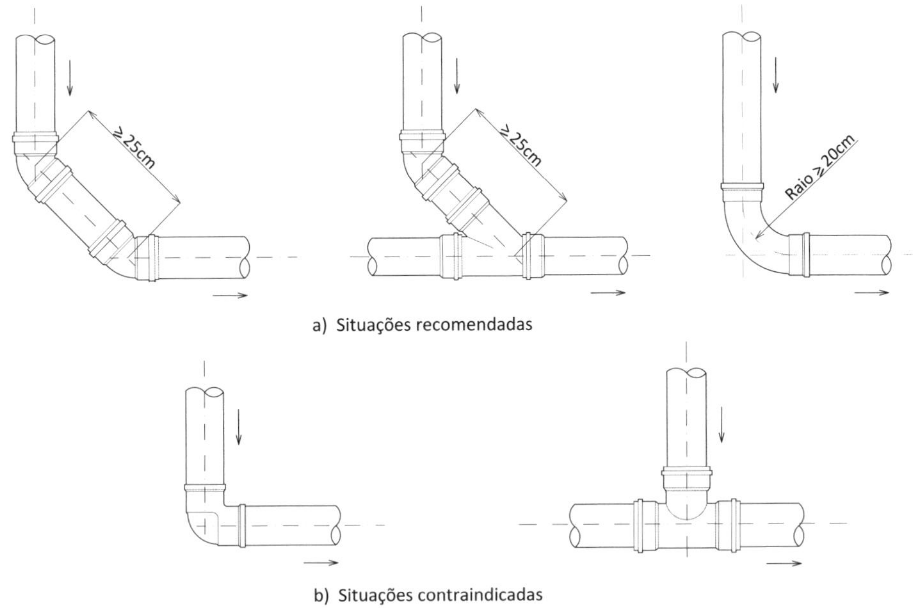

Figura 5.32 Atenuação da mudança brusca de direção do escoamento líquido.

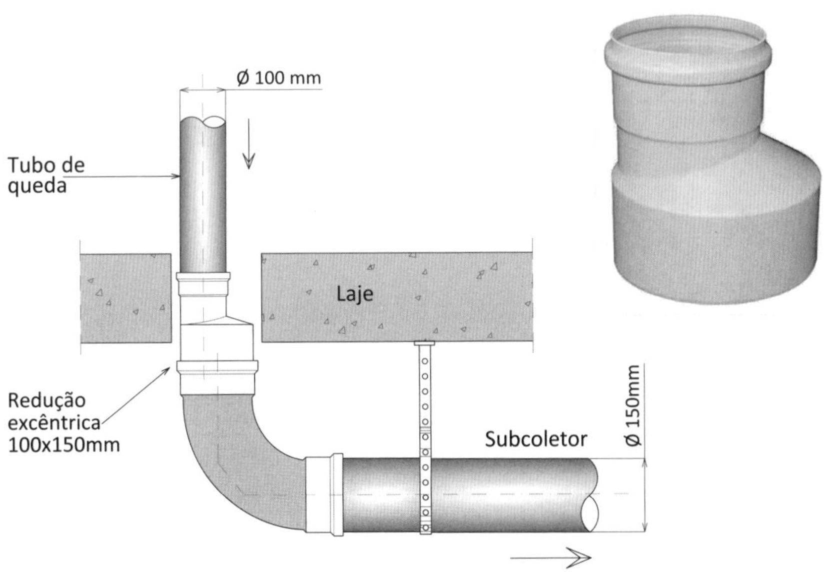

Figura 5.33 Aumento da seção do subcoletor subsequente ao tubo de queda para evitar retorno de espuma.

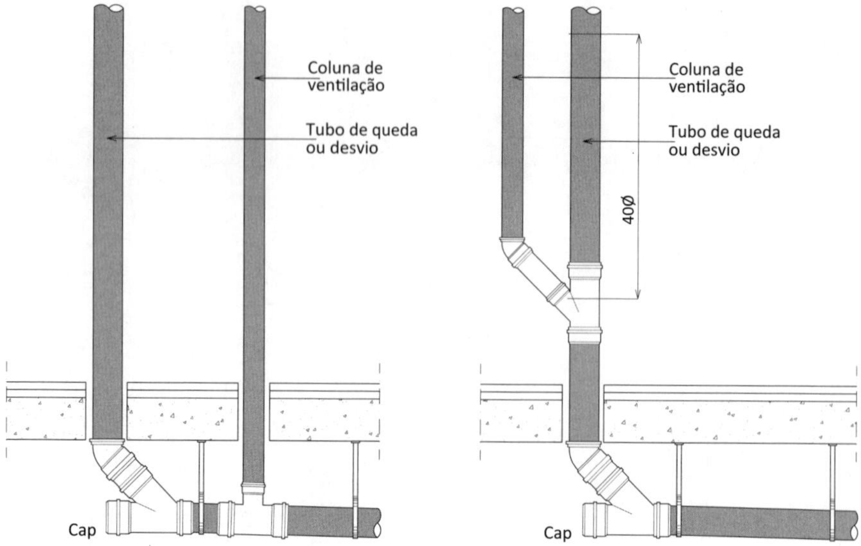

Figura 5.34 Instalação de tubo ventilador de alívio, em local adequado na base do tubo de queda sujeito a sobrepressão, ou no início do correspondente subcoletor.

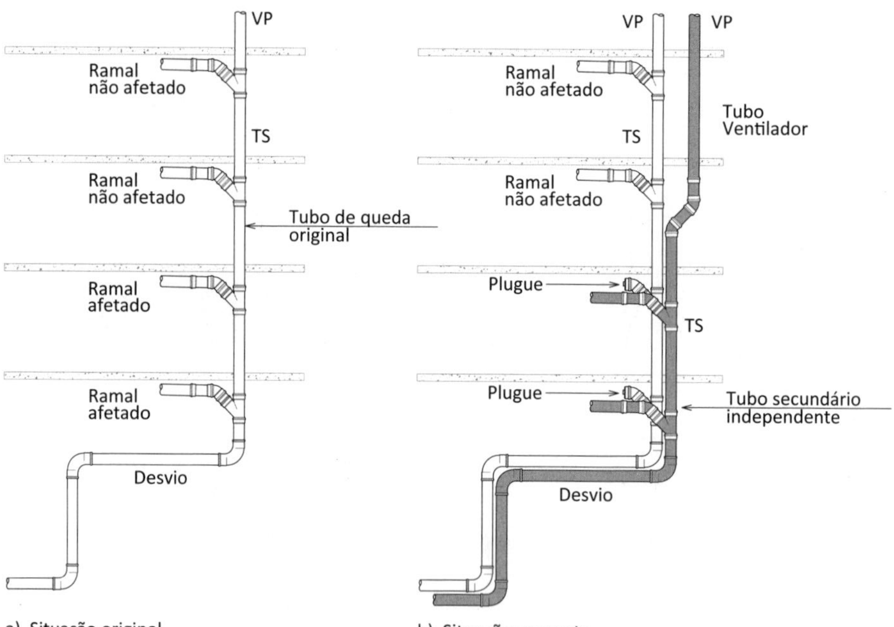

a) Situação original

b) Situação proposta

Figura 5.35 Instalação de novo tubo de queda, devidamente ventilado, para receber o ramal dos andares afetados pela sobrepressão.

RALO ANTIESPUMA

Atualmente, no mercado, existe um dispositivo conhecido como "antiespuma", geralmente utilizado em ralos projetados para áreas de serviço. O antiespuma é um dispositivo projetado para bloquear o retorno de espuma pelo ralo ou caixa sifonada, permitindo apenas a entrada de água no local onde está instalado.

O bloqueio ocorre quando a espuma tenta passar pela grelha da tubulação de entrada das caixas e ralos. Nesse momento, a borracha interna do antiespuma se dobra e impede sua passagem. Além de prevenir o refluxo de espuma, o dispositivo também ajuda a evitar a entrada de insetos, sendo compatível com todas as caixas sifonadas disponíveis no mercado. O antiespuma está disponível nos diâmetros DN 100 e DN 150.

Figura 5.36 Ralo antiespuma.
Fonte: Tigre.

RETROSSIFONAGEM: CAUSAS, EFEITOS E PREVENÇÃO

Retrossifonagem é o termo utilizado para descrever o fenômeno de refluxo de águas servidas, provenientes de reservatórios, aparelhos sanitários ou qualquer outro recipiente, para dentro de uma tubulação de água potável. Esse evento ocorre devido a pressões negativas na rede, quando a pressão interna torna-se inferior à atmosférica, permitindo a entrada de germes através do sub-ramal do aparelho, contaminando toda a instalação de água potável. Reservatórios, caixas de descarga e aparelhos sanitários estão vulneráveis à retrossifonagem, especialmente aqueles com entrada de água potável posicionada abaixo do plano de transbordamento.

Diversos aparelhos, como lavatórios, banheiras e vasos sanitários, podem provocar a retrossifonagem. Quando ocorre um entupimento na saída desses aparelhos e surgem subpressões nos ramais ou sub-ramais a eles conectados, as águas servidas podem ser aspiradas pelas canalizações destinadas à água potável.

Para prevenir a retrossifonagem, os fabricantes devem garantir que os aparelhos sanitários, bem como suas instalações e ramais internos, estejam projetados de forma a não causar esse fenômeno. Todos os pontos de utilização que possam estar sujeitos à condição de conexão cruzada devem ser protegidos contra o refluxo, visando garantir a segurança e a qualidade da água fornecida.

Conforme estabelecido pela norma NBR 5626:2020, é fundamental adotar medidas de proteção contra o refluxo de água servida, não potável ou de qualidade desconhecida, a fim de garantir a potabilidade da água proveniente da fonte de abastecimento nos pontos de suprimento e de uso dos sistemas prediais de água fria e água quente. O item 6.15.2 da norma destaca a "separação atmosférica padronizada" como o dispositivo mais eficaz para prevenir o refluxo. No contexto de reservatórios, isso implica na manutenção de uma diferença de altura entre a tubulação de alimentação e o nível máximo de água (extravasor), ou seja, a tubulação de alimentação deve sempre estar posicionada acima do extravasor, respeitando uma distância "s". No entanto, a norma também permite a utilização de outros recursos que proporcionem resultados satisfatórios.

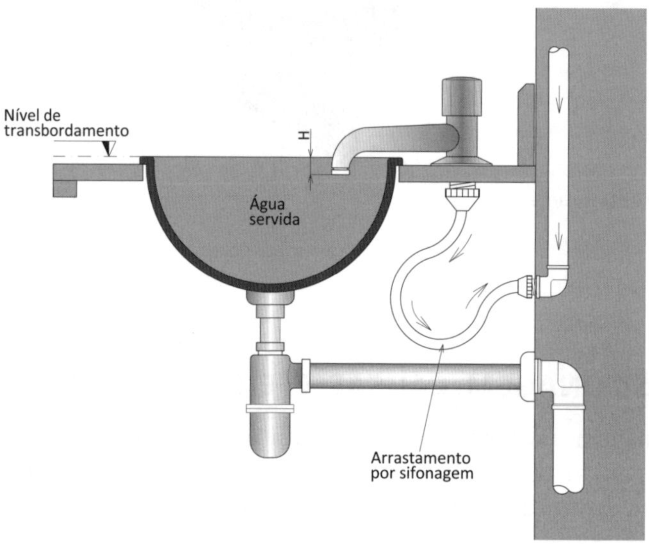

Figura 5.37 Retrossifonagem no lavatório.

FLECHAS EXCESSIVAS EM TUBULAÇÕES SUSPENSAS

As tubulações fixadas em paredes ou suspensas em lajes devem ser espaçadas adequadamente entre os apoios para evitar flexões excessivas, que podem resultar em vazamentos, obstruções e, consequentemente, em manutenção custosa. De acordo com a NBR 15575:2021, o sistema de fixação das tubulações suspensas, assim como as próprias tubulações, aparentes ou não, devem ser capazes de suportar um peso cinco vezes maior que o peso da tubulação cheia de água, sem apresentar deformações maiores que 0,5% do vão. Esse critério é avaliado por meio de ensaios realizados em laboratório ou campo, aplicando-se as cargas especificadas no ponto médio entre dois suportes e verificando-se houve colapso ou deformação após trinta minutos.

A NBR 8160:1999, no Anexo E, recomenda que o espaçamento entre os dispositivos de fixação seja tal que não resulte em trechos propensos ao acúmulo de esgoto ou em contradeclividades, garantindo inclinação adequada da tubulação. Essa responsabilidade recai tanto sobre o construtor quanto sobre o projetista de instalações. O construtor é encarregado de realizar os ensaios para validar o sistema de ancoragem utilizado, enquanto o projetista deve especificar o tipo de suportes e as distâncias entre eles, seguindo as orientações do fabricante para cada diâmetro de tubulação.

Os tubos devem ser fixados utilizando braçadeiras com superfícies internas lisas e largas, garantindo um contato mínimo de 5 cm ao redor do tubo. Essa fixação deve ser feita com braçadeiras que abracem quase completamente o tubo, formando um ângulo de 180°. Essa abordagem não apenas assegura uma fixação adequada, evitando deslocamentos ou vibrações indesejadas, mas também minimiza o risco de danos à superfície do tubo, que poderia levar a vazamentos ou falhas no sistema. Além disso, a largura das braçadeiras é essencial para distribuir uniformemente a pressão aplicada sobre o tubo.

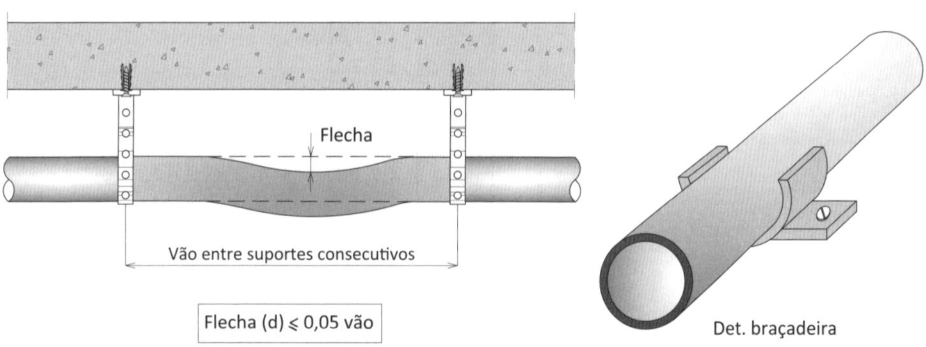

Figura 5.38 Sistema de fixação de tubulações suspensas.

ESPAÇAMENTO HORIZONTAL DAS BRAÇADEIRAS

O espaçamento horizontal das braçadeiras deve ser 10 vezes o diâmetro da canalização (10 × DN). Por exemplo, se temos um tubo de 100 mm, o espaçamento entre os suportes será de 10 × 100 mm = 1.000 mm (ou 1 metro).

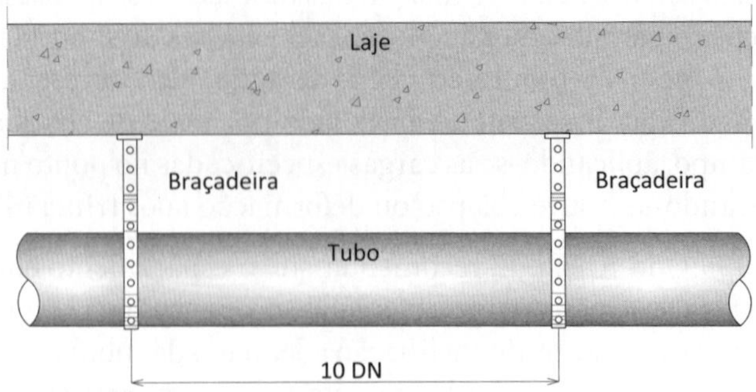

Figura 5.39 Tubulação horizontal fixada por braçadeiras.

ESPAÇAMENTO VERTICAL DAS BRAÇADEIRAS

Nas tubulações fixadas na posição vertical, deve ser colocado um suporte (braçadeira) a cada 2 metros.

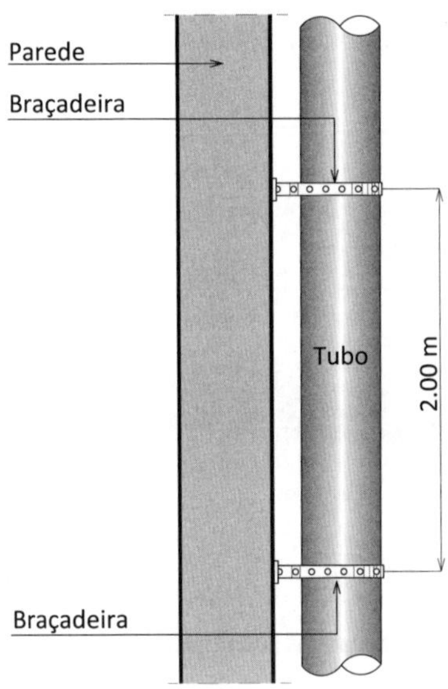

Figura 5.40 Tubulação vertical fixada por braçadeiras.

Tabela 5.3 Espaçamento máximo entre suportes (m).

Diametro nominal interno		Diametro nominal externo tubo (mm) x espaçamento máximo entre suportes (m)													
		PVC marrom soldável		PVC branco roscavel		Cobre		Aço preto galvanizado		CPVC (60°c)		PVC branco sanitário		PVC Série Reforçada	
		NBR 5647		NBR 5647		NBR 13206		NBR 5580		ASTM F-442		NBR 5648		NBR 5688	
m	Ref	mm	m	mm	m	mm	m	mm	m	mm	m	mm	m	mm	m
15	1/2	20	0,9	21	1,0	15	1,2	21,3	1,5	15	1,1				
20	3/4	25	1.0	26	1,1	22	1,8	26.9	1.8	22	1,2				
25	1	32	1,1	33	1,3	28	1.8	33.7	2.1	28	1,4				
32	1.1/4	40	1,3	42	1,5	35	2.4	42.4	2.4	35	1,5				
40	1.1/2	50	1,5	48	1,6	42	2,4	48,3	2,7	42	1,7	40	0,4	40	0,4
50 2	60	1,7	60	1,8	54	2.7	60.3	3.0	54	2,0	50	0.5	50	0,5	
65	2.1/2	75	1,9	75	2,0	66	3,0	76,1	3,3	73	2,0				
80	3	85	2.1	85	2.1	79	3.0	88.9	3.6	89	2,1	75	0,75	75	0,75
100	4	110	2,5	113	2,4	104	3,0	114.3	4.2	114	2,3	100	1,0	100	1,0
150	6							165,1	4,8			150	1,5	150	1,5

TRANSMISSÃO DE RUÍDOS NAS INSTALAÇÕES DE ESGOTO

Os ruídos nas tubulações de esgoto podem se propagar tanto pelo ar quanto por materiais sólidos e líquidos. Pontos críticos para a propagação de ruído incluem curvas e cotovelos da instalação. Segundo a diretiva VDI 4100, para garantir um alto padrão de conforto acústico em sistemas de esgoto, o nível de ruído deve ser mantido abaixo de 20 dB, a fim de evitar qualquer incômodo nos ambientes adjacentes à instalação. Por outro lado, a norma alemã DIN 4109 estabelece que, como limite para uma condição básica de conforto, os ruídos podem alcançar até 30 dB.

Para atender a essas exigências, a Amanco oferece no mercado a linha Silentium® PVC, projetada para reduzir significativamente os ruídos nas instalações de esgoto das edificações. Essa linha utiliza tubos e conexões com PVC mineralizado, o que ajuda a isolar o ruído gerado pelo transporte de fluidos dentro da tubulação, proporcionando um ambiente mais silencioso.

Os tubos para esgoto Amanco Silentium são facilmente identificados por sua cor laranja distintiva. Eles são pré-reforçados, o que facilita o encaixe e acelera a execução das juntas. Além disso, esses tubos oferecem dupla segurança quanto à estanqueidade, utilizando tecnologia em PVC mineralizado autoextinguível, que também confere alta resistência a detergentes, desinfetantes e outros produtos de limpeza comuns.

Em comparação com as séries normais (SN) e reforçadas (SR), os tubos da linha Silentium possuem maior resistência mecânica, resultante do aumento da espessura das paredes. Por exemplo, o tubo de DN 100 da linha Silentium tem uma espessura de 3,2 mm, enquanto o equivalente na série SN tem 1,8 mm, e na série SR, 2,5 mm. Essa espessura adicional proporciona uma excelente resistência ao impacto, tornando-os mais duráveis.

O sistema Silentium é especialmente indicado para edifícios onde o conforto acústico é essencial, como em residências, edifícios comerciais, hospitais, hotéis, bibliotecas e laboratórios, ambientes onde o silêncio é um aspecto fundamental para o conforto dos usuários.

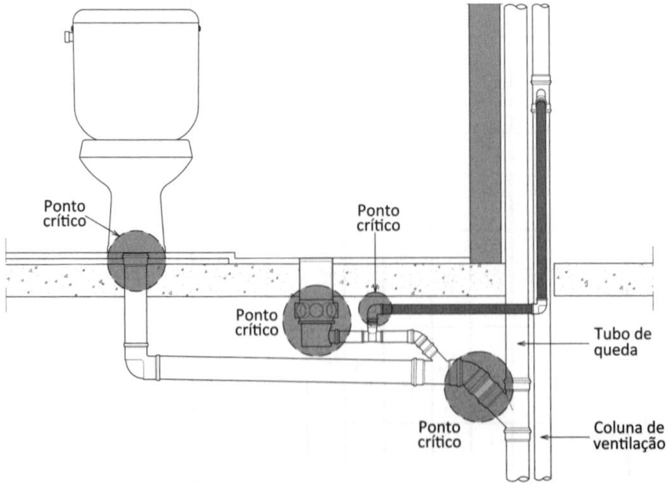

Figura 5.41 Pontos críticos de geração de ruído.

Tabela 5.4 Comparativo entre espessuras de parede das tubulações.

Diâmetro nominal DN	Série normal SN (mm)	Série reforçada SR (mm)	Linha Silentium (mm)
40	1,2	1,8	2,3
50	1,6	1,8	2,3
75	1,7	2,0	2,6
100	1,8	2,5	3,2
150	2,5	3,6	4,6

CONEXÕES AMANCO SILENTIUM® PVC

As conexões da linha Amanco Silentium® PVC são equipadas com a inovadora Junta Elástica Bilabial Integrada (JEBI), fabricada em borracha especial de etileno-propileno-dieno (EPDM). Essa escolha de material confere às juntas uma excelente resistência a ataques químicos e raios ultravioletas, aumentando a durabilidade e a confiabilidade das conexões ao longo do tempo.

As JEBI facilitam e agilizam o processo de instalação, uma vez que são projetadas para encaixe rápido e seguro. Uma das grandes vantagens dessa junta é a eliminação do risco de vazamento, pois seu design impede o deslizamento na canaleta da conexão. O formato das aletas da junta garante uma vedação dupla entre a superfície do tubo e o alojamento da conexão, proporcionando um sistema altamente estanque.

Além de garantir a vedação eficiente do sistema, as conexões Amanco Silentium com JEBI também contribuem para a redução da propagação de ruídos ao longo da tubulação. A dupla vedação não apenas evita vazamentos, mas também serve como uma barreira adicional contra a transmissão de som, auxiliando no cumprimento das exigências acústicas para conforto em edificações. Isso faz com que o sistema seja ideal para instalações em locais onde o silêncio e a tranquilidade são essenciais, como hospitais, hotéis e residências de alto padrão.

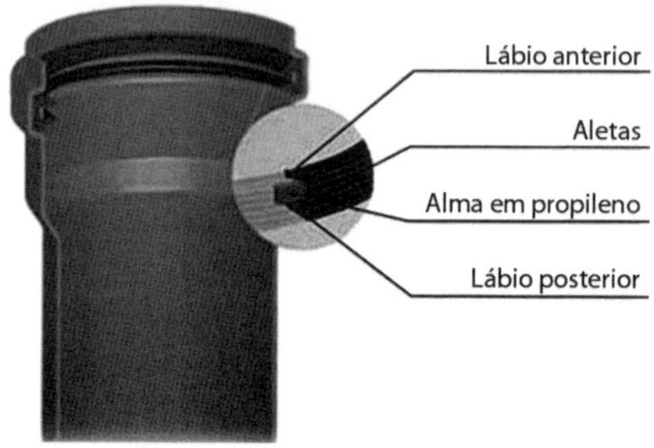

Figura 5.42 Junta Elástica Bilabial (JEBI).
Fonte: diretiva VDI 4100.

DEFLETOR ACÚSTICO PARA CAIXA SIFONADA

O defletor acústico para caixa sifonada, desenvolvido especialmente pela Amanco, é fabricado totalmente em borracha especial para reduzir o ruído causado pela queda d'água no fundo da caixa sifonada. Esse defletor é instalado diretamente no porta-grelha da caixa sifonada e pode ser aplicado em caixas sifonadas já instaladas.

Além do defletor acústico, a Amanco introduziu um produto pioneiro no mercado: o ralo Antiespuma com defletor integrado. Este ralo multifuncional foi projetado para desempenhar diversas funções essenciais:

- Prevenção de retorno de espuma: O ralo Antiespuma impede que a espuma gerada no interior da caixa sifonada retorne para o ambiente, mantendo a área de serviço mais limpa e higiênica;
- Bloqueio de insetos: O ralo também atua como uma barreira contra a passagem de baratas e outros insetos que possam tentar se deslocar das tubulações para os espaços habitáveis;
- Redução e ruído: A presença do defletor no ralo Antiespuma reduz significativamente o ruído causado pela queda d'água proveniente de chuveiros, duchas e lavagem de pisos. O defletor amortece o impacto da água no fundo da caixa sifonada, contribuindo para um ambiente mais silencioso;
- Isolamento acústico: Além de reduzir o ruído imediato, o defletor ajuda a melhorar o isolamento acústico entre os pavimentos inferior e superior, minimizando a transmissão de som através das estruturas prediais.

Essas características tornam o ralo Antiespuma com defletor uma solução ideal para aplicações em residências e edifícios comerciais onde o conforto acústico é uma prioridade. A combinação de redução de ruído, prevenção de retorno de espuma e bloqueio de insetos oferece um sistema de esgoto mais eficiente e confortável, promovendo um ambiente habitacional mais agradável e higiênico.

Figura 5.43 Defletor acústico para caixa sifonada.
Fonte: Amanco.

Figura 5.44 Antiespuma com defletor DN 100.
Fonte: Amanco.

AMORTECEDOR ACÚSTICO PARA VASO SANITÁRIO

A Amanco também oferece uma solução inovadora para o controle de ruído em instalações sanitárias: o amortecedor acústico para vaso sanitário. Este dispositivo é fabricado em borracha com uma dureza especialmente calibrada para absorver vibrações e reduzir a transmissão de ruídos. Ele é instalado entre a conexão (como um joelho ou curva de 90°) e o prolongador da caixa sifonada.

O amortecedor acústico é fornecido em conjunto com duas abraçadeiras metálicas, o que facilita sua instalação, tornando-a rápida e eficiente. Essas abraçadeiras garantem que o dispositivo fique firmemente no lugar, proporcionando total estanqueidade ao sistema.

A principal função do amortecedor acústico é diminuir a transmissão do ruído estrutural, que ocorre quando sons são propagados através das superfícies sólidas da edificação, como paredes e pisos. Ao reduzir essa transmissão, o dispositivo contribui para uma significativa redução acústica entre os pavimentos, promovendo um ambiente mais silencioso e confortável.

Essa solução é especialmente benéfica em edifícios residenciais e comerciais, onde o controle de ruído é essencial para o conforto dos ocupantes. Com o uso do amortecedor acústico para vaso sanitário da Amanco, é possível minimizar os incômodos causados pelos sons de descargas e fluxo de água, garantindo um padrão elevado de qualidade de vida e tranquilidade para os usuários.

Figura 5.45 Amortecedor acústico para vaso sanitário.

Fonte: Amanco.

DISPOSIÇÕES E CUIDADOS NA INSTALAÇÃO DE TUBULAÇÕES DE ESGOTO

As tubulações de esgoto podem ser instaladas em diversas disposições, tanto verticais quanto horizontais, adaptando-se às características específicas do ambiente e às necessidades do projeto. Entre as principais configurações, destacam-se os tubos de queda, subcoletores, ramais de esgoto e ramais de descarga.

Os tubos de queda são tubulações verticais, geralmente embutidas na estrutura da edificação, como em alvenarias ou *shafts*, e têm a função de conectar diretamente os diferentes andares ao sistema de escoamento de esgoto, facilitando o transporte dos efluentes dos níveis superiores para o sistema principal de coleta. Já os subcoletores, ramais de esgoto e ramais de descarga, que são tubulações horizontais, desempenham um papel essencial ao formar uma rede interligada que coleta os efluentes de diversos pontos de uso, como pias, vasos sanitários e ralos, direcionando-os ao sistema principal de esgoto. Essas tubulações podem ser instaladas enterradas no terreno, embutidas nas paredes ou expostas no teto dos pavimentos, adaptando-se às necessidades do projeto.

Independentemente de as tubulações estarem enterradas, embutidas ou aparentes, é essencial que sejam seguidas as normas e recomendações técnicas para evitar problemas futuros. Instalações inadequadas podem levar a deformações, contraflexas, vazamentos e, eventualmente, falhas no sistema, que não só comprometem a eficiência do escoamento dos efluentes, como também podem causar danos estruturais à edificação. Assim, a observância rigorosa das especificações técnicas garante a durabilidade e o bom funcionamento do sistema de esgoto, prevenindo problemas e assegurando a saúde e segurança dos ocupantes da edificação.

INSTALAÇÃO DE TUBULAÇÕES EMBUTIDAS EM PAREDES DE ALVENARIA

As tubulações embutidas em paredes de alvenaria devem ser adequadamente fixadas, preenchendo-se o espaço restante nos rasgos com argamassa de cimento e areia. Esse método de fixação é essencial para assegurar que as tubulações permaneçam estáveis e que não sejam submetidas a movimentos ou esforços que possam comprometer sua integridade.

Para garantir a correta fixação, é fundamental que o projeto preveja dispositivos de proteção nos pontos de transição, como nas junções de parede com piso e parede com pilar. Esses dispositivos têm a função de impedir que os esforços estruturais sejam transmitidos diretamente às tubulações, o que poderia causar danos, como rachaduras ou vazamentos. Portanto, é responsabilidade do projetista definir e especificar soluções que protejam a tubulação e garantam seu funcionamento adequado e seguro.

Além disso, quando as tubulações forem embutidas em alvenaria, especialmente aquelas de maior diâmetro, recomenda-se envolvê-las com materiais como tela, papel ou outros materiais similares. Essa prática cria uma folga entre o tubo e a parede, proporcionando um espaço que permite a livre expansão e contração térmica da tubulação. Isso é crucial para evitar o surgimento de fissuras e rachaduras na alvenaria causadas pelas variações de temperatura, que podem levar à dilatação e contração dos materiais envolvidos.

Seguindo essas diretrizes, é possível assegurar a durabilidade das instalações hidráulicas e evitar problemas futuros, contribuindo para a segurança e eficiência do sistema predial como um todo.

PROCEDIMENTOS PARA ASSENTAMENTO DE TUBULAÇÕES DE ESGOTO ENTERRADAS

As tubulações de esgoto enterradas devem ser assentadas em terreno resistente ou sobre uma base apropriada, livre de detritos ou materiais pontiagudos que possam danificar as tubulações. O fundo da vala deve ser uniforme e regularizado, utilizando-se areia ou material granular, para garantir um suporte adequado e evitar a formação de pontos de tensão que possam comprometer a integridade da tubulação.

A largura da vala necessária para o assentamento da tubulação deve ser determinada considerando o diâmetro nominal (DN) da tubulação, acrescido de 30 cm. Para tubulações com diâmetro nominal de até 100 mm (10 cm), a largura mínima da vala deve ser de 40 cm, que é obtida ao adicionar 30 cm ao DN. Essa medida garante espaço suficiente para a instalação e compactação adequada do material de enchimento em torno da tubulação.

A profundidade mínima de assentamento da tubulação deve seguir as recomendações especificadas pelo fabricante, conforme indicado na Tabela 5.4. Esta profundidade é essencial para proteger a tubulação contra danos causados por cargas superficiais e para garantir o correto funcionamento do sistema de esgoto.

Após posicionar o tubo em seu leito, deve-se proceder ao preenchimento lateral com o material indicado, compactando-o manualmente em camadas de 10 a 15 cm de espessura até alcançar a parte superior do tubo. Posteriormente, deve-se completar o preenchimento com o material até 30 cm acima da parte superior do tubo. Esse procedimento de compactação é crucial para evitar o deslocamento da tubulação e garantir sua estabilidade.

Em situações onde a tubulação enterrada estiver sujeita a cargas de rodas, fortes compressões ou estiver localizada sob áreas edificadas, é recomendável a implementação de proteções adicionais. A utilização de lajes ou canaletas de concreto é uma medida eficaz para evitar que esses esforços externos afetem a tubulação, proporcionando uma camada de proteção que distribui uniformemente as cargas, reduzindo o risco de danos.

Tabela 5.5 Profundidade mínima de assentamento das tubulações de esgoto.

Cargas	Profundidade (metros)
Interior dos lotes	0,30
Passeio	0,60
Tráfego de veículos leves	0,80
Tráfego de veículos pesado e intenso	1,20
Ferrovia	1,50

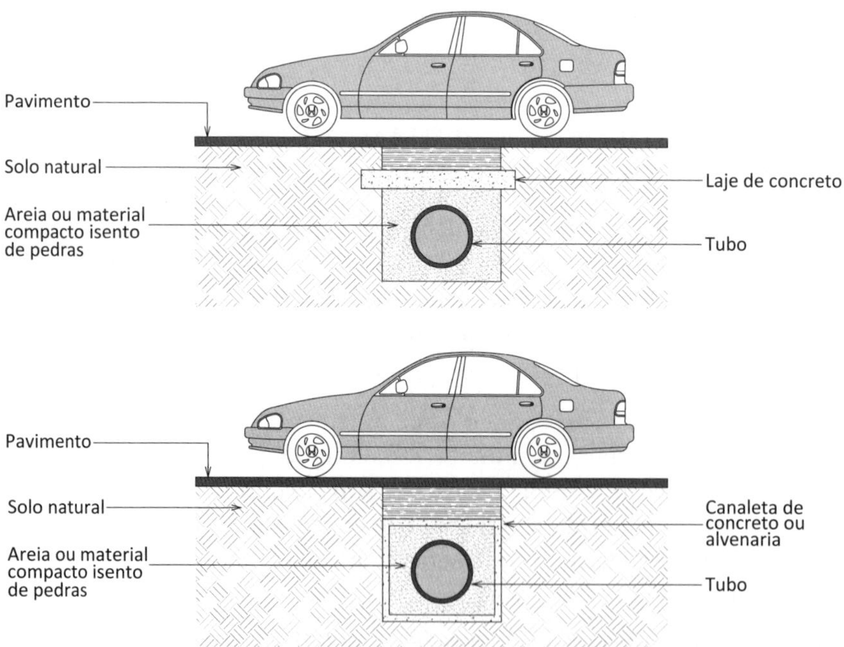

Figura 5.46 Soluções para tubulações enterradas sujeitas a carga de rodas, compressões ou situadas sob áreas edificadas.

Fonte: Manual Técnico Tigre.

INTEGRIDADE DE TUBULAÇÕES DE ESGOTO ENTERRADAS

As tubulações enterradas devem manter sua integridade ao longo do tempo para garantir o funcionamento adequado dos sistemas de esgoto e águas pluviais. A avaliação desse critério envolve a verificação da presença de berços e envelopamentos no projeto hidrossanitário, baseados em cálculos que devem constar no projeto ou em literaturas técnicas específicas. O Anexo E da NBR 8160:1999 oferece recomendações importantes para o assentamento de tubulações em valas, incluindo a remoção de materiais perfurantes e lama, além da implementação de ancoragens que possam resistir a possíveis solicitações do solo, tráfego externo e outros fatores.

Os tubos enterrados podem ser classificados em rígidos (como tubos de concreto e tubos cerâmicos) ou flexíveis (como tubos de aço e de plástico, incluindo plástico reforçado com fibra), dependendo das características do material. Compreender a diferença entre esses tipos de tubos é essencial para avaliar seu comportamento em condições reais de uso. Três parâmetros principais são fundamentais para essa avaliação: resistência, rigidez e durabilidade.[3]

- *Resistência*: Refere-se à capacidade dos tubos de resistir a tensões derivadas de diferentes tipos de carregamentos, como pressão interna, cargas causadas por recalques diferenciais, flexão longitudinal, entre outros.
- *Rigidez*: Refere-se à capacidade dos tubos de resistirem a deformações causadas por cargas permanentes, como o peso do solo sobre a tubulação, e sobrecargas na superfície devido ao tráfego, seja ele rodoviário, ferroviário, aeroviário, etc. A rigidez está diretamente relacionada ao módulo de elasticidade do material e ao momento de inércia da parede do tubo na direção transversal.
- *Durabilidade*: Refere-se à capacidade do material do tubo de resistir aos efeitos de intempéries e da ação do fluido conduzido ao longo do tempo. Fatores como resistência à corrosão e à abrasão são críticos para a durabilidade.

No caso dos tubos rígidos, o solo de envolvimento lateral tende a ser menos rígido do que o próprio tubo, o que pode resultar em recalques devido ao peso do aterro. Para tubos rígidos, a carga de terra é, portanto, maior devido à contribuição do solo adjacente. Esses tubos são projetados para suportar cargas sem deformação significativa, confiando mais na resistência estrutural do tubo do que na interação com o solo ao redor.

Por outro lado, os tubos flexíveis, como os de PVC, apresentam uma rigidez menor em comparação com o solo de envolvimento lateral, desde que este esteja adequadamente compactado. Quando submetidos à compressão diametral, esses tubos podem

---

3 Fontes: *Manual de instalação de tubulações enterradas de PRFV.* Joplas Industrial Ltda.

CHAMA NETO, Pedro Jorge. *Avaliação de desempenho de tubos de concreto com fibras de aço.*Dissertação de mestrado apresentada à Escola Politécnica da Universidade de São Paulo. São Paulo, 2002.

CHAMA NETO, Pedro Jorge; RELVAS, Fernando José. Avaliação comparativa de desempenho entre tubos rígidos e flexíveis para utilização em obras de drenagem de águas pluviais. *Boletim Técnico ABTC/ ABCP*, São Paulo, 2003.

sofrer deformações de até 3% no diâmetro, no sentido da aplicação da carga, sem que ocorram fissuras prejudiciais. Sob a carga do solo, os tubos flexíveis tendem a se defletir, diminuindo o diâmetro vertical e aumentando o diâmetro horizontal. Esta deformação é limitada pela reação do solo de envolvimento lateral, que impede maiores deformações e proporciona suporte adicional ao tubo.

Dessa forma, a capacidade de carga dos tubos flexíveis não pode ser avaliada isoladamente, mas deve considerar também as propriedades do solo circundante. Quanto mais rígido e compactado for o solo, maior será a capacidade de carga suportada pelos tubos flexíveis. Em contraste, a capacidade de carga dos tubos rígidos depende principalmente da resistência intrínseca do próprio tubo, dispensando o uso do solo de envolvimento lateral para suportar os esforços.

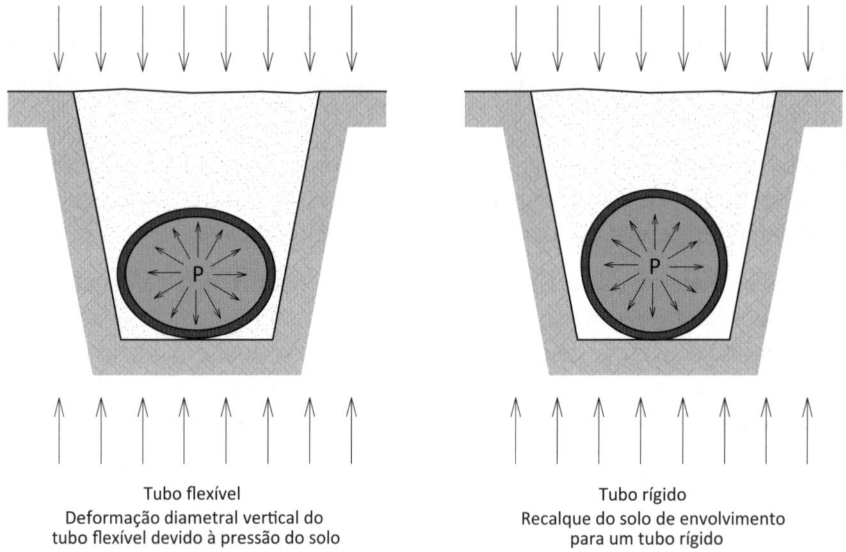

Figura 5.47 Efeito do recalque do solo em tubos flexíveis e rígidos.

CAUSAS E EFEITOS DAS DEFORMAÇÕES NAS TUBULAÇÕES DE ESGOTO

As tubulações de esgoto desempenham um papel essencial na infraestrutura predial, garantindo o transporte seguro e eficiente dos efluentes. No entanto, essas tubulações estão sujeitas a uma variedade de condições que podem levar a deformações ao longo do tempo, comprometendo a integridade e a funcionalidade do sistema de esgoto. Essas deformações podem ser causadas por diversos fatores, como os que serão detalhados a seguir:

- Material de envoltória e compactação incorreta: A escolha inadequada do material de envoltória e a compactação incorreta para o tipo de carga existente sobre a tubulação podem comprometer sua integridade estrutural;

- Profundidade de assentamento inadequada: Instalar a tubulação a uma profundidade incorreta pode expô-la a esforços excessivos ou não garantir o suporte necessário, levando a deformações;
- Uso de soda cáustica para desentupimento: O uso de soda cáustica em tentativas de desobstrução pode danificar materiais como o PVC, causando deformações e fragilidade. Quando isso ocorre, é necessário substituir o trecho afetado e orientar os usuários a evitar esse método para desentupimentos futuros;
- Condução de esgoto sem pressão em temperatura elevada: Tubulações que transportam efluentes em temperaturas superiores às suportadas pelo material podem sofrer deformações. É importante utilizar linhas de tubos adequadas para as temperaturas dos efluentes conduzidos;
- Contato com materiais em temperatura elevada: O contato direto da tubulação com outros materiais que estejam a temperaturas elevadas também pode causar deformações;
- Corrosão devido a substâncias agressivas: Substâncias químicas presentes no esgoto, que sejam corrosivas, podem causar a deterioração do material da tubulação ao longo do tempo, levando a deformações e vazamentos.

Em situações em que o ramal de esgoto da pia de cozinha sofre deformação devido a temperaturas elevadas, recomenda-se a substituição do tubo da Linha Série Normal por um da Linha Série Reforçada. A Linha Série Normal suporta até 45°C, enquanto a Linha Série Reforçada pode suportar temperaturas de até 75°C. Ambas as linhas possuem o mesmo diâmetro externo, permitindo fácil intercambiabilidade. É crucial observar a temperatura dos efluentes para selecionar a linha de tubulação correta.

Diferentes materiais apresentam comportamentos distintos quando expostos a condições adversas, o que influencia sua capacidade de resistir a deformações ao longo do tempo. Portanto, a análise e o monitoramento das deformações são fundamentais para garantir a eficiência e a longevidade dos sistemas prediais de esgoto sanitário.

Caso a tubulação de PVC esteja em contato direto com outra tubulação metálica que conduza líquidos em alta temperatura, é fundamental adotar medidas para proteger a integridade do PVC, que pode se deformar ou perder suas propriedades devido ao calor excessivo. A solução ideal é inserir um material isolante térmico entre as tubulações, como espuma de poliuretano ou lã de vidro, que atuará como uma barreira eficaz, reduzindo a transferência de calor. Alternativamente, pode-se considerar a realização de um desvio na tubulação de PVC, garantindo que ela não entre em contato direto com a tubulação metálica aquecida. Ambas as abordagens são essenciais não apenas para preservar a durabilidade da tubulação de PVC, mas também para assegurar a eficiência do sistema hidráulico, evitando falhas que poderiam resultar em vazamentos. Além disso, é importante verificar regularmente as condições das tubulações e do isolamento para garantir o funcionamento adequado ao longo do tempo.

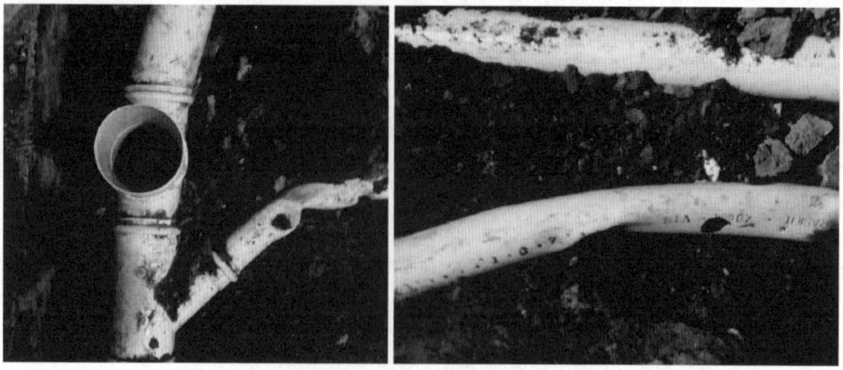

5.48 Deformações nas tubulações de esgoto.

INTERFACES DAS TUBULAÇÕES DE ESGOTO COM OS ELEMENTOS ESTRUTURAIS

Antes da execução da obra, é crucial realizar a compatibilização entre os projetos arquitetônico, estrutural e hidráulico. Essa etapa permite resolver interferências que não devem ser deixadas para serem solucionadas durante a construção do edifício, assegurando a integração eficaz das soluções adotadas para os diversos subsistemas. A compatibilização antecipada dos projetos garante maior eficiência na execução, reduzindo retrabalhos, atrasos e custos adicionais.

Conforme estabelecido na NBR 6118:2014 - Projeto de estruturas de concreto — Procedimento, em seu item 13.2.6, os elementos estruturais não podem conter canalizações embutidas nos seguintes casos:

- Canalizações sem isolamento adequado, quando destinadas à passagem de fluidos cuja temperatura que se afaste de 15° C da temperatura ambiente, a menos que seja realizada uma verificação específica do efeito da temperatura;
- Canalizações destinadas a suportar pressões internas superiores a 0,3 Mpa (30 m.c.a.);
- Canalizações embutidas em pilares de concreto, quer imersas no material ou em espaços vazios internos ao elemento estrutural, sem a existência de aberturas para drenagem.

Com exceção dos casos citados, é permitida a passagem de tubulação em elementos estruturais, embora essa prática deva ser evitada sempre que possível. Quando for necessário passar tubos em vigas, é fundamental consultar o engenheiro responsável pelo projeto estrutural e observar os requisitos estabelecidos na NBR 6118:2014.

A tubulação de esgoto, por exemplo, não deve estar solidária à estrutura da construção. Deve existir uma folga ao redor do tubo nas travessias de estruturas ou paredes para evitar danos à tubulação em caso de recalques (rebaixamento) da parede após a construção da obra. No caso de tubulações que atravessam vigas no sentido horizontal, essa travessia deve ser feita de acordo com a localização da linha neutra da viga. Normalmente, as tubulações são posicionadas abaixo da linha neutra na região central da viga e acima da linha neutra perto dos apoios intermediários, sempre na região tracionada da seção da viga.

Essas regiões são determinadas pelo engenheiro calculista com base nos momentos fletores, e as tubulações podem ser posicionadas no espaço ocupado pelo concreto. Os furos para passagem das tubulações devem ser planejados e executados antes da concretagem. A abertura não deve receber concreto, e furos adicionais nunca devem ser feitos após a concretagem da viga.

Os furos verticais devem ser realizados de acordo com o item 21.3.3 da NBR 6118:2014:

- Não possuir diâmetro superior a 1/3 da largura da viga;
- Ter uma distância mínima de 5 cm ou 2 vezes o cobrimento até a face da viga;
- Quando houver mais de um furo vertical, eles devem estar afastados por pelo menos 5 cm um do outro.

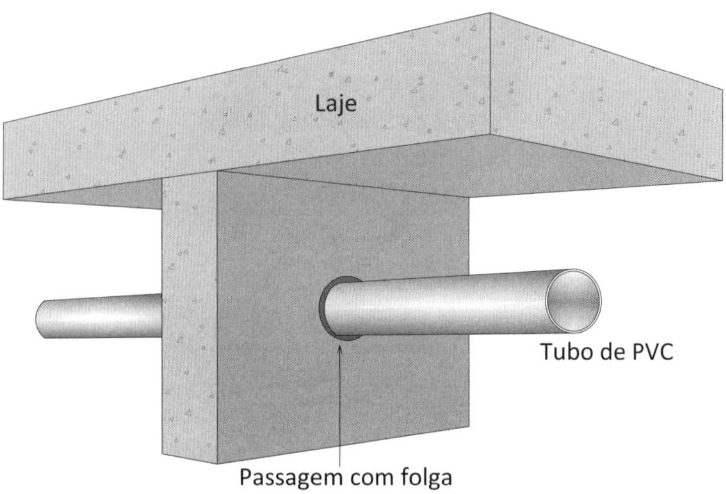

5.49 Travessia da tubulação de esgoto através da viga.

Figura 5.50 Passagem da tubulação de esgoto através da viga em desconformidade com a NBR 6118:2014.

Figura 5.51 Instalação do tubo de queda de esgoto dentro de pilar em desconformidade com a NBR 6118:2014.

Figura 5.52 Gambiarra com tubulações de esgoto instaladas dentro da viga.

PRÁTICAS INADEQUADAS NA EXECUÇÃO DAS INSTALAÇÕES

Existem práticas inaceitáveis na execução das instalações hidráulicas e sanitárias, conhecidas como "gambiarras", que , embora visem facilitar o trabalho do instalador, podem resultar em consequências graves. Entre essas práticas, destacam-se o uso de materiais inadequados, emendas e curvas realizadas por aquecimento, correção de vazamentos com materiais impróprios e erros na furação de lajes ou vigas.

O uso de materiais inadequados, como tubos de baixa qualidade ou conexões que não atendem às normas, pode resultar em vazamentos, obstruções e até mesmo rupturas da tubulação. Emendas e curvas feitas por aquecimento, muitas vezes utilizando fogo, podem enfraquecer a estrutura do material e comprometer a integridade da tubulação, aumentando o risco de vazamentos.

Correções de vazamentos com produtos como silicone, massa de vidraceiro ou massa epóxi são práticas temporárias e inadequadas que não resolvem o problema subjacente e podem levar a vazamentos recorrentes, danos estruturais e até mesmo contaminação da água. Por outro lado, erros na furação de lajes ou vigas podem comprometer significativamente a estrutura do edifício, diminuindo sua resistência e aumentando o risco de colapsos e acidentes graves. Esses problemas exigem intervenções custosas para reparo e reforço estrutural.

Além disso, o uso de apoios inadequados, como correias ou cordas, para sustentar as tubulações pode resultar em deformações, vazamentos e danos à estrutura do edifício. Tais práticas não apenas comprometem a eficiência e segurança das instalações, mas também podem causar danos financeiros e colocar em risco a saúde e segurança dos ocupantes do imóvel. Portanto, é fundamental que os instaladores sigam as boas práticas e normas estabelecidas, garantindo a qualidade e durabilidade das instalações hidráulicase sanitárias.

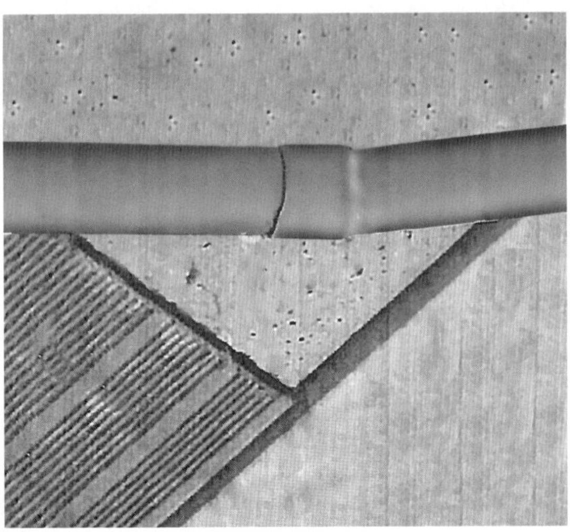

Figura 5.53 Emendas de tubos por aquecimento em tubulação de água.

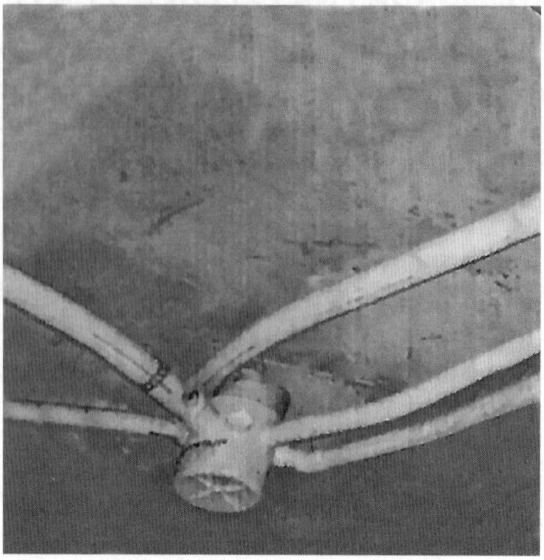

Figura 5.54 Curvas por aquecimento em tubulação de esgoto.

Figura 5.55 Correção de vazamentos com massa epóxi.

LIGAÇÃO DE ESGOTO NA REDE DE ÁGUAS PLUVIAIS

De acordo com a NBR 8160:1999 (item 3.4.3.1), "o sistema predial de esgoto sanitário deve ser separador absoluto em relação ao sistema predial de águas pluviais, ou seja, não deve existir nenhuma ligação entre os dois sistemas."

O esgoto proveniente das instalações prediais deve ser encaminhado exclusivamente para a rede pública coletora de esgoto e, posteriormente, direcionado à Estação de Tratamento de Esgoto (ETE), onde passará por processos adequados de tratamento antes de ser devolvido ao meio ambiente. Por outro lado, a rede de drenagem pluvial destina-se a recolher o excesso de água da chuva que se acumula em superfícies e subsolos urbanos, conduzindo essas águas não contaminadas de volta aos corpos d'água naturais, como rios, lagos e mares, sem a necessidade de tratamento.

As ligações clandestinas de esgoto ocorrem de duas formas principais: através do despejo de resíduos na rede de águas pluviais ou pela destinação inadequada de efluentes não permitidos no sistema de esgotamento sanitário. Quando o esgoto é lançado nas galerias pluviais, que são destinadas exclusivamente para a água da chuva, ele segue o curso natural dessas águas, poluindo os recursos hídricos e representando um sério problema ambiental e de saúde pública.

Essas práticas são mais comuns em áreas urbanas que ainda não possuem uma cobertura total de redes de coleta de esgoto, especialmente nas Regiões Norte, Nordeste e Centro-Oeste do Brasil. As ligações clandestinas de esgoto nas redes de drenagem pluvial causam danos significativos ao meio ambiente e podem resultar em diversas doenças, como cólera, hepatite e difteria, representando uma ameaça à saúde pública.

Para identificar a presença de ligações clandestinas de esgoto na rede de drenagem pluvial, é possível realizar um teste simples utilizando corantes na pia da cozinha, lavatório ou outros pontos de escoamento de água residencial. O procedimento consiste em adicionar um corante, como um corante alimentar, misturado com água, no ralo da pia ou do lavatório. Após a aplicação, é necessário observar se a água colorida aparece na sarjeta ou em qualquer outro ponto da rede de drenagem pluvial nas proximidades do edifício. A presença do corante na sarjeta indica que há uma ligação indevida entre o sistema de esgoto e a rede de águas pluviais. Essa prática pode ajudar a detectar problemas de contaminação e orientar ações corretivas adequadas para resolver as irregularidades e proteger a saúde pública e o meio ambiente.

Figura 5.56 Teste com corantes para detectar ligações clandestinas de esgoto na guia da sarjeta.

Figura 5.57 Ligação clandestina de esgoto na guia da sarjeta (detectada pelo corante vermelho).

CAPÍTULO 6

Patologia dos sistemas prediais de águas pluviais

CONSIDERAÇÕES GERAIS

As águas pluviais são originadas a partir das chuvas, e a captação dessas águas tem como objetivo principal permitir o escoamento adequado, prevenindo alagamento, erosão do solo e outros problemas. Nas edificações, as coberturas são projetadas para proteger determinadas áreas das águas de chuva; portanto, é essencial que o volume de água que cai sobre o telhado seja coletado e transportado de maneira adequada para locais permitidos pelos dispositivos legais.

O sistema de águas pluviais é exclusivamente destinado ao recolhimento e condução das águas das chuvas, não sendo permitidas interligações com outras instalações prediais. Assim, as águas pluviais não podem ser direcionadas para as redes de esgoto. A norma que regulamenta essas instalações é a NBR 10844:1989 - Instalações prediais de águas pluviais, a qual estabelece as exigências e os critérios necessários aos projetos de instalação de drenagem de águas pluviais, visando a garantir níveis aceitáveis de funcionalidade, segurança, higiene, conforto, durabilidade e economia.

De acordo com essa norma, as instalações de drenagem de águas pluviais devem ser projetadas para obedecer às seguintes exigências:

- Estanqueidade: As tubulações e conexões devem ser estanques, impedindo vazamentos que possam comprometer a estrutura da edificação ou causar infiltrações.
- Capacidade de drenagem: o sistema deve ser dimensionado para suportar a máxima precipitação possível na região, garantindo o escoamento rápido e eficiente das águas de chuva.
- Durabilidade: Os materiais utilizados devem ser resistentes à corrosão e ao desgaste, assegurando a longevidade do sistema.
- Manutenção: O projeto deve prever facilidade de acesso para inspeções e manutenções periódicas, permitindo a limpeza e a desobstrução das tubulações.
- Segurança e conforto: O sistema deve ser seguro e não apresentar riscos aos usuários ou à estrutura do edifício, além de minimizar ruídos e outras perturbações.

Seguindo essas diretrizes, é possível garantir que o sistema de drenagem de águas pluviais funcione de maneira eficiente e segura, protegendo tanto a edificação quanto seus ocupantes.

Em relação ao sistema de cobertura, a NBR 15575:2021, Edificações habitacionais - Desempenho, Parte 5: Requisitos para sistemas de coberturas, estabelece que sua função primordial é garantir a estanqueidade às águas pluviais. Além disso, determina que o sistema deve ter a capacidade de drenar a máxima precipitação possível na região da edificação habitacional, evitando empoçamentos ou extravasamentos para o interior da edificação ou quaisquer outros locais não previstos no projeto da cobertura.

As partes constituintes do sistema de águas pluviais incluem calhas, condutores verticais e condutores horizontais. No entanto, é importante destacar que esses elementos podem apresentar diversas manifestações patológicas, resultantes de falhas de projeto, erros na execução da obra, uso de materiais inadequados e falta de manutenção adequada. Tais falhas comprometem o desempenho do sistema de drenagem pluvial, podendo resultar em danos estruturais à edificação e em transtornos para os moradores.

Portanto, é essencial realizar uma correta especificação dos materiais, seguir as normas técnicas vigentes durante a execução da obra e garantir a realização periódica de manutenções preventivas para evitar tais problemas.

VAZAMENTOS E INFILTRAÇÕES DE ÁGUA NOS TELHADOS E COBERTURAS

As infiltrações da água em telhados e coberturas manifestam-se por meio de manchas nos forros ou paredes localizadas abaixo da laje, bem como por goteiras. A dificuldade de identificar esses vazamentos e infiltrações no sistema de águas pluviais ocorre porque eles geralmente só se tornam evidentes durante fortes chuvas, que podem ser pouco frequentes dependendo da região.

Quando se observam infiltrações de água em telhados, a primeira questão a ser investigada são as telhas, pois a qualidade delas influencia diretamente a ocorrência de vazamentos em telhados e coberturas. Defeitos como telhas porosas, muito finas ou tortas podem ser facilmente identificados por meio de ensaios simples durante os serviços de manutenção. Esses defeitos devem ser corrigidos, sempre seguindo as orientações das normas da ABNT.

Outros fatores relacionados à execução dos telhados, como o madeiramento, a declividade e o recobrimento das telhas, também influenciam na ocorrência de vazamentos.[1] Um defeito comum é o caimento inadequado das telhas, que pode ser exagerado ou insuficiente. Se o caimento for excessivo, as telhas podem se soltar dos encaixes e cair com a ação dos ventos. Por outro lado, se a declividade for pequena, o vento pode forçar a entrada de água para dentro do telhado. O madeiramento mal executado também contribui para vazamentos, pois, quando fraco ou mal feito, pode gerar flechas que deixam as telhas fora de seu plano, propiciando o surgimento de goteiras.

O recobrimento inadequado das telhas é um problema comum em telhados de fibrocimento. Deve-se seguir as recomendações do fabricante, garantindo um recobrimento tanto no sentido lateral quanto no longitudinal. No sentido lateral, nunca se deve recobrir menos do que uma onda da telha.

Outro defeito que pode contribuir para infiltrações de água no telhado é a deformação lenta, que faz com que as telhas se verguem em vãos exagerados. Isso é frequente em telhados que utilizam telhas autoportantes, em telhas muito longas e nos balanços.

As coberturas de telhas metálicas podem apresentar problemas semelhantes às telhas de fibrocimento, como menciona Verçosa (1991). Além disso, um defeito particular deste material é a ferrugem, que pode ser originada por reações químicas ou eletroquímicas, exigindo a substituição das telhas.

Para identificar vazamentos em calhas na ausência de chuva, é possível dividir a calha em trechos com buchas de pano e papel formando barreiras, represando a água. Em seguida, cada trecho pode ser preenchido individualmente, permitindo observar possíveis vazamentos e suas causas.

No entanto, em casos de seção insuficiente, esse tipo de vazamento em calhas e condutores não é verificado com esse teste de inspeção por trecho. Dessa forma, em situações de chuvas intensas, pode ocorrer transbordamento de água.

1 Fonte: Verçoza, E. J. Patologia das Edificações. Porto Alegre, Editora Sagra, 1991.

TRANSBORDAMENTO DE CALHAS

Existem diversas causas para o transbordamento de calhas, entre as quais se destacam: seção insuficiente da calha, ausência de declividade adequada para o escoamento da água, dimensionamento inadequado dos condutores verticais, acúmulo de sujeira que obstrui o fluxo normal da água, e falhas de execução durante a instalação, como conexões mal ajustadas ou fixações inadequadas. A identificação e correção dessas deficiências são essenciais para assegurar o bom funcionamento do sistema de drenagem de águas pluviais, prevenindo danos à estrutura da edificação e ao ambiente circundante.

TRANSBORDAMENTO DE CALHAS POR SEÇÃO INSUFICIENTE

As calhas e condutores devem ser dimensionadas para suportar a vazão resultante da intensidade de chuva adotada para a localidade e para um determinado período de retorno, conforme estabelecido pela NBR 10844:1989. Quando ocorre transbordamento devido à seção insuficiente da calha, a solução geralmente envolve a substituição da peça por outra de maior seção, após a realização de um novo dimensionamento que considere uma maior capacidade de escoamento.

No projeto arquitetônico, é essencial o detalhamento adequado do sistema de captação e escoamento das águas pluviais, incluindo a posição e o pré-dimensionamento das calhas e condutores verticais. As calhas desempenham um papel fundamental, pois são responsáveis por receber a água dos telhados e direcioná-la imediatamente aos condutores verticais. O dimensionamento das calhas é realizado utilizando fórmulas hidráulicas, como a de Manning-Strickler, para garantir que a vazão calculada seja superior à vazão de projeto estabelecida.

A NBR 10844:1989 fornece critérios detalhados para o dimensionamento de calhas, condutores verticais e horizontais, auxiliando na garantia de um sistema de drenagem de águas pluviais eficiente e adequado às necessidades da edificação.

Cálculo da vazão de projeto

Conhecendo-se a intensidade pluviométrica e a área de contribuição do telhado, a vazão de projeto que deverá ser coletada pela calha pode ser calculada pela seguinte fórmula:

$$Q = \frac{I \times A}{60}$$

Onde:

Q = vazão de projeto em litros/min;

I = intensidade pluviométrica, em mm/h;

A = área de contribuição, em m^2.

De acordo com a NBR 10844:1989, para coberturas e/ou terraços, as calhas devem ser dimensionadas para escoar a água da chuva correspondente a um período de retorno de 5 anos, ou seja, uma chuva que tem a probabilidade de ocorrer uma vez a cada 5 anos, considerando a área de contribuição de um plano de telhado.

Calhas semicirculares

Uma das características que influenciam na capacidade de uma calha é sua forma, que pode ser retangular ou semicircular. A NBR 10844:1989 estabelece a capacidade, em litros por minuto, de calhas semicirculares de acordo com o diâmetro e e a declividade. Em calhas de beiral ou platibanda, quando a saída estiver a menos de 4 m de uma mudança de direção, a vazão de projeto deverá ser multiplicada pelos coeficientes da Tabela 6.2.

Tabela 6.1 Capacidade de calhas semicirculares (razão em litros/min).

Diâmetro interno (mm)	Declividades		
	0,5%	1,0%	2,0%
	Vazão (L/min)		
100	130	183	256
125	236	333	466
150	384	541	757
200	829	1.167	1.634

Tabela 6.2 Coeficientes multiplicativos da vazão de projeto.

Tipo de curva	Curva a menos de 2 m da saída da calha	Curva entre 2 e 4 m da saída da calha
Canto reto	1,20	1,10
Canto arredondado	1,10	1,05

Nota:

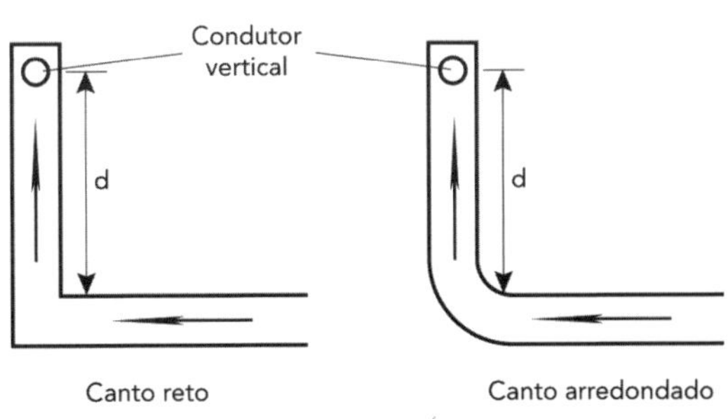

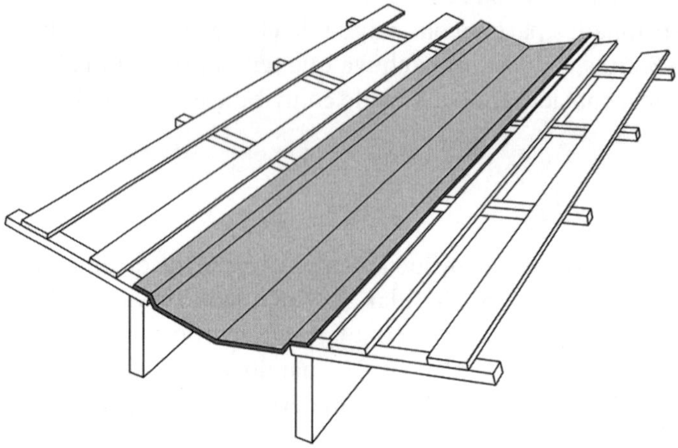

Calha água furtada

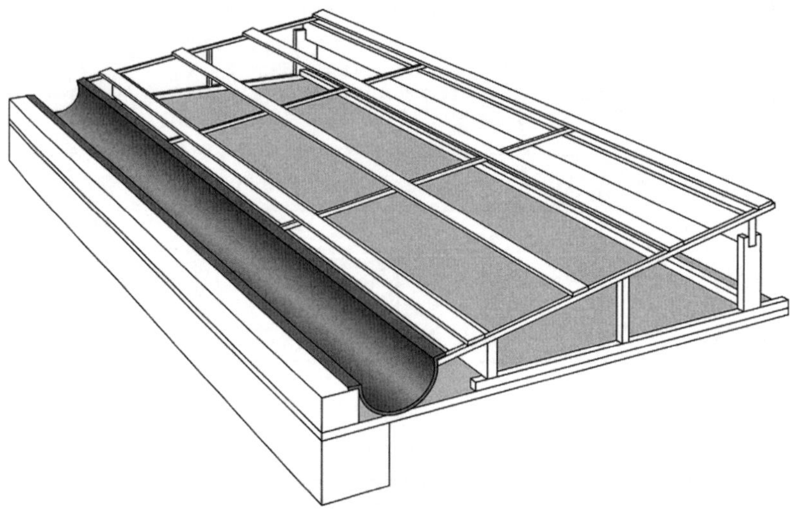

Calha platibanda

Figura 6.1 Disposição das calhas na cobertura.

Calhas de seção retangular

Para o pré-dimensionamento de calha de seção retangular, confeccionadas em chapa galvanizada (o tipo mais utilizado em edificações devido à sua fácil fabricação), a aplicação de fórmulas hidráulicas pode ser dispensada. Essas calhas podem ser tratadas de forma semelhante ao escoamento em canais. A largura da calha deve ser suficiente para evitar o transbordamento da água despejada pela telha, enquanto a altura da lâmina d'água deve corresponder a metade da largura. A projeção horizontal da borda da telha sobre a calha deve situar-se a um terço da largura, conforme ilustrado na Figura 6.2.

A seguir, apresenta-se de forma simplificada o pré-dimensionamento de calha de seção retangular em função do comprimento do telhado. O comprimento considerado é a medida da cobertura na direção do escoamento. Quando dois telhados contribuindo para a mesma calha, os comprimentos de ambos devem ser somados.

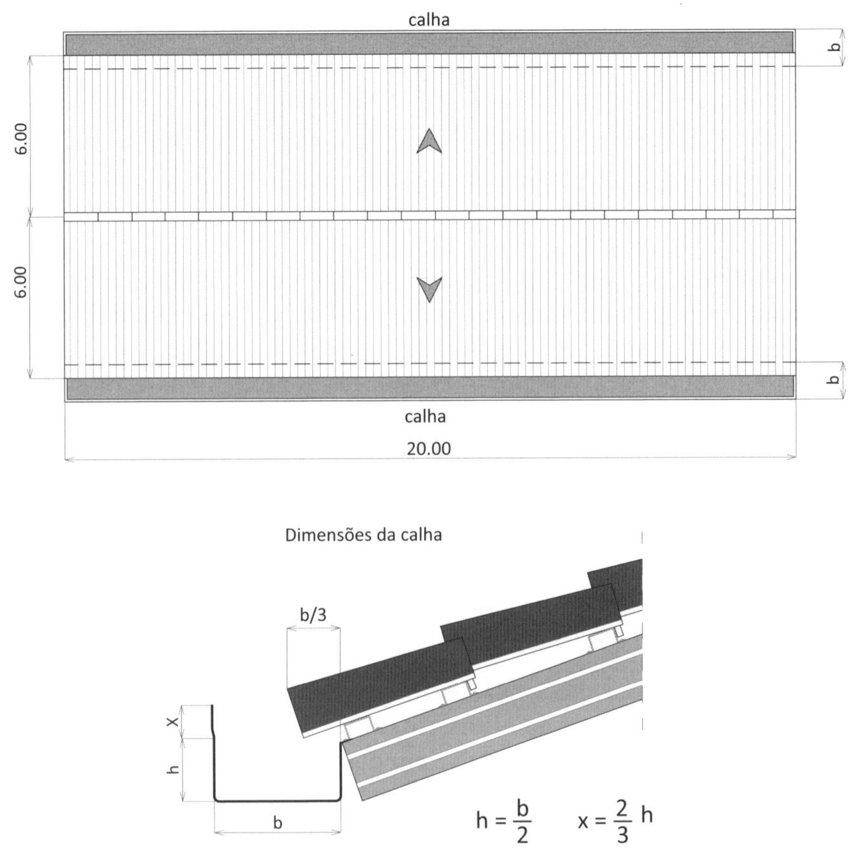

Figura 6.2 Dimensões da calha.

Tabela 6.3 Dimensões da calha em função do comprimento do telhado.

Comprimento do telhado (m)	Largura da calha (m)
Até 5	0,15
5 a 10	0,20
10 a 15	0,30
15 a 20	0,40
20 a 25	0,50
25 a 30	0,60

Fonte: Melo; Azevedo Netto, 1988.

TRANSBORDAMENTO DE CALHAS POR AUSÊNCIA DE DECLIVIDADE

Quando ocorrem chuvas intensas, é comum que calhas em algumas edificações transbordem devido à ausência de declividade adequada. Dependendo da intensidade e duração da chuva, a água extravasada para dentro do ambiente pode causar sérios prejuízos e transtornos para moradores ou usuários. A declividade mínima das calhas deve ser em torno de 0,5%, no sentido dos condutores verticais (tubos de queda), para evitar o acúmulo de água após a chuva. As calhas de água furtada devem ter inclinação conforme o projeto de arquitetura.

Embora o aumento da inclinação das calhas aumente significativamente a capacidade de escoamento, nem sempre é viável realizar essa intervenção devido às implicações nas estruturas de apoio. Como alternativa, pode-se considerar o aumento da capacidade de escoamento dos condutores verticais.

Além da declividade, a mudança de direção das calhas também reduz sua eficiência no escoamento, podendo diminuir em até 17% sua capacidade, dependendo da suavidade da curva e da distância em planta.

De acordo com a NBR 10844:1989, as calhas de beiral e platibanda devem ser fixadas centralmente sob a extremidade da cobertura, sempre que possível. No entanto, muitas vezes, os projetos de arquitetura não preveem espaço suficiente entre o fundo da calha e a laje de cobertura para proporcionar a declividade mínima necessária de 0,5%, o que pode resultar em acúmulo de água na calha após o término da chuva. Por isso, nos cortes transversais do projeto de arquitetura (veja Figura 6.4), é fundamental garantir uma altura mínima que permita a declividade da calha, evitando assim o empoçamento de água.

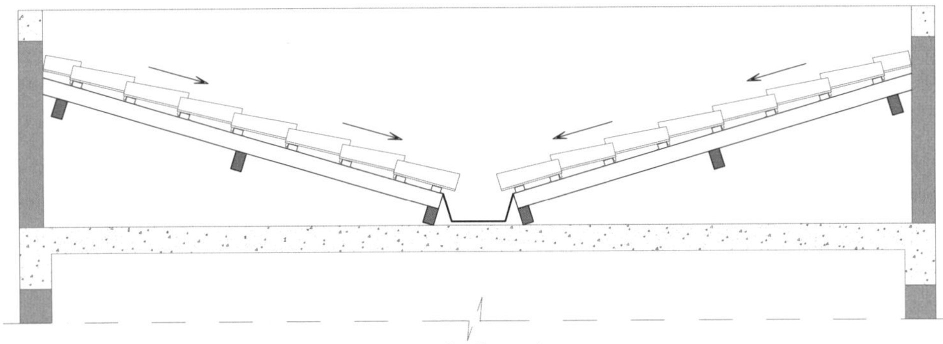

Figura 6.3 Posicionamento incorreto da calha (corte transversal).

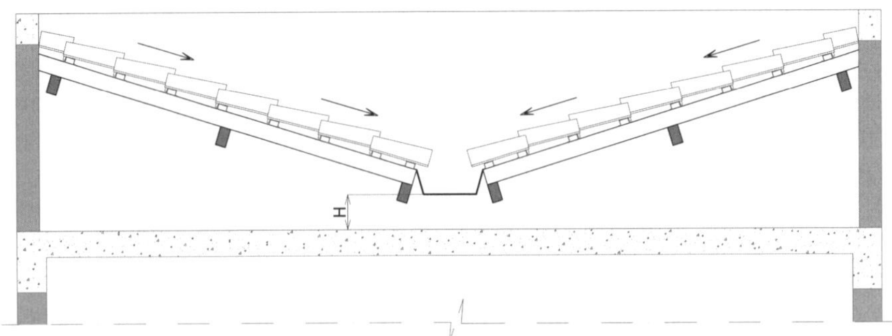

Figura 6.4 Posicionamento correto da calha (corte transversal).

TRANSBORDAMENTO DE CALHAS DEVIDO À SEÇÃO INSUFICIENTE DOS CONDUTORES

Os condutores de águas pluviais são tubulações verticais cujo propósito é coletar a água das calhas e direcioná-la para a parte inferior das edificações, onde é liberada para a superfície do terreno ou para as redes coletoras. Estas redes podem estar localizadas no solo ou fixadas ao teto do subsolo (pilotis), por meio de braçadeiras, nos casos de edifícios com esse tipo de pavimento.

Um dimensionamento inadequado dos condutores verticais é uma das causas do transbordamento das calhas. Esse problema geralmente surge durante a fase de projeto, devido a erros de dimensionamento. Em situações de chuvas intensas, isso pode resultar no acúmulo excessivo de água nas calhas, levando a transbordamentos e infiltrações na cobertura. Portanto, é essencial garantir que os condutores verticais sejam corretamente dimensionados para suportar a vazão esperada, prevenindo danos estruturais e transtornos para os ocupantes da edificação.

As condições hidráulicas de funcionamento dos condutores verticais não são completamente conhecidas, pois envolvem, na maioria das vezes, uma mistura de ar e água fluindo dentro do elemento. No entanto, os condutores devem ser dimensionados levando em conta a intensidade da chuva crítica e a área de contribuição de vazão.

Para o dimensionamento de condutores verticais, a NBR 10844:1989 apresenta ábacos específicos. Na prática, adotam-se diâmetros maiores ou iguais a 75 mm devido ao risco de entupimento dos condutores por folhas secas e pequenos animais.

Em situações onde não existem critérios rigorosos para o dimensionamento dos condutores verticais, alguns projetistas recorrem a um método simplificado que correlaciona a área do telhado com a seção do condutor. A Tabela 6.4, por exemplo, apresenta essa relação entre o diâmetro dos condutores e a área do telhado (em m^2) para uma chuva crítica de 150 mm/h.

Para o pré-dimensionamento, estabelece-se o diâmetro do condutor e determina-se o número necessário de condutores com base na área máxima de telhado que cada diâmetro pode escoar. Esse método prático, proposto por Garcez (1988), baseia-se na relação de "um cm^2 de área de conduto para cada m^2 de área de cobertura de telhado a ser esgotada". No entanto, outros métodos surgiram posteriormente, demonstrando que a capacidade dos condutores verticais é substancialmente superior àquela sugerida por Garcez (1988). Por exemplo, o Uniform Plumbing Code (1973) propõe uma tabela para determinar o diâmetro do condutor vertical com base nas áreas máximas a serem drenadas e na intensidade de precipitação.

Tabela 6.4 Área máxima de cobertura para condutores verticais de seção circular.

Diâmetro (mm)	Vazão (L/s)	Área do telhado (m^2)	
		Chuva 150 mm/h	Chuva 120 mm/h
50	0,57	14	17
75	1,76	42	53
100	3,78	90	114
125	7,00	167	212
150	11,53	275	348
200	25,18	600	760

Fonte: Lucas Nogueira Garcez.

Tabela 6.5 Áreas máximas em projeção horizontal, em m², a serem drenadas por condutores verticais.

Precipitação (mm/h)	Diâmetro do condutor vertical			
	50	75	100	125
25	267,8	818,4	1711,2	3217,8
50	135,9	409,2	855,6	1608,9
76	89,3	272,5	570,1	1072,3
101	67,0	204,6	427,8	804,5
127	53,5	168,7	342,2	648,6
152	44,6	136,7	283,5	536,1
178	38,1	117,2	244,6	439,9
203	33,5	102,3	213,9	402,2
229	29,8	91,1	190,2	357,6
254	27,0	81,1	171,1	321,8
279	24,2	74,4	155,8	292,5
305	22,3	67,9	142,3	267,8

Fonte: Uniform Plumbing (1973)

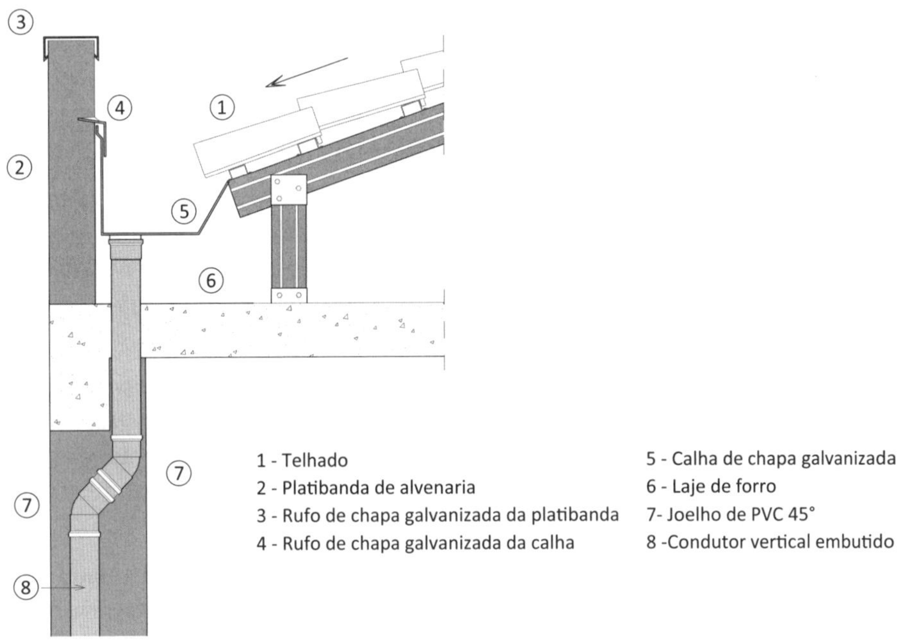

Figura 6.5 Detalhe da ligação da calha ao condutor vertical.

TRANSBORDAMENTO DE CALHAS POR ACÚMULO DE SUJEIRA

A entrada dos condutores, conhecida como colarinho (ou bocal), pode ficar entupida com alta frequência devido ao acúmulo de sujeira, como folhas de árvores, papéis e até mesmo ninhos de passarinhos, especialmente em condutores com diâmetros menores que 75 mm. Sempre que isso ocorrer, é necessário inspecionar o telhado e realizar a limpeza das calhas e dos bocais.

Em áreas arborizadas, especialmente em edificações com telhados baixos, é comum o entupimento dos condutores devido à grande quantidade de folhas que caem sobre o telhado. Para prevenir esse problema, é recomendável instalar uma tela ou grelha flexível, como a Grelha Flexível Tigre, nos bocais das calhas. Essa medida evita a entrada de folhas e pequenos galhos nas tubulações, facilitando a limpeza e manutenção.

Manter as calhas e os condutores conectados ao telhado limpos é crucial para evitar o extravasamento ou o retorno das águas da chuva. Calhas obstruídas podem causar erosão ao redor da edificação, danificar as paredes exteriores, provocar infiltração de água na estrutura do telhado e, em casos mais graves, resultar em recalques diferenciais na fundação.

Recomenda-se realizar a limpeza pelo menos duas vezes por ano, no final da estação seca e no final da estação das chuvas. Em áreas com muitas árvores, a limpeza deve ser mais frequente. A manutenção regular das calhas e dos condutores é essencial para garantir a eficácia do sistema de drenagem pluvial e proteger a estrutura da edificação contra danos causados pela água.

VAZAMENTOS EM CALHAS POR FALHAS DE EXECUÇÃO[2]

Em calhas de seção retangular feitas de chapa galvanizada, se for identificado que o vazamento ocorre devido a execução malfeita, como soldas incompletas ou danificadas, a solução será realizar uma nova solda no local. No entanto, se o vazamento for causado pela ferrugem de pregos, uma nova solda pode não resolver o problema, sendo recomendável a substituição completa da peça.

Deformações excessivas nas calhas podem ocorrer devido a apoios insuficientes ou inadequados. Para evitar essas deformações, é importante verificar o espaçamento máximo entre os apoios e instalar suportes específicos, como hastes metálicas, suportes de PVC ou suportes zincados, conforme o tipo de telhado e o espaçamento máximo recomendado.

Outro problema que pode passar despercebido é um desenho inadequado das calhas. Se a forma ou a execução das calhas não estiverem perfeitas, como no caso de um lado estar mais baixo do que o outro, pode ocorrer extravasamento para dentro da edificação em caso de transbordo.

---

2 Fonte: SOUZA, Marcos Ferreira de. *Patologias ocasionadas pela umidade nas edificações*. Monografia apresentada para obtenção do título de Especialista em construção civil. UFMG, Belo Horizonte, 2008.

Amassamentos nas calhas também podem causar vazamentos, mesmo que estejam bem dimensionadas. Portanto, é aconselhável que as bordas das calhas possuam virolas ou reforços com fio de aço para evitar esse problema.

Em calhas industrializadas de PVC, é comum ocorrer vazamentos nas juntas devido à ausência do anel de vedação, danos no anel de vedação ou posicionamento incorreto. A solução para esses vazamentos é refazer a junta, utilizando corretamente o anel de vedação, ou ajustar as juntas, garantindo o encaixe correto das calhas nas conexões e que a ponta das calhas ultrapasse o limite indicado na borda das conexões.[3]

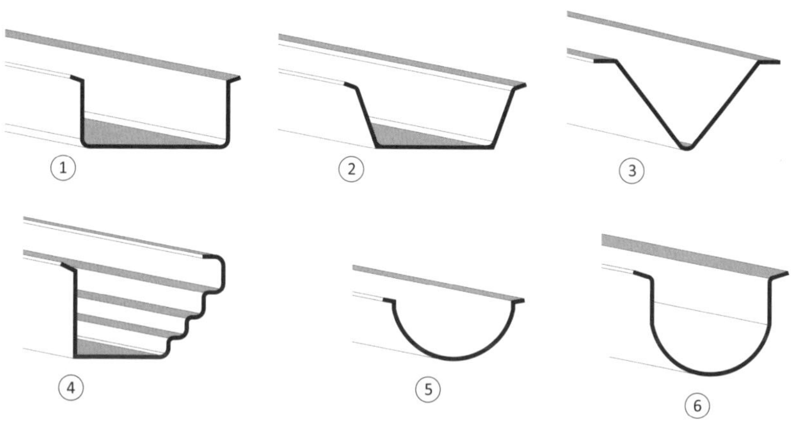

1 - Seção retangular
2 - Seção trapezoidal
3 - Seção em V
4 - Calha moldura
5 - Seção semicircular
6 - Seção circular

Figura 6.6 Seções usuais de calhas.

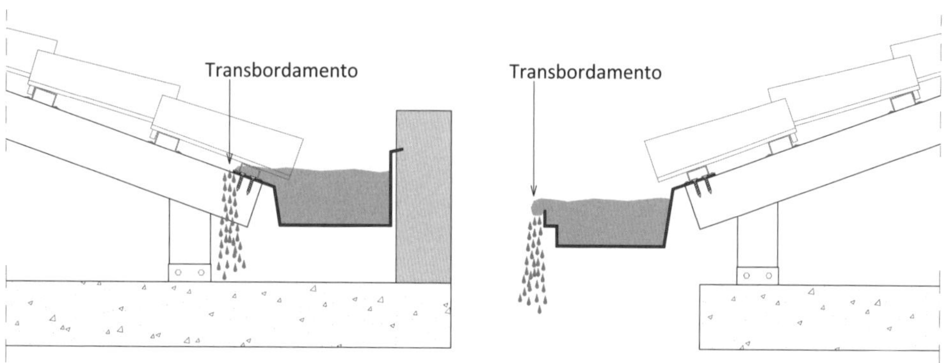

Figura 6.7 Calha mal desenhada.
Fonte: adaptada de VERÇOZA, 1991.

3 Fonte: Manual Técnico Tigre.

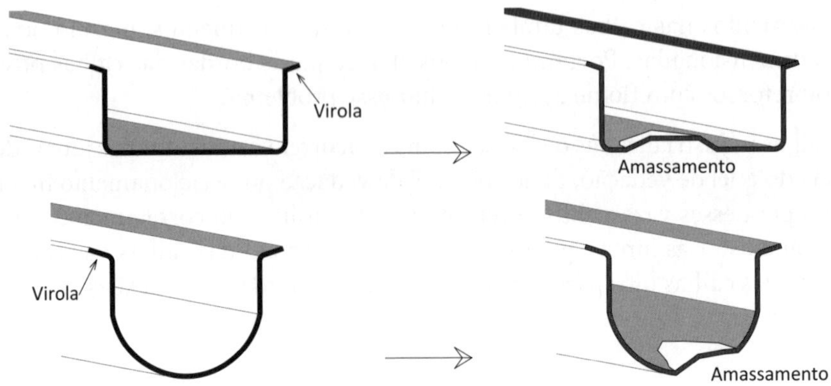

Figura 6.8 Amassamento de calhas e uso de virolas.
Fonte: adaptada de VERÇOZA, 1991.

INFILTRAÇÕES CAUSADAS PELA DILATAÇÃO DE CALHAS E RUFOS

Os elementos do sistema construtivo, como calhas e rufos, possuem diferentes dilatações térmicas devido aos variados materiais utilizados (metais, alvenaria, concreto, etc.). Por isso, é fundamental que calhas e rufos não sejam embutidos diretamente na alvenaria, mas sim fixados de forma a permitir sua movimentação livre. O embutimento inadequado pode resultar em tensões, levando ao estouro do reboco e criando rotas para a infiltração de água, o que compromete a impermeabilidade e pode causar diversas patologias na estrutura, como deterioração dos materiais e surgimento de mofos. Assim, garantir a dilatação adequada desses elementos é essencial para a durabilidade e eficácia do sistema de drenagem da edificação.

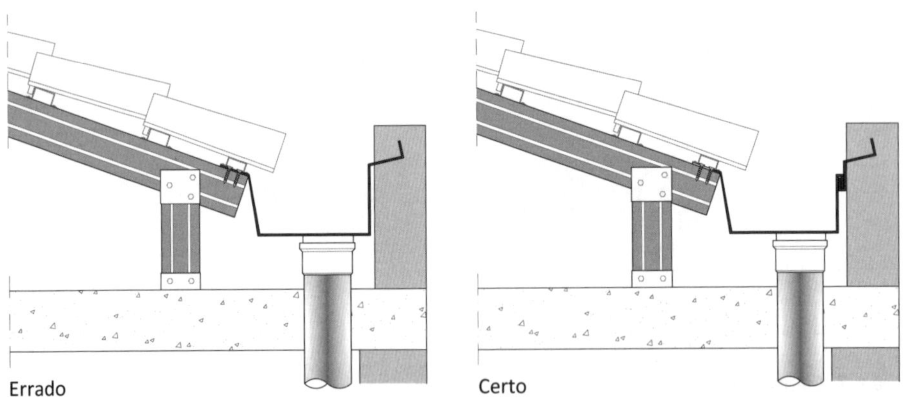

Figura 6.9 Embutimento em alvenaria (dilatação das calhas).
Fonte: adaptada de VERÇOZA, 1991.

INFILTRAÇÃO DE ÁGUA NO TELHADO POR ERROS NA COLOCAÇÃO DE RUFOS[4]

Os rufos tem a função de proteger as junções entre coberturas e paredes, evitando infiltrações de água das chuvas. Geralmente, são feitos de chapa metálica, podendo ser pré e pós-pintados, e são classificados em dois tipos: rufos de capa e rufos de encosto.

O rufo de capa é utilizado nas junções entre duas águas do telhado e no topo de muros, enquanto o rufo de encosto é aplicado no encontro entre a alvenaria e o telhado. A fixação dos rufos é realizada com buchas, e a vedação com silicone. É essencial que a instalação seja realizada por um profissional experiente e especializado para evitar erros nas emendas das placas. Os erros mais comuns na instalação de rufos em telhados incluem o embutimento inadequado na alvenaria, quebra da argamassa de fixação, ausência de selante nas juntas e caimento insuficiente. Infiltrações causadas por erros de instalação são detectadas ao lançar água sobre as paredes onde os rufos estão fixados.

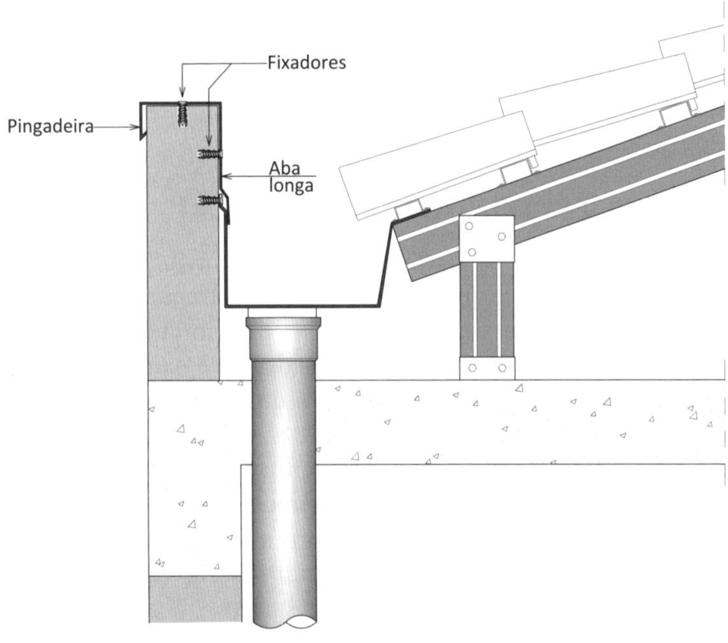

Figura 6.10 Instalação de rufo.

4 Fonte: VERÇOZA, E. J. *Patologia das edificações*. Porto Alegre, Editora Sagra, 1991.

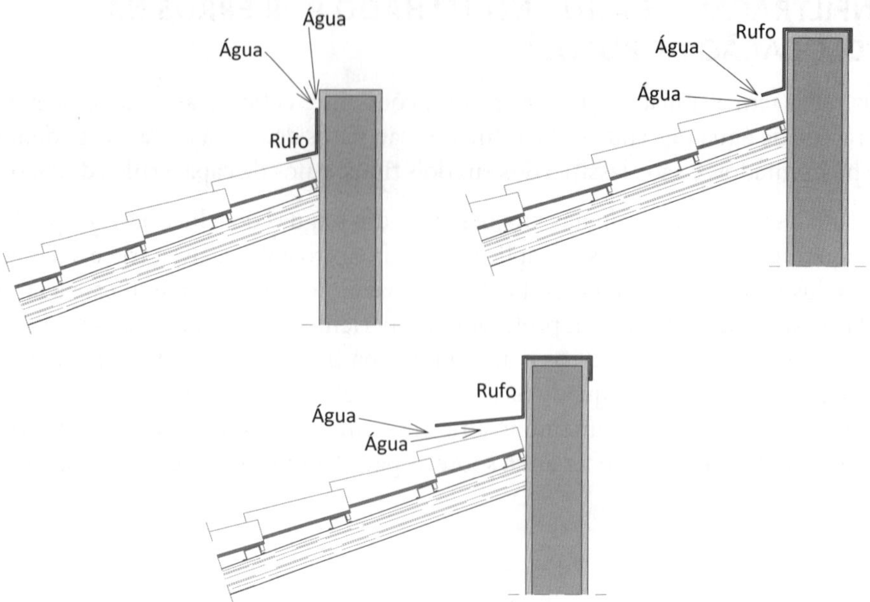

Figura 6.11 Infiltrações ocasionadas por erros na Instalação de rufos.
Fonte: adaptada de VERÇOZA, 1991.

VAZAMENTOS EM CONDUTORES VERTICAIS

Os vazamentos em condutores verticais de águas pluviais podem acarretar sérias consequências, principalmente quando embutidos na alvenaria. A infiltração de água compromete a integridade estrutural do edifício, deteriorando a argamassa e o concreto, além de enfraquecer as ferragens internas devido à oxidação. A constante umidade favorece o crescimento de mofo e bolor, o que representa sérios riscos à saúde dos ocupantes, como problemas respiratórios e alergias. A umidade excessiva também prejudica acabamentos internos, como pinturas e revestimentos, gerando altos custos de reparo e manutenção. Em casos extremos, a infiltração pode causar danos elétricos, aumentando o risco de curto-circuitos e incêndios. Por isso, a detecção e reparo imediato de vazamentos são essenciais para preservar a segurança e a durabilidade da edificação.

Geralmente, a mancha de um vazamento surge em um ponto abaixo da área real de origem, pois a água se desloca entre o condutor e a parede, manifestando o problema em um local diferente. Para identificar o ponto exato do vazamento, é necessário realizar sondagens e testes progressivos em áreas mais elevadas a partir da mancha visível.

Esses vazamentos podem ocorrer devido a falhas na execução, como o acoplamento inadequado entre calhas e bocais, posicionamento incorreto do condutor, soldas malfeitas, ou mesmo danos acidentais, como furos causados durante a instalação de objetos na parede. Isso geralmente ocorre devido à ausência de um projeto hidrossanitário. Além disso, vazamentos também podem ser causados por rachaduras e fissuras no tubo devido à qualidade do material ou problemas durante o transporte e armazenamento.

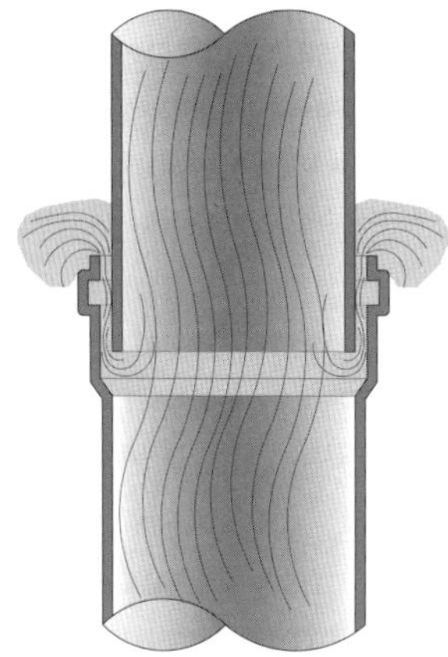

Figura 6.12 Vazamento na união de tubo de ponta e bolsa.
Fonte: adaptada de VERÇOZA, 1991.

RUPTURAS EM CONDUTORES VERTICAIS CAUSADAS POR SUBPRESSÃO

A ruptura em tubos de águas pluviais é geralmente causada pela subpressão, que ocorre devido à ação de pressões negativas no interior dos condutores, ou seja, pela formação de vácuo, principalmente em edifícios com mais de quatro pavimentos. Nos trechos verticais de condutores de águas pluviais, o escoamento se dá de forma anelar: uma lâmina de água escoa pelas paredes do condutor em forma de anel, enquanto o centro do tubo é ocupado pelo fluxo de ar.

Esse fenômeno é mais frequente quando a vazão no condutor faz com que o anel hidráulico ocupe mais de 30% da área da seção transversal da tubulação. Quando há um aumento significativo da coroa líquida, pode ocorrer a transição de escoamento livre para escoamento afogado, desencadeando o fenômeno conhecido como "vórtice hidráulico", também chamado de turbilhão ou redemoinho.

Durante essa mudança no regime de escoamento, quando o anel hidráulico ocupa mais de 1/3 da seção transversal do tubo, é comum ocorrer o plugue hidráulico e até situações de pressões negativas (subpressão), o que resulta em problemas como ruídos indesejáveis, vibrações e até o colapso do condutor vertical.

Além do subdimensionamento dos condutores, a geometria da calha (especialmente arestas ou cantos vivos na embocadura do condutor vertical) e a falta de manutenção (acúmulo de folhas e detritos na entrada do bocal, que impedem a passagem adequada de ar e água) também podem gerar pressões negativas.

Para resolver o problema, é necessário corrigir os erros construtivos, redimensionando o numero e o diâmetro dos condutores, ventilando o condutor vertical acima do nível de transbordo da calha para evitar a sucção e utilizando tubulações mais reforçadas, capazes de suportar vácuo sem danos. A linha Série R, por exemplo, é mais indicada para esses casos.

Para evitar o acúmulo de detritos no bocal dos condutores, uma boa solução é adoção de grelha e/ou ralo hemisférico. Esses ralos retêm folhas e detritos em sua porção inferior, permitindo que a água por cima ao formar uma lâmina líquida, prevenindo o escoamento semiafogado.

Além disso, a grelha hemisférica, instalada na embocadura do condutor vertical ao fundo da calha, permite que a água entre de forma predominantemente radial, evitando a formação do vórtice hidráulico (turbilhão) quando a lâmina d'água atinge uma altura que facilita o arraste de ar para o interior do tubo.

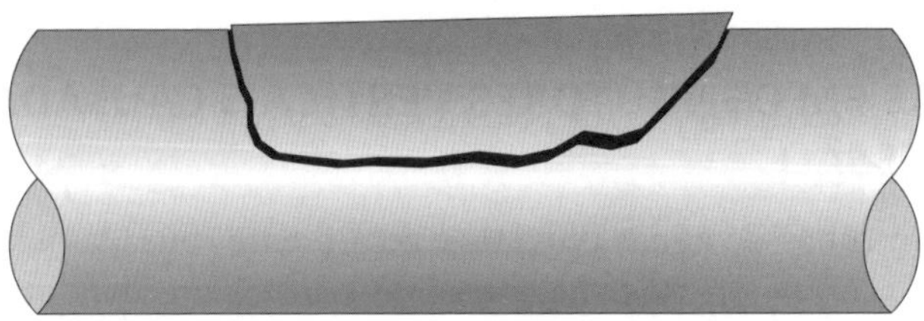

Figura 6.13 Ruptura longitudinal no tubo devido à pressão negativa (vácuo).

RUPTURA LONGITUDINAL DO TUBO

A ruptura longitudinal ocorre principalmente devido à ação de pressão negativa (subpressão) no interior do condutor. Quando há um vácuo significativo dentro do tubo, as paredes do condutor são submetidas a forças internas que puxam para dentro, em vez de forçarem para fora, como acontece com a pressão positiva. Isso causa um estresse distribuído ao longo do comprimento do tubo.

Essa tensão, associada à resistência estrutural do material, especialmente em tubos de menor resistência, pode provocar uma ruptura ao longo do eixo longitudinal. O formato alongado da fissura está relacionado à maneira como a pressão é distribuída ao longo do tubo, fazendo com que ocorra uma falha na forma da linha.

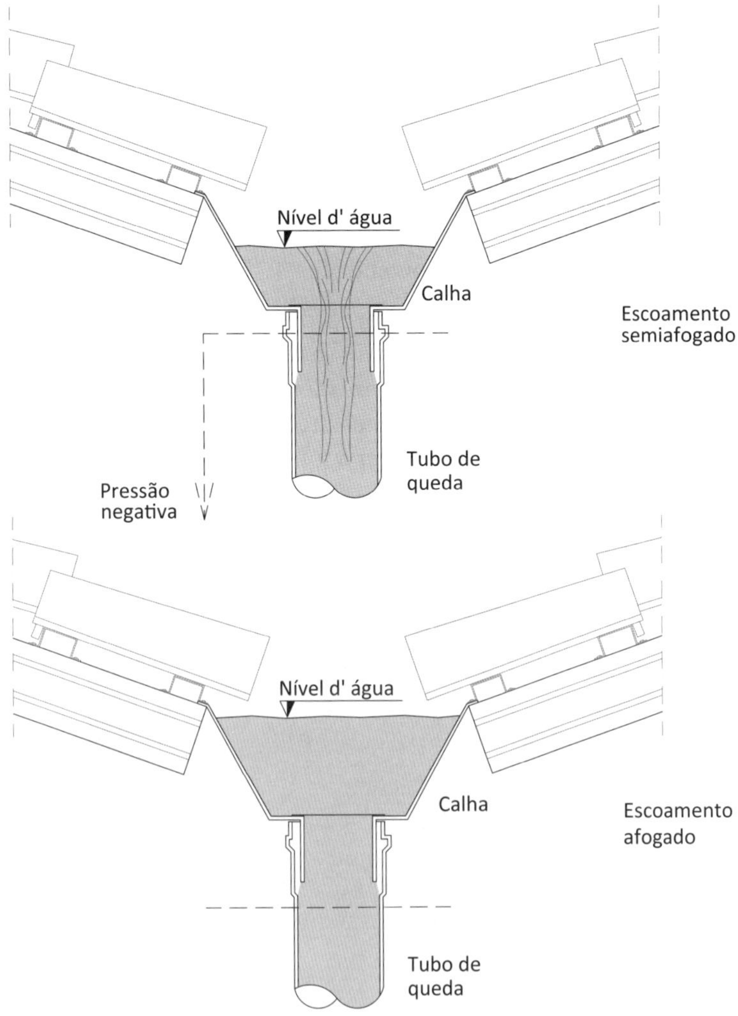

Figura 6.14 Pressão negativa em condutores de águas pluviais.

INSTALAÇÃO E PROTEÇÃO DE CONDUTORES DE PVC EM EDIFICAÇÕES

De acordo com a NBR 10844:1989, os condutores de águas pluviais podem ser instalados tanto externamente quanto internamente ao edifício, levando em consideração o projeto, o uso e a ocupação do edifício, bem como o material dos condutores. Sob o ponto de vista estético, as prumadas podem ser incorporadas como elementos de fachada, dependendo do projeto arquitetônico.

O estudo das características e do posicionamento das prumadas, em colaboração com os projetistas de estrutura e hidráulica, permite ao arquiteto equilibrar as exigências técnicas das instalações com a estética arquitetônica.

É importante destacar que, embora os tubos e conexões de PVC possam suportar a pressão hidrostática interna mesmo quando expostos ao sol, os raios ultravioleta podem causar descoloração (perda de pigmento) e "ressecamento" da superfície externa dos tubos. Esse efeito pode torná-los mais suscetíveis a rompimentos por impactos externos, reduzindo sua resistência mecânica e aumentando o risco de vazamentos.

Por essa razão, é ideal é evitar a exposição direta dos tubos de PVC ao sol e às intempéries, a fim de prolongar sua vida útil. Além disso, expor os tubos sem considerar a estética da fachada do edifício não é recomendado.

Caso a exposição ao sol seja necessária por razões arquitetônicas ou por decisões do arquiteto, os tubos devem ser pintados com tinta adequada para aumentar sua durabilidade. Tubos e conexões de PVC podem ser pintados com tintas à base de esmalte sintético, após um leve lixamento da superfície. Essa prática ajuda a retardar o "ressecamento" causado pelos raios ultravioleta e a manter a integridade das peças expostas.

Figura 6.15 Condutor aparente de águas pluviais em PVC.

IMPACTOS DA VAZÃO CONCENTRADA DE ÁGUA SOBRE TELHADOS

Sabemos que telhados são estruturas delicadas e não devem receber vazões concentradas que possam resultar em cargas de impacto. Quando isso ocorre, danos à edificação são inevitáveis, podendo gerar umidade no madeiramento de sustentação devido a infiltrações através do telhado. Portanto, não é recomendável direcionar águas de chuva coletadas em um telhado superior para outro em nível mais baixo.

Se o telhado inferior não foi projetado para suportar essa vazão concentrada, o procedimento correto é conduzir a água coletada do telhado superior até a guia (sarjeta) ou calha em um nível mais baixo, utilizando um condutor adequado. Dessa forma, evita-se o impacto da vazão concentrada sobre o telhado inferior.

Além disso, o transporte da água por meio de condutores verticais previne a deterioração dos materiais do telhado inferior. A exposição constante à umidade pode comprometer a integridade do telhado, causando apodrecimento do madeiramento, corrosão de elementos metálicos e proliferação de mofo e bolor, o que também representa riscos à saúde dos ocupantes da edificação.

O uso de condutores verticais não só protege a estrutura do telhado, como também auxilia na gestão eficiente das águas pluviais, prevenindo alagamentos e danos à fundação do edifício. É fundamental que esses condutores sejam corretamente dimensionados e instalados conforme as normas técnicas, garantindo o escoamento adequado da água até os pontos de coleta, como sarjetas e calhas.

Em resumo, para proteger tanto o telhado inferior quanto a estrutura geral do edifício, a água de chuva coletada em telhados superiores deve ser direcionada de maneira controlada e segura, evitando qualquer impacto direto sobre telhados inferiores que não estejam projetados para suportar tais cargas.

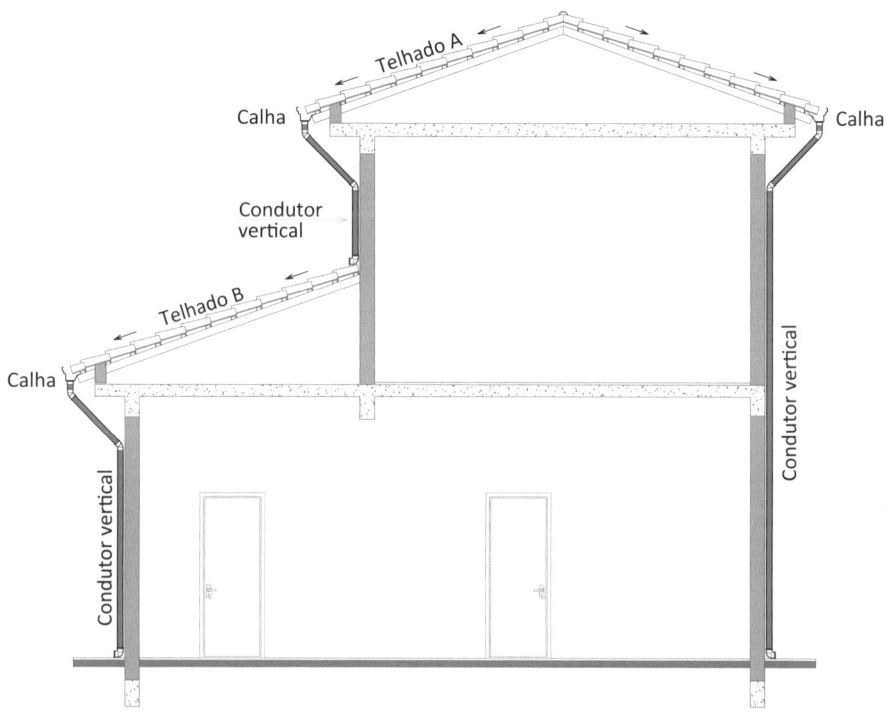

Figura 6.16 Água jogada de telhado para telhado.

Quando o beiral de um telhado mais alto escoa livremente as águas pluviais para um telhado em nível mais baixo, sem o uso de um condutor, o volume de água é distribuído de forma mais difusa. No entanto, mesmo sem um condutor, essa prática ainda pode gerar problemas, especialmente se o telhado inferior não estiver dimensionado para lidar com o escoamento adicional. Embora o impacto seja menor do que o de uma vazão concentrada, há o risco de aumentar o carregamento de água sobre o telhado inferior, podendo causar infiltrações e problemas estruturais ao longo do tempo.

EMPOÇAMENTO DE ÁGUA EM COBERTURAS HORIZONTAIS DE LAJE

É comum o acúmulo de água em coberturas horizontais de laje, mesmo em períodos sem tempestades, geralmente devido à inclinação inadequada da laje para o escoamento da água ou à obstrução e presença insuficiente de ralos. Para evitar esse problema, as superfícies horizontais de laje devem ter uma inclinação mínima de 0,5%, garantindo assim o escoamento adequado das águas pluviais em direção aos pontos de drenagem. A drenagem deve ser projetada com múltiplas saídas, a menos que seja certificado que não há risco de obstrução. Quando necessário, a cobertura deve ser dividida em cursos de água.

De acordo com a NBR 10844:1989, os trechos da borda da cobertura e quaisquer aberturas (como escadas, claraboias, etc.) que possam receber água devido à inclinação devem ser equipados com platibandas ou calhas. Ralos hemisféricos (com grelha em forma de hemisfério) são preferíveis quando os ralos planos possam causar obstruções.

Além da inclinação adequada para o escoamento das águas e do posicionamento correto dos ralos de drenagem, a cobertura horizontal de laje deve ser cuidadosamente projetada para garantir sua impermeabilidade. É essencial integrar o sistema de drenagem com o sistema de impermeabilização de forma eficiente. Como a instalação de dispositivos de coleta de água da chuva, como ralos, exige perfurações, o arquiteto deve consultar um especialista em impermeabilização para ajustar o projeto e garantir o pleno funcionamento de ambos os sistemas.

Para a drenagem de terraços, marquises e varandas de pavimentos superiores, podem ser utilizados buzinotes, que são tubos de pequeno diâmetro e extensão projetados para escoar a água. Os buzinotes devem ter um diâmetro mínimo de 50 mm para evitar obstruções, e deve haver um buzinote para cada 13,5 m^2 de área de cobertura, com um mínimo de dois por marquise. No entanto, uma desvantagem dos buzinotes é que eles podem pingar após a drenagem.

Para evitar a obstrução dos ralos ou buzinotes por detritos, folhas e poeira, é recomendável realizar uma limpeza periódica nas coberturas horizontais de laje, além de inspecionar o sistema de drenagem antes do período de chuvas. Essas medidas preventivas ajudam a manter o sistema de drenagem funcionando de forma eficaz e evitam problemas de acúmulo de água e danos à estrutura da cobertura. Em geral, recomenda-se que essa limpeza seja feita ao menos duas vezes ao ano, uma vez no início da estação seca e outra antes da estação chuvosa. No entanto, em áreas com maior acúmulo de folhas, poeira ou sujeira, pode ser necessário aumentar a frequência, como trimestralmente, para garantir que o sistema de drenagem não seja obstruído e continue operando de forma eficiente.

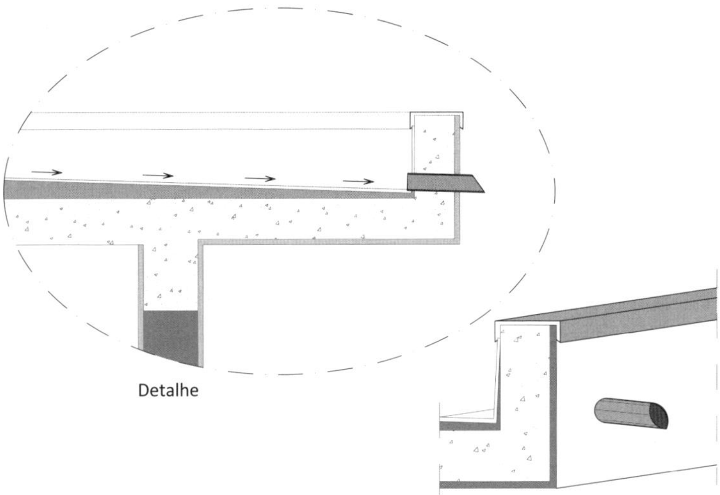

Figura 6.17 Drenagem de marquises por meio de buzinote.

LIGAÇÃO CLANDESTINA DE ÁGUAS PLUVIAIS NA REDE DE ESGOTO

Os níveis planejados da edificação devem ser cuidadosamente analisados pelo arquiteto ou engenheiro em relação ao escoamento das águas pluviais por gravidade. Normalmente, as águas pluviais são direcionadas por condutores horizontais até a sarjeta da rua em frente ao lote. No entanto, se o terreno estiver em um nível inferior ao da rua, torna-se necessário direcionar as águas pluviais para a rua mais próxima, utilizando passagem pelo terreno vizinho, conforme previsto no Código Civil Brasileiro. Entretanto, a transferência das águas pluviais do lote a montante para o lote a jusante pode gerar problemas devido à falta de informação dos moradores.

Para garantir a passagem adequada das águas pluviais pelo lote a jusante, é essencial instalar tubulações em locais previamente determinados. Em condomínios horizontais, quando os lotes apresentam declividade acentuada e não há condições de conectar os condutores horizontais diretamente à sarjeta da rua em frente ao lote, a servidão de passagem é comumente estabelecida pelo loteador como parte da infraestrutura do condomínio. Essa servidão é formalizada por escritura, incluída na escritura de venda, evitando assim conflitos entre vizinhos e possíveis ações judiciais relacionadas à passagem de águas pluviais.

Por outro lado, quando os níveis do terreno não são adequadamente considerados nos projetos arquitetônico e hidrossanitário, a conexão dos condutores horizontais de águas pluviais pode ser comprometida, exigindo, em alguns casos, o bombeamento das águas pluviais de pontos situados abaixo do nível da rua. No entanto, essa solução requer alguns estudos devido aos custos elevados e à necessidade constante de manutenção. Durante períodos de estiagem, o sistema pode apresentar falhas, e em casos de queda de energia, comum em dias de tempestade, o funcionamento do sistema pode ser interrompido, resultando em inundações nos pavimentos situados abaixo do nível da rua. Por isso, é fundamental prever um sistema alternativo, com gerador de energia elétrica, com acionamento automático para garantir a operação contínua do sistema em situações de falta de energia.

Em terrenos situados abaixo do nível da rua, caso o sistema de bombeamento não seja adotado, é comum a prática de conexões clandestinas das águas pluviais na rede de esgoto. Essa prática sobrecarrega a rede pública de esgoto, causando extravasamentos e danos à infraestrutura, já que as tubulações de esgoto não foram dimensionadas para suportar o volume adicional de água das chuvas.

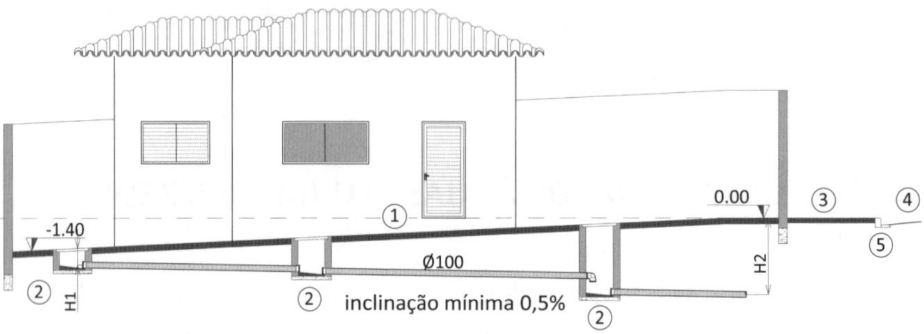

1 - Nível natural do terreno
2 - Caixa de captação de água pluvial
3 - Calçada
4 - Rua
5 - Guia (águas pluviais)

Figura 6.18 Terreno com declividade acentuada para o fundo (necessidade de bombeamento).

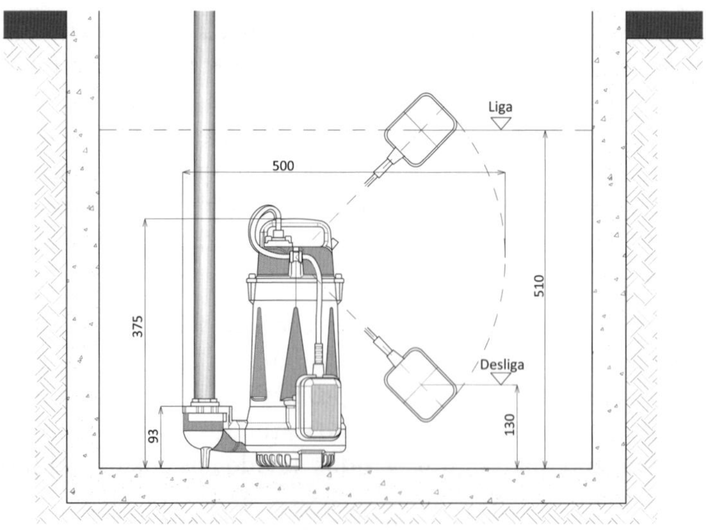

Figura 6.19 Bomba submersível automática para água limpa ou levemente suja.

USO INADEQUADO DE ÁGUAS PLUVIAIS EM EDIFICAÇÕES

O sistema de aproveitamento de águas pluviais deve ser planejado durante a elaboração do projeto de arquitetura e pode gerar uma economia de até 30% da água fornecida pela empresa de abastecimento. No entanto, é importante destacar que a água da chuva não é indicada para o consumo humano e, portanto, deve ser armazenada em reservatórios independentes, preferencialmente subterrâneos, como cisternas. A água pluvial captada para uso em atividades não potáveis deve ser coletada e fornecida em um sistema predial isolado dos demais, sem possibilidade de interconexão, e devidamente sinalizada nos pontos de uso. Assim, a elaboração do projeto hidrossanitário é essencial.

O sistema predial de aproveitamento de água pluvial para usos domésticos não potáveis é composto pelos seguintes subsistemas ou componentes: captação, condução, tratamento, armazenamento, tubulações sob pressão, sistema automático ou manual de controle e utilização. Usos não potáveis são aqueles que não requerem características rigorosas de potabilidade, como descarga de bacias sanitárias, limpeza de pisos e paredes, rega de jardins, lavagem de veículos e água de reserva para combate a incêndios.

O funcionamento do sistema é bastante simples: as águas pluviais são captadas por meio de calhas, passam por um filtro para remover impurezas e, após desinfecção, são armazenadas na cisterna ou reservatório subterrâneo. Posteriormente, a água é bombeada para um reservatório independente localizado na cobertura e, por gravidade, é direcionada para descargas, irrigação e áreas externas. No entanto, a água pluvial não deve ser misturada com a água potável destinada a torneiras de cozinha, filtros, chuveiros, banheiras e lavatórios, pois não é adequadas para consumo humano.

Um erro comum nos sistemas de reúso de águas pluviais é a ausência de uma válvula solenoide, acionada eletricamente e controlada por uma boia de nível. Essa válvula permite a entrada de água tratada da rede pública quando o nível mínimo do reservatório pluvial é atingido. Recomenda-se adotar como nível mínimo 30% da capacidade do reservatório. Assim, os vasos sanitários continuam a ser abastecidos mesmo em períodos de falta de chuva ou quando a demanda de água excede a capacidade de coleta do sistema. Quando o sistema de válvula solenoide é utilizado, também é necessário adotar dispositivos que impeçam a interconexão com o sistema de água potável. Nesse caso recomenda-se projetar o reservatório de água potável acima do reservatório de água pluvial, permitindo a realimentação por gravidade. O tubo de realimentação deve estar posicionado a 5 cm acima do reservatório pluvial. Se o projeto arquitetônico não permitir a elevação do reservatório de água potável em relação ao reservatório pluvial, é possível realizar essa realimentação com o uso de uma bomba.

Sempre que houver reúso das águas pluviais para finalidades não potáveis, como na lavagem de veículos ou em áreas externas, é necessário seguir as normas sanitárias vigentes e às condições técnicas estabelecidas pelo órgão municipal responsável pela Vigilância Sanitária. Essas medidas visam evitar o uso indevido da água não potável, garantindo a instalação de sinalização padronizada e visível nos pontos de utilização para alertar os usuários sobre o uso da água não potável.

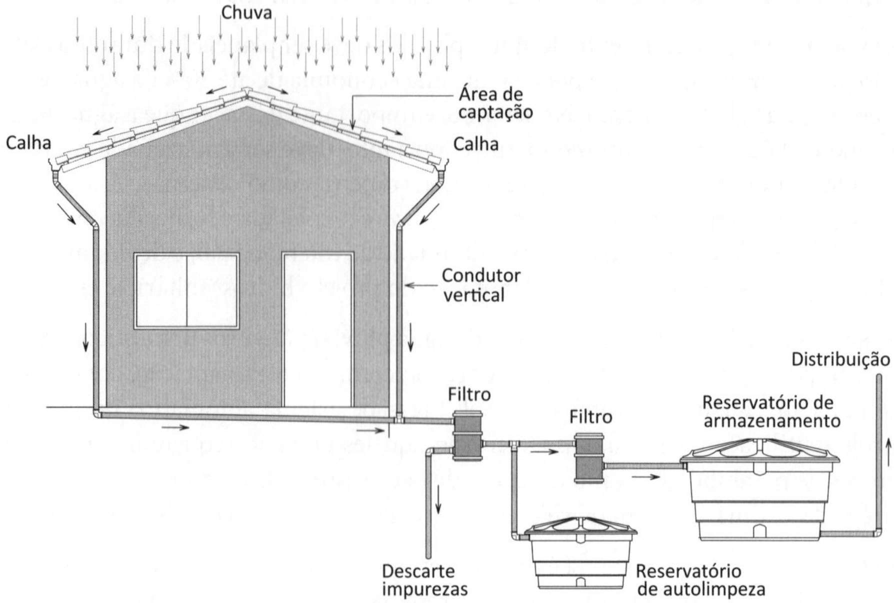

Figura 6.20 Esquema de aproveitamento e distribuição da água da chuva.

NORMAS TÉCNICAS

É fundamental consultar as normas técnicas brasileiras caso o arquiteto ou engenheiro deseje se aprofundar no assunto. Os documentos relacionados a seguir são indispensáveis à aplicação do reúso das águas pluviais para finalidades não potáveis:

- NBR 10844:1989 – Instalações prediais de águas pluviais. Trata das especificações para a instalação e o dimensionamento dos sistemas de drenagem de águas pluviais em edificações, incluindo a coleta e o direcionamento das águas da chuva.
- NBR 5698:1997 – Água – Água para uso não potável. Define as especificações para a água destinada a usos não potáveis, garantindo que os sistemas de reúso atendam aos padrões de segurança e eficácia.
- NBR 13885:2016 – Sistemas de drenagem em edificações – Requisitos para o projeto e execução. Fornece orientações para o projeto e execução de sistemas de drenagem em edificações, abordando a coleta e o transporte das águas pluviais.
- NBR 15527:2019 – Água de chuva – Aproveitamento de coberturas em áreas urbanas para fins não potáveis. Esta norma estabelece os requisitos para o aproveitamento de águas pluviais em sistemas prediais para usos não potáveis, abrangendo diretrizes para captação, armazenamento, tratamento e utilização da água da chuva.
- NBR 7200:2019 – Águas pluviais – Sistemas de drenagem. Trata dos sistemas de drenagem de águas pluviais, fornecendo diretrizes para a coleta e o direcionamento das águas da chuva.

CAPÍTULO 7
Norma de desempenho NBR 15575:2021 – Parte 6: Instalações hidrossanitárias

Colaboração:

Marcelo Fabiano Costella

Gabriela Schneider de Sousa Bottega

Este capítulo tem por objetivo apresentar os aspectos gerais da norma de desempenho, as etapas do processo de projeto hidrossanitário e, em seguida, discutir os itens da Parte 6 da norma de desempenho, tendo em vista a atuação do projetista de instalações hidrossanitárias, para cada um dos requisitos do usuário.

A NORMA DE DESEMPENHO

O conjunto de normas conhecido como NBR 15575:2021 foi desenvolvido com o objetivo de estabelecer um padrão mínimo de desempenho para edificações habitacionais, promovendo qualidade e inovação tecnológica na construção. O desempenho das edificações está diretamente relacionado às necessidades dos usuários e aos comportamentos dos sistemas durante o uso, sendo uma consequência direta da forma como são construídas.

Este capítulo é baseado na NBR 15575:2021: Edificações Habitacionais – Desempenho, a qual será denominada Norma de Desempenho ao longo do texto. Essa norma estava em vigor desde 2013, teve sua versão atualizada em 2021, e é dividida em seis partes:

- Parte 1: Requisitos gerais;
- Parte 2: Requisitos para os sistemas estruturais;
- Parte 3: Requisitos para os sistemas de pisos;
- Parte 4: Requisitos para os sistemas de vedações verticais internas e externas;
- Parte 5: Requisitos para os sistemas de cobertura;
- Parte 6: Requisitos para os sistemas hidrossanitários.

A NBR 15575:2021 representa um avanço significativo para a construção no Brasil, pois, ao considerar o comportamento em uso, direciona o pensamento em relação ao desempenho desde a fase de concepção do projeto (LORENZI, 2013). Neste livro, que aborda as interações entre as instalações hidráulicas e o projeto de arquitetura, o foco principal está na Parte 6, oficialmente intitulada "Requisitos para os sistemas hidrossanitários".

Entretanto, a Parte 6 está interligada com as outras partes da norma, as quais se baseiam nas exigências do usuário da norma ISO 6241 e as utilizam como parâmetros para estabelecer os requisitos e critérios. Esses requisitos do usuário estão presentes em cada parte da norma, totalizando doze:

1) Segurança estrutural;
2) Segurança contra o fogo;
3) Segurança no uso e na operação;
4) Estanqueidade;
5) Desempenho térmico;
6) Desempenho acústico;
7) Desempenho lumínico;
8) Saúde, higiene e qualidade do ar;
9) Funcionalidade e acessibilidade;
10) Conforto tátil e antropodinâmico;
11) Durabilidade e manutenibilidade;
12) Impacto ambiental.

Para cada requisito, a NBR 15575:2021 estabelece um nível mínimo (M), intermediário (I) e superior (S) de desempenho. Enquanto o nível mínimo é obrigatório, os demais consideram a possibilidade de melhoria da qualidade da edificação. Portanto, ao utilizar os níveis intermediário e superior de desempenho, estes devem ser informados e destacados no projeto.

Entretanto, poucos requisitos apresentam indicação de níveis intermediário e superior de desempenho. Na Parte 6, por exemplo, os únicos critérios que possuem diferentes níveis de desempenho são relacionados ao desempenho acústico, especificamente os ruídos gerados pela operação de equipamentos hidrossanitários prediais. No entanto, o atendimento a esse requisito de desempenho acústico não é obrigatório na versão de 2021 da norma.

AVALIAÇÃO DE DESEMPENHO

A avaliação de desempenho está resumida na Figura 7.1.

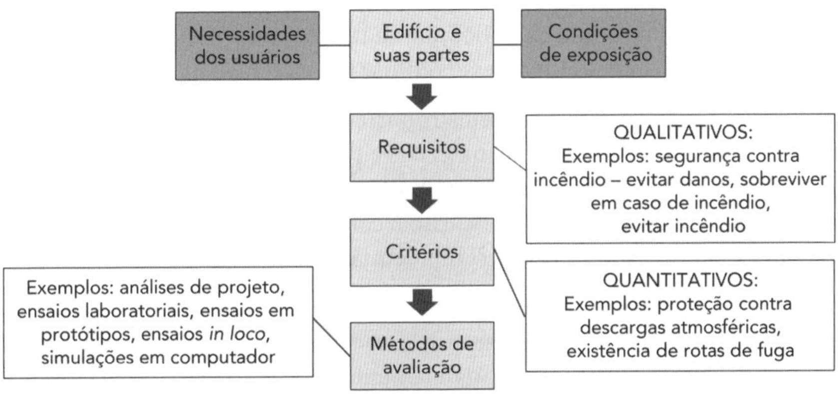

Figura 7.1 Estrutura de abordagem da norma ABNT NBR 15575:2021.
Fonte: Costella (2018).

A partir das necessidades dos usuários e das condições específicas de exposição, o edifício e suas partes são projetados. Para isso, é fundamental considerar os requisitos de desempenho, que são as exigências qualitativas dos usuários em relação ao funcionamento e à qualidade da edificação. Um exemplo na Parte 6 é o requisito 7.2, que aborda as solicitações dinâmicas dos sistemas hidrossanitários, os quais não devem gerar golpes e vibrações que comprometam a estabilidade estrutural desses sistemas.

Os critérios de desempenho, por sua vez, representam a forma quantitativa de expressar esses requisitos. No mesmo exemplo, o critério 7.2.2 determina que o sistema hidrossanitário deve atender à pressão estática máxima estabelecida na NBR 5626:2020, a qual estipula o valor de 400 kPa.

Enfim, o método de avaliação de desempenho apresenta diversas possibilidades, entre as quais se destacam os ensaios laboratoriais, os ensaios de tipo, os ensaios em campo, as inspeções em protótipos ou em campo, as simulações e a análise de projetos. No exemplo em questão, o método de avaliação consiste em verificar se o projeto atende às exigências estabelecidas pela NBR 5626:2020.

INCUMBÊNCIAS DOS INTERVENIENTES

Outro ponto de destaque são as responsabilidades dos envolvidos, as quais definem o papel de cada parte no processo de construção: fornecedor de materiais, projetista, construtor/incorporador e usuário.

O fornecedor de insumos, materiais, componentes e/ou sistemas deve caracterizar o desempenho de acordo com as normas, o que inclui o estabelecimento do prazo de vida útil do produto e as orientações para sua operação e manutenção. No entanto, esse tem sido um dos desafios na aplicação da norma, pois a maioria dos fabricantes encontra dificuldades em atender a esse requisito.

O projetista é responsável por determinar a vida útil de projeto (VUP) de cada sistema, especificando os produtos, materiais e processos a serem utilizados, os quais devem atender ao nível mínimo de desempenho. Essa é uma responsabilidade significativa para o projetista, pois a especificação é complexa e inclui considerações sobre a durabilidade, visando estabelecer a VUP adequada.

O construtor e o incorporador têm a responsabilidade de identificar os riscos previsíveis durante a fase de projeto e, em colaboração com a equipe de projeto, estabelecer os níveis de desempenho para cada elemento da construção. Além disso, devem elaborar o manual de uso, operação e manutenção, o qual deve conter prazos de vida útil (VUP) e garantia superiores ou iguais aos estabelecidos na norma. É fundamental destacar a importância de desenvolver um plano detalhado e viável de manutenção.

Por fim, o usuário deve utilizar a edificação de maneira adequada, sem realizar alterações nas características do projeto original e, principalmente, seguir as orientações de uso, operação e manutenção fornecidas no manual.

VIDA ÚTIL DE PROJETO

A vida útil é uma medida temporal de durabilidade de um edifício ou de suas partes – em outras palavras, é a quantificação da durabilidade. A NBR 15575-1:2021 determina o tempo em que um edifício mantém o desempenho esperado por meio dos conceitos de "vida útil", "vida útil de projeto" e "vida útil requerida". Ao associar desempenho à vida útil e durabilidade, a norma aborda não apenas o nível de qualidade da edificação, mas também o período durante o qual a edificação será capaz de manter esse nível de qualidade.

A vida útil (*service life*) é o período de tempo em que o edifício (seus sistemas e elementos) se presta às atividades para as quais foi projetado, atendendo aos níveis de desempenho mínimos previstos e considerando a correta execução do plano de manutenção especificado no manual de uso, operação e manutenção. A vida útil estimada (*predicted service life*) é a durabilidade prevista da edificação, a qual pode ser estimada a partir de dados históricos de desempenho do produto ou de ensaios de envelhecimento acelerado.

A vida útil de projeto (*design life*) é uma estimativa teórica de tempo para o qual um edifício é projetado, considerando que nesse período o desempenho do empreendimento atenda aos requisitos mínimos normativos. Esse tempo é estimado levando em conta os materiais usados na construção, o local em que será construído e o total atendimento ao plano de manutenção previsto no manual de uso, operação e manutenção.

A vida útil de projeto (VUP) pode ser vista como uma expressão de caráter econômico, na qual o usuário tem a opção de escolher a melhor relação entre custo e tempo de usufruto do bem (o benefício). A norma destaca que é possível escolher entre uma variedade de técnicas e materiais ao projetar um sistema ou elemento. Enquanto alguns desses materiais, em conjunto com as técnicas adequadas, podem ter vida útil de projeto de vinte anos, outros podem não passar de cinco anos.

Nesse contexto, os fabricantes precisam informar as características de desempenho de seus produtos de forma compatível com as exigências de desempenho da norma, especialmente em relação à durabilidade. Além disso, a Norma de Desempenho ressalta que, para alcançar a VUP mínima, é necessário que os fabricantes de materiais e componentes utilizados na construção forneçam em documentação técnica as recomendações necessárias para a manutenção corretiva e preventiva.

Por fim, para garantir um material confiável e de qualidade, não basta assegurar suas características técnicas iniciais; é essencial também que esse material se comporte de maneira satisfatória ao longo de sua vida útil, ou seja, que tenha uma durabilidade adequada à sua proposta. No caso dos sistemas hidrossanitários, a VUP mínima é de vinte anos. Além disso, a VUP também é apresentada para os subsistemas correspondentes (Figura 7.1).

É importante ressaltar que, conforme estabelecido na norma, os prazos de vida útil iniciam-se na data de conclusão da obra, representada pela expedição do Auto de Conclusão de Edificação, Habite-se ou outro documento legal. No entanto, para que essa vida útil possa ser alcançada, é fundamental que no manual de uso, operação e manutenção sejam definidos os processos de manutenção, bem como sua periodicidade. Esse manual deve ser entregue ao usuário, que deve cumprir as manutenções previstas.

Quadro 7.1 Exemplos de VUP dos componentes do sistema hidrossanitário.

<table>
<tr><th rowspan="2">Parte da edificação</th><th rowspan="2">Exemplos</th><th colspan="3">VUP (anos)</th></tr>
<tr><th>Mínimo</th><th>Intermediário</th><th>Superior</th></tr>
<tr><td rowspan="3">Instalações prediais embutidas em vedações e manuteníveis somente por quebra das vedações ou revestimentos (inclusive forros falsos e pisos elevados não acessíveis)</td><td>Tubulações e demais componentes (inclui registros e válvulas) de instalações hidrossanitárias, de gás, de combate a incêndio, de águas pluviais, elétricos</td><td>≥ 20</td><td>≥ 25</td><td>≥ 30</td></tr>
<tr><td>Reservatórios de água não facilmente substituíveis, redes alimentadoras e coletoras, fossas sépticas e negras, sistemas de drenagem não acessíveis e demais elementos e componentes de difícil manutenção e/ou substituição</td><td>≥ 13</td><td>≥ 17</td><td>≥ 20</td></tr>
<tr><td>Componentes desgastáveis e de substituição periódica, como gaxetas, vedações, guarnições e outros</td><td>≥ 3</td><td>≥ 4</td><td>≥ 5</td></tr>
<tr><td rowspan="3">Instalações aparentes ou espaços de fácil acesso</td><td>Tubulações e demais componentes</td><td>≥ 4</td><td>≥ 5</td><td>≥ 6</td></tr>
<tr><td>Aparelhos e componentes de instalações facilmente substituíveis, como louças, torneiras, sifões, engates flexíveis e demais metais sanitários, aspersores (sprinklers), mangueiras, interruptores, tomadas, disjuntores, luminárias, tampas de caixas, fiação e outros</td><td>≥ 3</td><td>≥ 4</td><td>≥ 5</td></tr>
<tr><td>Reservatórios de água</td><td>≥ 8</td><td>≥ 10</td><td>≥ 12</td></tr>
<tr><td>Equipamentos funcionais manuteníveis e substituíveis (médio custo de manutenção)</td><td>Equipamentos de recalque, pressurização, aquecimento de água, condicionamento de ar, filtragem, combate a incêndio e outros</td><td>≥ 8</td><td>≥ 10</td><td>≥ 12</td></tr>
</table>

Fonte: adaptado de NBR 15575-1:2021 (ABNT).

Assim, a norma também estabelece o requisito da manutenibilidade, que pode ser definida como o grau de facilidade de um sistema, elemento ou componente de ser mantido ou recolocado no estado no qual possa executar suas funções requeridas, sob condições de uso especificadas, quando a manutenção é executada sob condições determinadas, procedimentos e meios prescritos (ABNT, 2021).

Nesse contexto, a manutenção não deve ser pensada apenas na pós-ocupação do edifício, mas também pelo projetista, na etapa de projeto. Para Ramos (2010), o conceito de manutenção tem passado por alterações, não sendo mais um conjunto de ações, da forma mais econômica, para manter ou restabelecer um bem em determinado estado ou assegurando um determinado serviço. O conceito passa a ser mais abrangente, consistindo em um conjunto de ações ou tarefas executadas ao longo da vida útil do edifício, que tem por finalidade repor sua operacionalidade nas melhores condições de qualidade, custo, segurança, conforto e bem-estar.

A manutenção de edifícios, de acordo com a NBR 14037:2011: Diretrizes para elaboração de manuais de uso, operação e manutenção das edificações - Requisitos para elaboração e apresentação dos conteúdos, é um "conjunto de atividades a serem realizadas para conservar ou recuperar a capacidade funcional da edificação e de suas partes a fim de atender às necessidades e segurança dos seus usuários".

As atividades de manutenção, bem como sua periodicidade, devem estar especificadas no manual de uso, operação e manutenção da edificação, que é regido pela NBR 14037:2011, a qual estabelece os requisitos mínimos para elaboração e apresentação dos conteúdos do manual, o qual deve ser elaborado pelo construtor e/ou incorporador e entregue ao usuário.

Ramos (2010) destaca que os aspectos de manutenção devem ser considerados durante a fase de projeto. A vida de um edifício compreende duas etapas: a primeira corresponde ao processo de produção do edifício, e a segunda é o uso do edifício. É na segunda etapa que se observa o desempenho do edifício e se avalia se este cumpre satisfatoriamente as finalidades para as quais foi concebido. Quanto aos custos dessas etapas, para um empreendimento com vida útil de cinquenta anos, as despesas relacionadas com as fases de concepção e execução representam em torno de 20% a 25% dos custos totais, enquanto a fase de exploração e manutenção corresponde de 75% a 80% dos custos.

O PROCESSO DE PROJETO DE SISTEMAS HIDROSSANITÁRIOS

O processo de projeto como um todo é essencial para garantir a qualidade e o desempenho das edificações, bem como para otimizar os processos construtivos (Lima; Andery; Veiga, 2016).

A Parte 6 da Norma de Desempenho apresenta uma lista de verificações para os projetos dos sistemas hidrossanitários, cujo atendimento consiste na comprovação de alguns critérios de desempenho. De acordo com esta lista, existem seis fases de projeto, conforme o Quadro 7.2.

Quadro 7.2 Fases de projeto.

Fase	Descrição
A	Concepção do produto
B	Definição do produto
C	Identificação e solução de interfaces
D	Projeto e detalhamento de especialidades
E	Pós-entrega dos projetos
F	Pós-entrega da obra

Fonte: adaptado de NBR 15575-6:2021 (ABNT).

As fases A e B são fases iniciais, sendo que a fase A compreende a análise das condicionantes locais e consultas às concessionárias de serviços públicos, podendo ser dividida em três etapas: levantamento de dados (LV), programa de necessidades (PN) e estudo de viabilidade (EV). Já a fase B compreende a definição de ambientes e espaços técnicos, consultas às concessionárias de serviços públicos e assessoria para adoção de novas tecnologias, podendo ser subdividida em três etapas: estudo preliminar (EP), anteprojeto (AP) e projeto legal (PL).

As fases C e D consistem no projeto básico (PB) e no projeto executivo (PE), respectivamente. A fase C compreende o posicionamento de dispositivos e componentes hidráulicos, definição e layout de salas técnicas, traçado de tubulações hidráulicas principais, e definição e layout de *shafts*. Já a fase D compreende dimensionamentos hidráulicos gerais, projeto e detalhamento de instalações localizadas, plantas de distribuição hidráulica, preparação de esquemas verticais da instalação, detalhamento de ambientes e centrais técnicas, elaboração de memoriais e especificações, elaboração de plantas de marcação de lajes, verificação da adequação e conformidade de elementos, sistemas e/ou componentes, detalhamento de montagem de instalação em *shafts*, marcação e especificação de suportes, e elaboração de planilha de quantidades de materiais.

As fases E e F são as fases finais, sendo que a fase E compreende a apresentação do projeto, programa básico de acompanhamento da obra e esclarecimento de dúvidas. Já a fase F compreende atividades de avaliação e/ou assessoria e projetos de alterações.

Apesar das fases serem bem definidas, é comum a ausência do profissional da área de sistemas hidrossanitários nas fases iniciais de projeto, de concepção e definição da edificação. As questões relativas a esses sistemas geralmente não são consideradas nessas fases. O trabalho de Lima, Andery e Veiga (2016) demonstra esses resultados, sugerindo poucos avanços nas práticas de mercado relacionadas a esse aspecto nos últimos dez anos. Devido a essa falha nas fases iniciais, a especialidade de hidráulica elabora internamente a compatibilização dessa disciplina com as demais, concentrando estudos preliminares, anteprojeto e projeto básico em uma única etapa.

Os autores também identificaram em sua pesquisa que uma das principais dificuldades encontradas pelos projetistas e construtores em relação à NBR 15575:2021 é a obtenção de dados técnicos relativos à especificação de materiais e produtos. Observaram ainda que a maioria dos fornecedores ainda não oferece manuais técnicos com as informações completas para auxiliar os projetistas nessa especificação de materiais.

Além disso, a comunicação entre projetistas e fornecedores não é frequente. Como consequência, os projetistas, algumas vezes, especificam materiais e sistemas construtivos cujos detalhes técnicos e de instalação/utilização pouco conhecem (Okamoto; Melhado, 2014).

Nesse cenário, Okamoto e Melhado (2014) levantaram algumas posturas favoráveis ao processo de projeto diante das exigências impostas pela Norma de Desempenho. As empresas incorporadoras/construtoras necessitam reavaliar as medidas de contratação de projetistas e fornecedores, de forma a garantir o atendimento das normas vigentes, contratar consultorias especializadas para que procedimentos internos possam ser alterados na empresa, e realizar o planejamento para a realização de ensaios de caracterização de componentes e sistemas de edifícios já executados.

Já os projetistas necessitarão de treinamento e orientações acerca das exigências normativas e legais relativas à construção civil, e formar comitês internos para o estudo da Norma de Desempenho e de outras vigentes. Ademais, devem solicitar maior feedback às empresas contratantes em relação aos projetos desenvolvidos, ao mesmo tempo que passam a alertá-las mais frequentemente sobre alterações no produto tendo em vista as novas exigências.

Os fornecedores de materiais e sistemas construtivos deverão realizar ensaios para melhor caracterizarem seus produtos, fornecendo mais informações que norteiem as tomadas de decisão de projetistas e construtores/incorporadores, além de realizar treinamentos com projetistas e incorporadoras/construtoras, auxiliando-os na especificação de seus produtos. Além disso, exige-se mais informações técnicas também para os usuários, descritas em embalagens e manuais dos usuários (Okamoto; Melhado, 2014).

NORMA DE DESEMPENHO EM INSTALAÇÕES HIDROSSANITÁRIAS

Na Parte 6 da Norma de Desempenho são apresentados os requisitos e critérios de desempenho para os sistemas hidrossanitários, compreendendo os sistemas prediais de água fria e água quente, esgoto sanitário e ventilação, e águas pluviais. Em termos de referências normativas, as seis partes da NBR 15575:2021 possuem mais de duzentas normas referenciadas, sendo a maioria de normas nacionais. Na Parte 6 são mencionadas 62 normas, das quais 61 são nacionais e 1 internacional.

Dentre os doze requisitos do usuário apresentados ao longo da norma, na Parte 6 não são estabelecidos critérios para os requisitos de desempenho térmico e desempenho lumínico, pois estes não se aplicam a sistemas hidrossanitários, enquanto o requisito de desempenho acústico é apresentado em caráter não obrigatório. Portanto, para sistemas hidrossanitários há nove requisitos a serem atendidos obrigatoriamente. Vale ainda ressaltar que nessa parte são estabelecidos apenas os níveis mínimos (M) de desempenho, sendo que somente para o requisito de desempenho acústico há as opções de nível mínimo (M), intermediário (I) ou superior (S).

Para os nove requisitos a serem atendidos, existem, ao todo, 42 critérios de desempenho, alguns dos quais não são específicos de sistemas hidrossanitários, como é o caso do critério de extintores de incêndio. A seguir, serão apresentados os principais critérios de incumbência do projetista de sistemas hidrossanitários.

SEGURANÇA ESTRUTURAL

REQUISITO – RESISTÊNCIA MECÂNICA DOS SISTEMAS HIDROSSANITÁRIOS E DAS INSTALAÇÕES

Critério – Tubulações suspensas

O sistema de fixação das tubulações suspensas, bem como as próprias tubulações, aparentes ou não, devem resistir a um peso cinco vezes maior que o peso próprio da tubulação cheia de água, além de não apresentar deformações maiores que 0,5% do vão. O método de avaliação indicado é um ensaio de tipo realizado em laboratório ou campo, aplicando-se as cargas mencionadas no ponto médio entre dois fixadores e/ou suportes ancorados conforme indicação em projeto e verificando se houve colapso ou deformação da tubulação após trinta minutos.

Figura 7.2 Ensaio de resistência mecânica de tubulações suspensas.

Recomendações semelhantes, no entanto genéricas, são apresentadas na NBR 5626:2020, no item 6.6, o qual prevê que os trechos horizontais de tubulações de água fria e quente devem ser projetados de modo a evitar deformação excessiva, sendo que a distância entre suportes não pode permitir deformações incompatíveis com as características do componente, considerando a tubulação cheia de água. Além disso, acerca dos fixadores, a NBR 8160:1999, no Anexo E, recomenda que o intervalo entre os dispositivos fixadores deve ser tal que não provoque trechos passíveis de acumulação de esgoto e/ou contradeclividades, devendo garantir a declividade da tubulação. Entende-se que esse critério é de responsabilidade tanto do construtor quanto do projetista de instalações. O construtor deve realizar o ensaio de forma a validar o sistema de ancoragem utilizado. Porém, cabe ao projetista fazer a especificação do tipo de suportes e das distâncias entre eles, respeitando ainda as indicações do fabricante para cada diâmetro de tubulação.

Critério – Tubulações enterradas

As tubulações enterradas devem manter sua integridade. A avaliação desse critério consiste em verificar a existência de berços e envelopamentos no projeto hidrossanitário, com base em cálculos que devem constar no projeto ou em literaturas específicas.

As tubulações enterradas devem manter sua integridade. A avaliação desse critério consiste em verificar a existência de berços e envelopamentos no projeto hidrossanitário, com base em cálculos que devem constar no projeto ou em literaturas específicas. Esse critério também é apresentado na NBR 5626:2020 no item 6.19.4, o qual define que as tubulações enterradas devem ser protegidas dos esforços solicitantes resultantes de cargas de superfície (como carga de tráfego, por exemplo) e instaladas de modo a evitar deformações decorrentes de recalques do solo. Além disso, se forem tubulações metálicas, devem ser protegidas contra corrosão.

A NBR 5626:2020 também recomenda que em solos sujeitos a recalques, devem ser projetados berços especiais de assentamento, mantendo distanciamento em relação a elementos estruturais. Se a tubulação contiver registros de fechamento ou de utilização, deve-se prever acesso para manobras na superfície, como uma caixa de proteção, por exemplo. No Anexo E da NBR 8160:1999, há recomendações quanto ao assentamento de tubulações em valas, como remoção de materiais perfurantes e lama, e ancoragens que resistam às possíveis solicitações do solo, tráfego externo, entre outras.

Critério – Tubulações embutidas

As tubulações embutidas não devem sofrer esforços externos que venham a danificá-las ou comprometer a estanqueidade ou o fluxo. A avaliação desse critério consiste em verificar no projeto se existem, nos pontos de transição (parede × piso, parede × pilar etc.), dispositivos que assegurem que os esforços não sejam transmitidos à tubulação e, portanto, a responsabilidade de apresentar essas soluções é do projetista.

Embora este critério não seja bem esclarecido na norma, é possível associá-lo às especificações já apresentadas na NBR 8160:1999 e NBR 5626:2020.

De acordo com o item E.4 do Anexo E da NBR 8160:1999, as tubulações devem ser fixadas de forma que não sofram danos causados pela movimentação da estrutura ou por outras solicitações mecânicas. Assim, o método de fixação das instalações deve considerar os movimentos causados por variação de temperatura. Quando as tubulações atravessam paredes ou pisos, devem ser protegidas por material que absorva as movimentações. Semelhantemente, os itens 6.19.1 e 6.19.2 da NBR 5626:2020 tratam da interação das tubulações com elementos construtivos e estruturais, destacando que as tubulações não devem ser embutidas ou solidarizadas em elementos estruturais. Sua fixação deve permitir a movimentação e facilitar a manutenção. Nos casos necessários de passagens nesses elementos, deve-se prever tubulações encamisadas ou alojadas em passagens específicas para este fim. Também deve-se preservar a integridade física e funcional das tubulações instaladas em pisos e paredes frente aos deslocamentos previstos nesses elementos. A Figura 7.3 apresenta uma situação que não atende a esse critério, pois não há possibilidade de movimentação da tubulação.

Figura 7.3 Tubulação de esgoto sem possibilidade de movimentação.

Critério – Pressão estática máxima

O sistema hidrossanitário deve atender ao critério de pressão estática máxima estabelecido na NBR 5626:2020, cujo valor é de 400 kPa (40 mca). A avaliação desse critério consiste na análise do projeto hidrossanitário, sendo o projetista de instalações o responsável por atender à NBR 5626:2020 e declarar tal atendimento no projeto. Deve-se atentar para este critério principalmente em edifícios altos, a fim de evitar problemas de excesso de pressão que podem ocasionar o rompimento de engates flexíveis, vazamentos, desconforto ao usuário, entre outros. Para esses casos, podem ser utilizadas válvulas redutoras de pressão (VRP), porém sua adoção deve ser feita ainda na fase de projeto, pois adaptações em edifícios já consolidados causam transtornos aos usuários devido às reformas, além de custos financeiros.

REQUISITO – SOLICITAÇÕES DINÂMICAS DOS SISTEMAS HIDROSSANITÁRIOS

Critério – Sobrepressão máxima quando da parada de bombas de recalque

A velocidade do fluido deve ser inferior a 10 m/s. A avaliação compreende uma análise do projeto, sendo o projetista de instalações o responsável por prever uma velocidade compatível, a qual deve ser declarada no projeto. Para isso, deve-se especificar tubulações de diâmetros compatíveis com a vazão de recalque, além de uma motobomba de potência adequada.

Este critério não é muito claro, pois refere-se à sobrepressão máxima na parada de bombas de recalque, mas apresenta critério quanto à velocidade do fluido na tubulação, embora esses parâmetros tenham relação. Entende-se que o principal objetivo é evitar o incômodo causado pelo ruído excessivo. Não existe um parâmetro exato na NBR 5626:2020, mas no item 6.5.11 destaca-se que a localização e disposição das bombas devem evitar a transmissão de vibração e ruídos.

SEGURANÇA CONTRA INCÊNDIO

REQUISITO – EVITAR PROPAGAÇÃO DE CHAMAS ENTRE PAVIMENTO

Critério – Evitar propagação de chamas entre pavimento

As prumadas de esgoto sanitário e ventilação, quando aparentes e fixadas em alvenaria ou no interior de *shafts*, devem ser feitas de material não propagante. A avaliação deste critério se dá por meio da análise de projeto, no qual o projetista deve especificar tubulações de material não propagante, informação que deve ser fornecida pelo fabricante. De acordo com Nunes (2006), as formulações do PVC rígido são resistentes à ignição e propagação de chamas. A combustão ocorre quando a fonte de calor é aplicada permanentemente no material, porém, quando retirada a fonte de calor, a combustão é interrompida, podendo ser considerado autoextinguível.

Este critério refere-se especificamente aos materiais das tubulações, que não devem propagar chamas. Porém, além disso, deve-se prever elementos que impeçam a propagação do incêndio pelos *shafts*. Essa especificação, que se aplica aos sistemas hidrossanitários, consta da Parte 3, intitulada Requisitos para sistemas de piso, da norma NBR 15575:2021, referente ao sistema de pisos, nos critérios 8.3.3, 8.3.5 e 8.3.9.

O critério 8.3.3 estabelece que as aberturas existentes nos pisos para prumadas elétricas e hidráulicas devem ser providas de selagem corta-fogo (Figura 7.4).

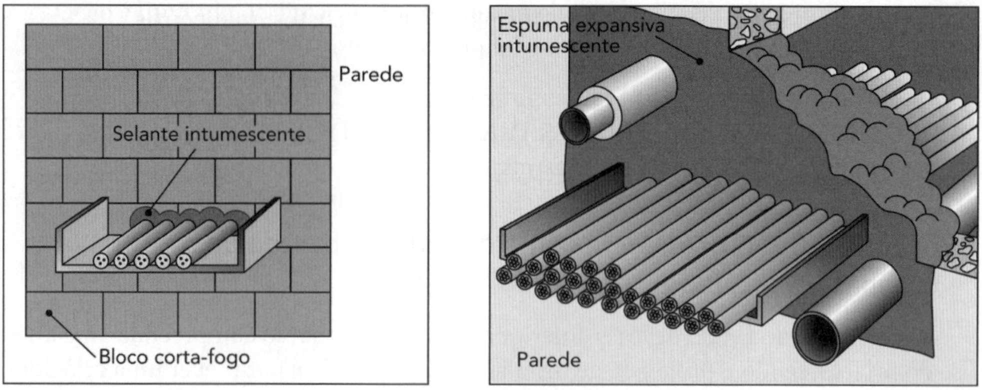

Figura 7.4 Exemplos de selagem corta-fogo em aberturas de paredes e pisos.
Fonte: adaptada de Hilti (2019).

Semelhantemente, o critério 8.3.5 indica que as tubulações de materiais poliméricos com diâmetro superior a 40 mm, passantes no piso, devem receber selagem capaz de fechar o vazio deixado pelo tubo ao ser consumido pelo fogo. Essa selagem pode ser substituída por prumadas enclausuradas, as quais devem ser dotadas de paredes corta-fogo com resistência ao fogo idêntica à do piso, conforme o critério 8.3.9. Não há exigência da norma para o projetista de instalações hidrossanitárias quanto às especificações de selagem corta-fogo nessas instalações. Entretanto, é importante que este faça a declaração em projeto, indicando sua necessidade.

SEGURANÇA NO USO E OPERAÇÃO

REQUISITO – RISCO DE CHOQUES ELÉTRICOS E QUEIMADURAS EM SISTEMAS DE EQUIPAMENTOS DE AQUECIMENTO E EM ELETRODOMÉSTICOS OU ELETROELETRÔNICOS

Critério – Corrente de fuga em equipamentos

Os equipamentos elétricos devem atender às prescrições da NBR 12090:2016 e NBR 14016:2015, as quais estabelecem os métodos de ensaio para determinação de corrente de fuga em chuveiros elétricos, aquecedores instantâneos e torneiras elétricas, respectivamente, limitando-se a corrente de fuga para outros aparelhos a 15 mA. Como método de avaliação, indica-se um ensaio conforme essas normas, o qual se entende que deve ser realizado pelo fornecedor, cujo laudo deve ser exigido pelo construtor.

Entretanto, é comum que as construtoras não forneçam os equipamentos, sendo estes de responsabilidade do usuário. Assim, não está definido se essa condição deve ser especificada pelo projetista de instalações hidrossanitárias ou elétricas, mas deve constar no manual de uso, operação e manutenção (manual do usuário).

Critério – Dispositivo de segurança em aquecedores elétricos de acumulação

Os aquecedores elétricos de acumulação devem ser providos de dispositivo de alívio de sobrepressão e de dispositivo de segurança que corte a alimentação de energia em caso de superaquecimento. O método de avaliação indicado na norma consiste em uma verificação da existência desse dispositivo na especificação do aparelho. Ou seja, entende-se que a responsabilidade é do projetista das instalações hidrossanitárias na especificação do aparelho, seja a instalação por parte da construtora ou do proprietário, o qual deverá buscar essas informações junto ao fabricante.

REQUISITO – RISCO DE EXPLOSÃO, QUEIMADURAS OU INTOXICAÇÃO POR GÁS

Critério – Dispositivos de segurança em aquecedores de acumulação a gás

Os aquecedores de acumulação a gás devem ser providos de dispositivo de alívio de sobrepressão e dispositivo de segurança que corte a alimentação do gás em caso de superaquecimento. A avaliação indicada pela norma consiste em duas etapas: verificação da existência desse dispositivo na especificação do aparelho e inspeção na etiqueta do aquecedor. Entende-se que, na primeira etapa, a responsabilidade é do projetista de instalações hidrossanitárias, que deve especificar um aparelho adequado, cuja comprovação se dá no memorial descritivo dos sistemas. Já na segunda, a responsabilidade é do construtor, que deve comprovar a existência do dispositivo por meio de relatório de inspeção.

Entretanto, muitas vezes as construtoras não fornecem esses equipamentos, que ficam sob responsabilidade do usuário. Assim, é mais coerente considerar o atendimento ao critério mediante a especificação do aparelho pelo projetista. Nesse sentido, tem-se o exemplo da Instrução Normativa 08 (IN 08) do Corpo de Bombeiros Militar de Santa Catarina (2018), a qual exige a instalação dos aquecedores de acumulação ou passagem a gás de exaustão natural no momento da vistoria de habite-se. Porém , conforme o art. 71, se os aquecedores forem do tipo de exaustão forçada ou fluxo balanceado, não é obrigatória sua instalação por parte da construtora, mas esta deve fixar placa informativa com recomendações de instalação e especificações do aparelho, como vazão (l/min) e potência (kcal/min). Além disso, conforme o art. 72, no ato da vistoria, deve ser apresentada cópia do manual do proprietário, contendo as orientações e especificações de instalação dos aquecedores a gás.

REQUISITO – TEMPERATURA DE UTILIZAÇÃO DA ÁGUA

Critério – Temperatura de aquecimento

O sistema de mistura de água fria, regulagem de vazão e outras técnicas deve permitir a regulagem da temperatura da água no ponto de utilização no limite de 50 °C. Para a avaliação, os equipamentos devem atender a essa condição quando ensaiados, conforme NBR 12090:2016, NBR 14011:2015 e NBR 14016:2015, e o projeto deve atender à NBR 5626:2020. Assim, supõe-se que a responsabilidade de ensaiar os aparelhos é do fornecedor e a responsabilidade de atender à NBR 5626:2020 é do projetista do hidrossanitário.

Em relação ao projeto, consta do item 6.10.3 que a temperatura máxima em tubulações de água dentro dos ambientes sanitários é 70 °C. Entretanto, a temperatura da água deve ser limitada a 45 °C nos pontos de sua utilização para uso corporal, conforme o item 6.10.4. Quanto aos ensaios, a NBR 12090:2016 se refere à determinação de corrente de fuga em chuveiros elétricos, enquanto a NBR 14011:2015 e a NBR 14016:2015 referem-se aos requisitos e determinação de corrente de fuga em aquecedores instantâneos e torneiras elétricas. Não são mencionadas normas referentes a outros sistemas de aquecimento, como os aquecedores a gás do tipo passagem e acumulação, ou ainda aquecedores solares. Desse modo, não há clareza quanto aos sistemas contemplados neste critério. Além disso, há certa subjetividade em relação à temperatura máxima de 50°C, se é no ponto de consumo ou nos próprios equipamentos. No caso de aparelhos elétricos como chuveiros, o ponto de consumo é o próprio aparelho. Já no caso de aquecedores a gás, o aparelho está distante do ponto de consumo e a água perde calor ao longo da tubulação, o que questiona a limitação de temperatura nestes aparelhos. Nesse sentido, a NBR 8130:2004 especifica a temperatura máxima da água de 80°C na saída de aquecedores de passagem a gás, e muitos aquecedores disponíveis no mercado possibilitam a regulagem até 70°C.

DURABILIDADE E MANUTENIBILIDADE

REQUISITO – VIDA ÚTIL DE PROJETO DAS INSTALAÇÕES HIDROSSANITÁRIAS

Critério – Vida útil de projeto

As instalações hidrossanitárias devem manter a capacidade funcional durante a vida útil de projeto, considerando intervenções periódicas de manutenção e conservação. Os valores de VUP estão previstos na Tabela C.5 da Parte 1 da NBR 15575:2021; para o sistema hidrossanitário, esse valor é de no mínimo 20 anos para atender ao desempenho mínimo (M), 25 anos para atender ao nível de desempenho intermediário (I) e 30 anos para o nível superior (S). A responsabilidade de especificar a VUP é do projetista, bem como a periodicidade de manutenções e substituições a fim de atingir os valores da VUP. No entanto, a decisão da VUP deve ser tomada em conjunto com o construtor.

Destaca-se que, para atender aos valores previstos, é imprescindível o emprego de componentes e materiais de qualidade compatível com a VUP estabelecida, execução de técnicas e métodos que possibilitem a obtenção da VUP, atendimento dos programas de manutenção, atendimento aos cuidados preestabelecidos para o correto uso da edificação e uso conforme as condições previstas no projeto. Neste critério é estabelecida uma premissa de projeto pela Norma de Desempenho, a qual indica que, em virtude da complexidade e variedade dos componentes do sistema hidrossanitário, considerando ainda que a vida útil também é função da agressividade do meio ambiente e das características intrínsecas dos materiais e dos solos, os componentes podem apresentar vida útil menor do que as estabelecidas para o sistema hidrossanitário como VUP. Assim, no projeto deve constar o prazo de substituição e manutenções periódicas pertinentes. Na Tabela C.6 da Parte 1 da NBR 15575:2021 são apresentados alguns exemplos de VUP dos componentes da edificação a fim de atender aos níveis de desempenho, sendo alguns referentes aos sistemas hidrossanitários. Este critério é um dos mais difíceis de se cumprir, pois, para determinar a VUP dos sistemas hidrossanitários, o projetista precisa de dados de vida útil de cada componente do sistema, para que possa determinar os prazos de manutenção e substituição. Porém, os fabricantes, em sua maioria, não apresentam esses dados. É necessário que estes realizem testes em seus produtos e passem a disponibilizar claramente essas informações.

Critério – Projeto e execução das instalações hidrossanitárias

A qualidade do projeto e da execução dos sistemas hidrossanitários deve atender às normas brasileiras vigentes. A norma sugere a aplicação da lista de verificações anexa à própria norma, segundo a qual o projetista deve atender de forma objetiva aos conteúdos e produtos gerados em cada fase de projeto, da fase A à fase F. A responsabilidade do atendimento a esse critério é do projetista, que deve apresentar em projeto a declaração do atendimento às normas vigentes para cada sistema considerado. O conteúdo da lista de verificações da norma também é apresentado no Manual de Escopo de Projeto e Serviços de Instalações Hidráulicas da ABRASIP (2012), e consiste em uma sequência de atividades, organizadas em fases bem definidas e que permitem determinar cronogramas, medições e outras etapas. O documento fornece orientações para o desenvolvimento do projeto completo, sendo um importante guia para o projetista e o empreendedor e/ou construtor.

Critério – Durabilidade dos sistemas, elementos, componentes e instalações

Os elementos, componentes e instalações dos sistemas hidrossanitários devem possuir durabilidade compatível com a VUP. A norma indica que se siga o disposto na seção 14 da Parte 1 da NBR 15575:2021, a qual determina que o projeto deve especificar a VUP para cada sistema. Além disso, o critério 14.2.3 da Parte 1 descreve algumas formas de avaliação da durabilidade dos componentes. Basicamente, estas são:

a) Por meio do atendimento às normas relacionadas com a durabilidade, por exemplo, a NBR 6118:2014, que trata do projeto de estruturas de concreto armado;

b) Pela comprovação da durabilidade dos elementos e sua correta utilização conforme normas associadas a eles e que tratam de sua especificação, aplicação e ensaios, como a NBR 5649:2006, sobre os requisitos de reservatórios de fibrocimento;

c) Por meio de normas estrangeiras;

d) Por meio de análise de campo de inspeção em protótipos;

e) Pela análise dos resultados obtidos em ensaios eficazes.

Quanto à alternativa b, a Norma de Desempenho cita o exemplo da NBR 5649:2006, porém esta não apresenta dados temporais de durabilidade, apenas especifica os critérios para sua correta fabricação e utilização. Sendo assim, não é possível entender como se dá a comprovação da durabilidade por essa norma.

Entretanto, entende-se que é responsabilidade do projetista de instalações especificar em projeto a durabilidade dos componentes, necessitando, para isso, do fornecimento de dados dos fabricantes. Além disso, é importante que o construtor exija do fornecedor o documento que comprove a durabilidade de seu produto, principalmente para componentes mais específicos e de custo elevado, como reservatórios, bombas, válvulas redutoras de pressão etc.

REQUISITO – MANUTENIBILIDADE DAS INSTALAÇÕES HIDRÁULICAS, DE ESGOTO E DE ÁGUAS PLUVIAIS

Critério – Inspeções em tubulações de esgoto e águas pluviais

Devem ser previstos dispositivos de inspeção, como caixas e outras peças de inspeção, nas tubulações de esgoto e de águas pluviais, conforme descrito na NBR 8160:1999 e na NBR 10844:1989, respectivamente. É de responsabilidade do projetista especificar esses dispositivos no projeto hidrossanitário.

De acordo com a NBR 8160:1999, o interior das tubulações, embutidas ou não, deve ser acessível por meio de caixas ou dispositivos de inspeção, destinadas à inspeção, desobstrução, junção, mudança de declividade e/ou tubulações. Nesse contexto, embora não seja uma exigência nem prática comum, é recomendável a execução de *shafts* visitáveis, os quais facilitam eventuais reparos.

Critério – Manual de operação, uso e manutenção das instalações hidrossanitárias

O fornecedor do sistema hidrossanitário deve especificar todas as suas condições de uso, operação e manutenção, incluindo o projeto *as built* (como construído). A avaliação desse critério consiste em verificar essas especificações no manual de uso, operação e manutenção, também denominado manual do usuário, cuja responsabilidade de elaboração é do construtor. Contudo, é de responsabilidade dos projetistas disporem todas as informações e especificações necessárias para sua elaboração.

A ausência ou insuficiência de especificação das condições de uso, operação e manutenção pode acarretar falhas de manutenção pelo usuário, as quais, por sua vez, podem gerar manifestações patológicas. Nesse sentido, recomenda-se fortemente que o projetista forneça informações mais específicas, por exemplo: procedimento e periodicidade da limpeza de caixas de gordura; procedimento e periodicidade da limpeza de calhas; vazão dos aparelhos instantâneos de aquecimento a gás, a fim de orientar a compra do aparelho; limpeza de caixas sifonadas; reposição de água em caixas sifonadas pouco utilizadas para manter o fecho hídrico.

SAÚDE, HIGIENE E QUALIDADE DO AR

REQUISITO – CONTAMINAÇÃO BIOLÓGICA DA ÁGUA NA INSTALAÇÃO DE ÁGUA POTÁVEL

Critério – Independência do sistema de água

A norma apresenta dois critérios neste item. Primeiramente, indica que o sistema de água potável deve ser separado fisicamente de qualquer outra instalação que conduza água não potável de qualidade insatisfatória, desconhecida ou questionável. Posteriormente, indica que os componentes do sistema não podem transmitir substâncias tóxicas à água por meio de metais pesados, causando dúvidas.

O método de avaliação proposto é a verificação do projeto quanto ao atendimento às normas referentes às tubulações, como as normas de fabricação de PVC, PPR, CPVC, cobre, PEX e registros. Deve-se mencionar em projeto a utilização de componentes e materiais que assegurem essa condição.

Percebe-se que o segundo critério não trata da independência do sistema de água e que os critérios apresentados são distintos, dificultando sua compreensão. Quanto à especificação de independência do sistema de água, esta é mencionada na NBR 5626:2020 no item 6.5.1.2, prescrevendo que se deve evitar conexão cruzada de redes distintas. Conexão cruzada consiste em qualquer meio (ligação física em uma peça, dispositivo ou outro arranjo) que põe em contato a água potável com água de outra qualidade. Tal ligação pode permitir que a água escoe de uma tubulação para a outra, dependendo do diferencial de pressão entre elas.

Critério – Risco de estagnação da água

Os componentes da instalação hidráulica não podem permitir o empoçamento de água ou a estagnação por falta de renovação. A avaliação consiste no atendimento às normas de fabricação e ensaios de tanques, pias de cozinhas e válvulas, de responsabilidade do fornecedor, cujos laudos devem ser exigidos pelo construtor.

Com base no método de avaliação proposto, a norma refere-se ao risco de empoçamento de águas nos aparelhos sanitários. Entretanto, há riscos de estagnação da água no próprio sistema de água potável, como nos reservatórios, cujos formatos em alguns casos podem possibilitar a formação de zonas de estagnação.

A NBR 5626:2020 estabelece no item 6.5.6.6 que o formato do reservatório e a disposição das tubulações de entrada e saída devem evitar o risco de zonas de estagnação dentro do reservatório. Além disso, no caso de a reserva técnica de incêndio ser armazenada junto ao volume de consumo, deve-se assegurar a recirculação total da água armazenada.

Este critério baseia-se no princípio da contaminação biológica da água potável. É importante considerar que a estagnação de água nas instalações de esgoto e águas pluviais também pode apresentar riscos, como no caso de caixas sifonadas instaladas em locais de uso não frequente, situação em que a falta de renovação da água é propícia para o surgimento de focos de mosquitos da dengue, devendo-se adotar soluções para sua renovação, ou recomendar ao usuário a aplicação de telas protetoras e a renovação da água.

REQUISITO – CONTAMINAÇÃO DA ÁGUA POTÁVEL DO SISTEMA PREDIAL

Critério – Tubulações e componentes de água potável enterrados

Os componentes do sistema enterrado devem ser protegidos contra a entrada de animais, corpos estranhos e líquidos que possam contaminar a água potável. Para isso, o projetista deve atender a todos os critérios de projeto descritos na NBR 5626:2020 e na NBR 8160:1999. Conforme o item 6.15 da NBR 5626:2020, as tubulações não podem ficar alojadas em locais que possam comprometer a qualidade da água, como caixas de inspeção de esgoto, sumidouros, entre outros. O item 6.5.3.2 enfatiza que deve haver um afastamento do alimentador predial em relação a fontes poluidoras.

REQUISITO – CONTAMINAÇÃO POR REFLUXO DE ÁGUA

Critério – Separação atmosférica

Com o objetivo de evitar o refluxo da água, deve ser prevista a separação atmosférica, podendo ser adotada a separação atmosférica padronizada ou outros dispositivos. A avaliação desse critério consiste na análise do projeto hidrossanitário, o qual deve atender à NBR 5626:2020, sendo, portanto, de responsabilidade do projetista.

A NBR 5626:2020 define separação atmosférica como uma separação física, cujo meio é preenchido com ar, entre o ponto de utilização ou suprimento e o nível de transbordamento do reservatório ou aparelho. Ou seja, consiste na distância vertical entre a saída da água da peça de utilização e o nível de transbordamento do aparelho sanitário ou reservatório.

Essa medida visa proteger o ponto de utilização, preservando a potabilidade da água no interior das tubulações, evitando assim a retrossifonagem, que consiste no refluxo de água do reservatório ou aparelho sanitário para o interior da tubulação devido à sua pressão ser inferior à atmosférica.

O refluxo de água servida para dentro das tubulações provoca a contaminação de toda a instalação de água potável. Esse fenômeno costuma ocorrer em aparelhos sanitários que possuem a entrada de água potável abaixo do nível de transbordamento.

A NBR 5626:2020, no item 6.15.2, indica como dispositivo mais efetivo de prevenção ao refluxo a separação atmosférica padronizada. No caso de reservatórios, esta consiste na diferença de cota entre a tubulação de alimentação e o nível máximo de água (nível do extravasor), ou seja, a tubulação de alimentação sempre deverá estar acima do extravasor, respeitando a distância "s".

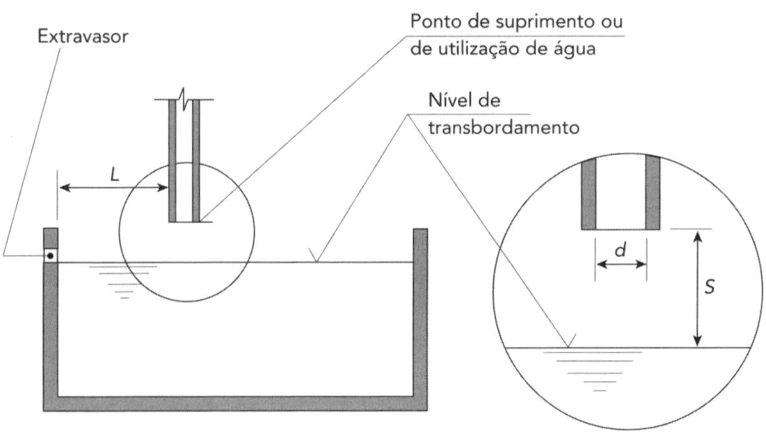

d – Diâmetro interno do ponto de suprimento ou utilização de água

S – Separação atmosférica

L – Distância mínima entre o ponto de suprimento ou de utilização de água e qualquer obstáculo próximo a ele

$L_{mín.} = 3\,d$

Altura mínima da separação atmosférica	
d mm	$S_{mín.}$ mm
d ≤ 14	20
14 < *d* ≤ 21	25
21 < *d* ≤ 41	70
41 < *d*	2 *d*

Figura 7.5 Separação atmosférica padronizada.

Fonte: NBR 5626:2020 (ABNT).

REQUISITO – AUSÊNCIA DE ODORES PROVENIENTES DA INSTALAÇÃO DE ESGOTO

Critério – Estanqueidade aos gases

O sistema de esgoto sanitário deve ser projetado de forma a evitar a retrossifonagem ou o rompimento do fecho hídrico. Para tanto, o projetista deve seguir as diretrizes estabelecidas pela NBR 8160:1999, que especifica as condições de ventilação para a instalação de esgoto, incluindo essas informações no projeto.

A norma NBR 8160:1999 estipula que o subsistema de ventilação pode ser provido apenas com ventilação primária e, na falta desta, com ventilação primária e secundária combinadas. A ventilação primária é assegurada pelo fluxo de ar no tubo de queda, mantido seco, que se estende até a atmosfera, formando a tubulação de ventilação primária. A ventilação secundária consiste na utilização de ramais e colunas de ventilação adicionais que conectam os ramais de descarga ou esgoto à ventilação primária, estendendo-se acima da cobertura.

Pesquisas revelam que o retorno de odores é uma das manifestações patológicas mais comuns nos sistemas hidrossanitários. O não cumprimento dos critérios de projeto estabelecidos para o subsistema de ventilação de esgoto, conforme definido na NBR 8160:1999, é uma das principais causas dessa patologia.

O fecho hídrico, presente nos desconectores dos aparelhos, é constituído por uma lâmina de água com pelo menos 5 cm de altura, destinada a proteger os aparelhos contra o retorno de odores e insetos. Os desconectores incluem caixas sifonadas e sifões.

O rompimento do fecho hídrico, como em uma caixa sifonada, pode ocorrer devido à instalação inadequada dos ramais de ventilação, conforme ilustrado na Figura 7.6. A NBR 8160:1999 estabelece uma distância mínima de 2 vezes o diâmetro nominal (DN) entre a saída de um desconector e um tubo ventilador, com distâncias máximas determinadas de acordo com o diâmetro do ramal de esgoto.

Além do dimensionamento correto, é essencial que o projeto do sistema de ventilação contemple a análise de locais com riscos específicos, como banheiros de pavimentos inferiores, que são mais suscetíveis ao retorno de espuma e ao refluxo de esgoto. Esse retorno ocorre, geralmente, devido à sobrepressão nas colunas de esgoto, muitas vezes causada pela ausência ou inadequação dos tubos de ventilação secundários. Um projeto bem elaborado, que inclui ventilação primária e secundária quando necessário, garante não apenas o conforto dos usuários, mas também a preservação da qualidade ambiental dos espaços internos, minimizando a ocorrência de patologias associadas aos sistemas de esgoto.

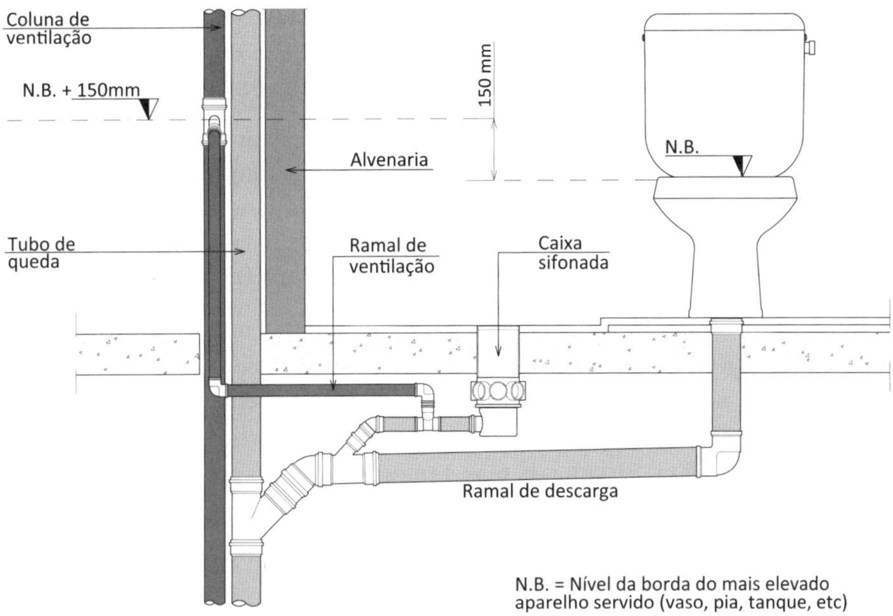

Figura 7.6 Esquema de ligação da ventilação de esgoto.
Fonte: NBR 8160:1999 (ABNT).

FUNCIONALIDADE E ACESSIBILIDADE

REQUISITO – FUNCIONAMENTO DAS INSTALAÇÕES DE ÁGUA

Critério – Dimensionamento da instalação de água fria e quente

O sistema predial de água fria e quente deve ser capaz de fornecer água com pressão, vazão e volume adequados para atender às demandas esperadas, levando em conta a possibilidade de uso simultâneo. A avaliação desse critério é realizada por meio de uma análise do projeto, onde o projetista deve garantir a conformidade com as diretrizes estabelecidas pela NBR 5626:2020.

Além disso, é fundamental considerar a interação entre os sistemas de água fria e quente, principalmente em instalações que utilizam misturadores ou chuveiros, onde a diferença de pressões pode causar desbalanceamento, afetando o conforto do usuário. Para mitigar esse problema, é recomendável a instalação de dispositivos como reguladores de pressão ou válvulas misturadoras termostáticas, que garantem maior estabilidade no fluxo e na temperatura da água. Outro aspecto relevante é a escolha de materiais resistentes à corrosão e às variações de temperatura, evitando desgaste precoce e reduzindo a probabilidade de vazamentos ou rupturas.

REQUISITO – FUNCIONAMENTO DAS INSTALAÇÕES DE ESGOTO

Critério – Dimensionamento da instalação de esgoto

O sistema predial de esgoto deve ser projetado para coletar e afastar o esgoto da edificação de maneira adequada, evitando transbordamentos, acúmulos, contaminação do solo ou retorno a aparelhos não utilizados. Para avaliar esse critério, é recomendada uma análise do projeto, na qual o projetista deve seguir as normas relacionadas ao sistema de esgoto, tais como NBR 8160:1999, NBR 7229:1993 e NBR 13969:1997.

É importante observar que, embora não explicitamente mencionada na Norma de Desempenho, o projetista deve considerar soluções para evitar o retorno de espuma, uma manifestação patológica comum, especialmente em lavanderias. A NBR 8160:1999, em seu item 4.2.4.2, orienta que, em edifícios verticais, nos tubos de queda que recebem esgoto com espuma de pias, tanques, máquinas de lavar e similares, devem ser adotadas medidas para impedir o retorno da espuma para os ambientes.

Entre as soluções recomendadas pela norma estão o uso de dispositivos antiespuma, a evitar ligações de tubulações de esgoto ou de ventilação em áreas de sobrepressão e o desvio do tubo de queda para a horizontal com curvas de 90° de raio longo ou duas curvas de 45°, visando atenuar a sobrepressão.

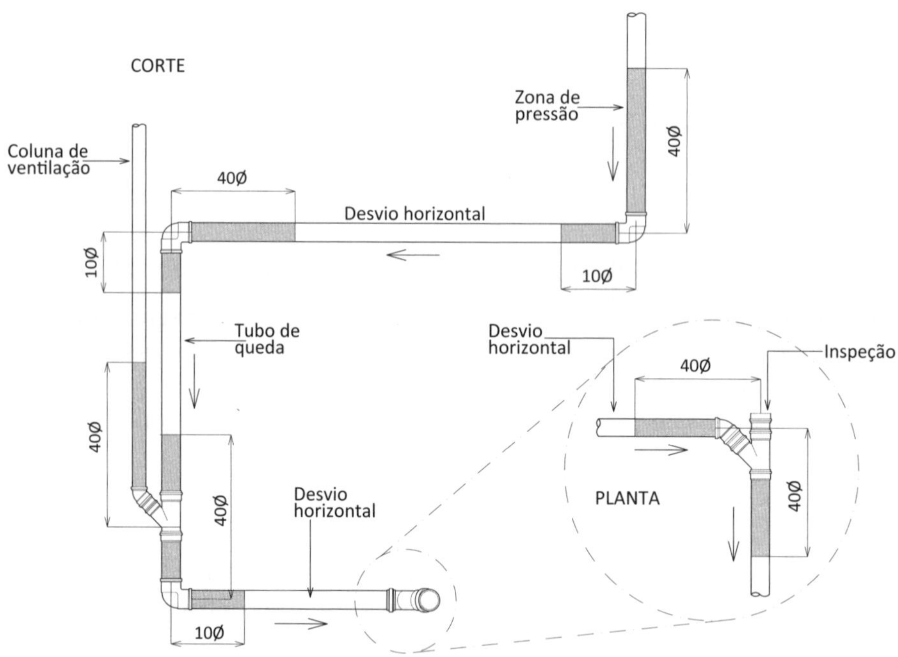

Figura 7.7 Zonas de sobrepressão.

Fonte: NBR 8160:1999 (ABNT).

REQUISITO – FUNCIONAMENTO DAS INSTALAÇÕES DE ÁGUAS PLUVIAIS

Critério – Dimensionamento de calhas e condutores

As calhas e condutores devem ser dimensionados para suportar a vazão de projeto, a qual deve ser calculada com base na intensidade de chuva adotada para o local, levando em consideração o período de retorno recomendado. Para avaliar esse critério, é necessária uma análise do projeto, na qual o projetista deve seguir as diretrizes estabelecidas na norma NBR 10844:1989.

ADEQUAÇÃO AMBIENTAL

REQUISITO – CONTAMINAÇÃO DO SOLO E DO LENÇOL FREÁTICO

Critério – Tratamento e disposição de efluentes

A rede de esgoto deve ser conectada à rede pública de esgoto ou a um sistema local de tratamento e disposição de efluentes, conforme as diretrizes estabelecidas na NBR 8160:1999, NBR 7229:1993 e NBR 13969:1997. Essas normas estabelecem os critérios de projeto para as instalações prediais de esgoto e sistemas de tratamento e disposição. A avaliação desse critério requer uma análise do projeto, na qual o projetista deve garantir o cumprimento das normas e declarar sua conformidade no projeto.

No aspecto de disposição de esgoto, a Parte 1 da NBR 15575:2013 apresenta o critério 18.4.1, denominado "utilização e reúso de água", que não é abordado na Parte 6, no entanto, refere-se aos sistemas hidrossanitários.

Este critério, além de exigir que as águas servidas sejam encaminhadas à rede pública ou a um tratamento adequado, recomenda que as instalações hidrossanitárias minimizem o consumo de água e permitam o reúso, uma medida que reduz o volume de esgoto a ser tratado. Para tanto, a norma estabelece os parâmetros mínimos de qualidade da água nos casos de reúso para fins não potáveis.

CAPÍTULO 8
Referências

AIDAR, Fernando Henrique. O incomodo ruído das instalações hidraulicas. *Téchne*, São Paulo, Pini, n. 35, p. 38-42, jul./ago. 1988.

ARAÚJO, Emerson de Andrade. *Patologias em instalações prediais*. In: CURSO DE INSTALAÇÕES HIDRÁULICAS, 2012. São Paulo. *Curso...* São Paulo: Amanco, 2012.

ALVES, Castilho Wolney; Zanella, Luciano; Santos, Maria Fernanda Lopes dos. *Sistema de aproveitamento de águas para usos não potáveis*. *Téchne*, São Paulo, Pini, n. 133, p. 100-104, abr. 2008.

AMANCO. Catálogos de produtos. Disponível em: <http://amanco.com.br/produtos>. Acesso em: 21 abr. 2018.

AMORIM, S. V. *Custos relacionados com a qualidade em sistemas prediais hidráulico-sanitários*. 1994. In: VIII Simpósio Nacional de Sistemas Prediais. *Anais*, p. 145-154, 27-28 set. 1994, São Paulo.

AMORIM, S. V.; Dias Jr., R. P.; Souza, K. E. *Melhoria da qualidade dos sistemas prediais hidráulicos e sanitários através do estudo da incidência de falhas*. In: X Encontro Nacional de Tecnologia do Ambiente Construído. *Anais*, p. 16-19, 18-21 jul. 2004, São Paulo.

AMORIM, S. V.; Fugazza, A. E. (colaborador). *Incidência de falhas em sistemas prediais: estudo de caso.* In: IV CONGRESSO IBEROAMERICANO DE PATOLOGIA DAS CONSTRUÇÕES; VI CONGRESSO DE CONTROLE DE QUALIDADE, *Anais*, 21-24 out. 1997. Porto Alegre.

AMORIM, S. V. *Instalações prediais hidráulico-sanitárias: desempenho e normalização.* Dissertação (Mestrado). Escola de Engenharia de São Carlos, Universidade de São Paulo, São Carlos, 1989.

AMORIM, S. V.; Vidotti, E.; Cass, A. J. R. *Patologias das instalações prediais hidráulico-sanitárias, em edifícios residenciais em altura, na cidade de São Carlos.* In: ENCONTRO NACIONAL DE TECNOLOGIA DO AMBIENTE CONSTRUÍDO-ENTAC 93. *Anais*, p. 15-523. São Paulo, Escola Politécnica da Universidade de São Paulo, 1993.

ASSOCIAÇÃO BRASILEIRA DE NORMAS TÉCNICAS. NBR 10844:1989 – *Instalação predial de águas pluviais.*

ASSOCIAÇÃO BRASILEIRA DE NORMAS TÉCNICAS. NBR 12213:1992 – *Projeto de captação de água de superfície para abastecimento público.*

ASSOCIAÇÃO BRASILEIRA DE NORMAS TÉCNICAS. NBR 12217:1994 – *Projeto de reservatório de distribuição de água para abastecimento público.*

ASSOCIAÇÃO BRASILEIRA DE NORMAS TÉCNICAS. NBR 5899:1995 – *Aquecedor de água a gás instantâneo.*

ASSOCIAÇÃO BRASILEIRA DE NORMAS TÉCNICAS. NBR 13752:1996 – *Perícias de engenharia na construção civil.*

ASSOCIAÇÃO BRASILEIRA DE NORMAS TÉCNICAS. NBR 13969:1997 – Tan*ques sépticos – Unidades de tratamento complementar e disposição final dos efluentes líquidos – Projeto, construção e operação.*

ASSOCIAÇÃO BRASILEIRA DE NORMAS TÉCNICAS. NBR 8160:1999 – *Sistemas prediais de esgoto sanitário – Projeto e execução.*

ASSOCIAÇÃO BRASILEIRA DE NORMAS TÉCNICAS. NBR 8130:2004 – *Aquecedor de água a gás tipo instantâneo – Requisitos e métodos de ensaio.*

ASSOCIAÇÃO BRASILEIRA DE NORMAS TÉCNICAS. NBR 13206:2010 – *Tubo de cobre leve, médio e pesado, sem costura, para condução de fluidos – Requisitos.*

ASSOCIAÇÃO BRASILEIRA DE NORMAS TÉCNICAS. NBR 15857:2011 – *Válvula de descarga para limpeza de bacias sanitárias – Requisitos e métodos de ensaio.*

ASSOCIAÇÃO BRASILEIRA DE NORMAS TÉCNICAS. NBR 15939-1: 2011a – *Sistemas de tubulações plásticas para instalações prediais de água quente e fria – Polietileno reticulado (PEX). Parte 1: Requisitos e métodos de ensaio.*

ASSOCIAÇÃO BRASILEIRA DE NORMAS TÉCNICAS. NBR 15939-2: 2011B – *Sistemas de tubulações plásticas para instalações prediais de água quente e fria – Polietileno reticulado (PEX). Parte 2: Procedimentos para projeto.*

ASSOCIAÇÃO BRASILEIRA DE NORMAS TÉCNICAS. NBR 5674:2012 - *Manutenção de edificações - Requisitos para o sistema de gestão de manutenção.*

ASSOCIAÇÃO BRASILEIRA DE NORMAS TÉCNICAS. NBR 16057:2012 - *Sistema de aquecimento de água a gás (SAAG): projeto e instalação.*

ASSOCIAÇÃO BRASILEIRA DE NORMAS TÉCNICAS. NBR 5674:2012 - *Manutenção de edificações — Requisitos para o sistema de gestão de manutenção.*

ASSOCIAÇÃO BRASILEIRA DE NORMAS TÉCNICAS. NBR 15575:2021 - *Edificações habitacionais - Desempenho - Parte 6: Requisitos para os sistemas hidrossanitários.*

ASSOCIAÇÃO BRASILEIRA DE NORMAS TÉCNICAS. NBR 15575:2013 - *Desempenho de edificações habitacionais.*.

ASSOCIAÇÃO BRASILEIRA DE NORMAS TÉCNICAS. NBR 6118:2014 - *Projeto de Estruturas de Concreto - Procedimento.*

ASSOCIAÇÃO BRASILEIRA DE NORMAS TÉCNICAS. NBR 14037.:2014 - *Diretrizes para elaboração de manuais de uso, operação e manutenção das edificações - Requisitos para elaboração e apresentação dos conteúdos.*

ASSOCIAÇÃO BRASILEIRA DE NORMAS TÉCNICAS. NBR 16280:2015 - *Reforma em edificações - Sistema de gestão de reformas - Requisitos.*.

ASSOCIAÇÃO BRASILEIRA DE NORMAS TÉCNICAS. NBR 10540:2016 - *Aquecedores de água a gás tipo acumulação - Terminologia.*

ASSOCIAÇÃO BRASILEIRA DE NORMAS TÉCNICAS. NBR 10152:2017 - *Acústica - Níveis de pressão sonora em ambientes internos a edificações.*

ASSOCIAÇÃO BRASILEIRA DE NORMAS TÉCNICAS. NBR 14799:2018 - *Reservatório com corpo em polietileno, com tampa em polietileno ou em polipropileno, para água potável de volume nominal até 3 000 L (inclusive) - Requisitos e métodos de ensaio.*

ASSOCIAÇÃO BRASILEIRA DE NORMAS TÉCNICAS. NBR 14800:2018b - *Reservatório com corpo em polietileno, com tampa em polietileno ou em polipropileno, para água potável de volume nominal até 3 000 L (inclusive) - Transporte, manuseio, instalação, operação, manutenção e limpeza.*

ASSOCIAÇÃO BRASILEIRA DE NORMAS TÉCNICAS. NBR 15527:2019 - *Água de chuva - aproveitamento de coberturas em áreas urbanas para fins não potáveis.*

ASSOCIAÇÃO BRASILEIRA DE NORMAS TÉCNICAS. NBR 12214:2020 - *Projeto de estação de bombeamento ou de estação elevatória de água - Requisitos.*

ASSOCIAÇÃO BRASILEIRA DE NORMAS TÉCNICAS. NBR 5626:2020 - *Sistemas prediais de água fria e água quente - Projeto, execução, operação e manutenção.*

ASSOCIAÇÃO BRASILEIRA DE NORMAS TÉCNICAS. NBR 13103:2020 - *Instalação de aparelhos a gás: requisitos.*

ASSOCIAÇÃO BRASILEIRA DE NORMAS TÉCNICAS. NBR 15569:2020 – *Sistema de aquecimento solar de água em circuito direto – Requisitos de projeto e instalação.*

ASSOCIAÇÃO BRASILEIRA DE NORMAS TÉCNICAS. NBR 16747:2020 – *Inspeção predial - Diretrizes, conceitos, terminologia e procedimentos.*

ASSOCIAÇÃO BRASILEIRA DE NORMAS TÉCNICAS. NBR 5626:2020 – *Sistemas prediais de água fria e água quente – Projeto, execução, operação e manutenção.*

CALLÉ, A. *Quem é o responsável pelo reparo na coluna, prumada, tubulação e vazamentos no Condomínio?* Disponível em https://calleadv.jusbrasil.com.br/artigos/310785937/quem-e-o-responsavel-pelo-reparo-na-coluna-prumada-tubulacao-e-vazamentos-no-condominio . Acesso em 8 fev. 2022.

COMPANHIA DE SANEAMENTO BÁSICO DO ESTADO DE SÃO PAULO. *Pesquisa de vazamentos.* São Paulo, ago. 1992.

BRASIL. Lei 8.078, de 11 de setembro de 1990. Estabelece o Código de Defesa do Consumidor. Diário Oficial da República Federativa do Brasil. Brasília – DF, 11 set. 1990. Seção IV – Das práticas abusivas, artigo 39; artigo 50.

CARVALHO JR., R. *Instalações hidráulicas e o projeto de arquitetura.* 14. ed. São Paulo: Blucher, 2023.

CARVALHO JR., R. *Sistemas prediais hidráulicos e sanitários*: princípios básicos para elaboração de projetos. 4. ed. São Paulo: Blucher, 2024.

CHAMA NETO, Pedro Jorge. *Avaliação de desempenho de tubos de concreto com fibras de aço.* Dissertação (Mestrado). Escola Politécnica da Universidade de São Paulo. São Paulo, 2002.

CHAMA NETO, Pedro Jorge; Relvas, Fernando José. Avaliação comparativa de desempenho entre tubos rígidos e flexíveis para utilização em obras de drenagem de águas pluviais. *Boletim Técnico ABTC/ABCP*, São Paulo, 2003.

CIOCCHI, Luiz. Para utilizar água de chuva em edificações. *Téchne*, São Paulo, Pini, n. 72, p. 58-60, mar. 2003.

COSTA, Danilo. Com todo o respeito, aproveite a natureza. *Arquitetura & Construção*, Abril, São Paulo, p. 74-77, nov. 2004.

CREA/SP. *Código de proteção e defesa do consumidor: Lei nº 8.078 de 11.09.1990.* Manual do profissional.

CREDER, Hélio. *Instalações hidráulicas e sanitárias.* 6. ed. Rio de Janeiro, Livros Técnicos e Científicos Editoria Ltda., 2018.

CUMULUS. *Aquecedores a gás de acumulação* – manual de uso e instalação, 1995.

DECA. Catálogos de produtos. Disponível em: <https://www.deca.com.br/produtos/>. Acesso em: 21 abr. 2018.

DOCOL. Catálogos de produtos. Disponível em: <https://www.docol.com.br/pt/produto>. Acesso em: 21 abr. 2018.

ELUMA. Catálogos de produtos. Disponível em: <https://www.aecweb.com.br/emp/p/eluma_1480_1>. Acesso em: 21 abr. 2018.

FABRICIO, M. M.; Melhado, S.B. *Por um processo de projeto simultâneo.* In: II Workshop Nacional: Gestão do processo de projeto na construção de edifícios. *Anais*, PUC/RS - UFSM - EESC/USP, Porto Alegre, 2002. CD-ROM (publicação e apresentação do artigo).

FABRIMAR. Instrução para Instalação de produtos. *Torneira eletrônica de banca acquamagic.* Rio de janeiro, fev. 1997.

FONSECA, Roberto. Vício construtivo e defeito: entenda a diferença. 11 jan. 2021. Disponível em: https://robertofonsecaadvogado.com.br/vicio-construtivo-e-defeito-entenda-a-diferenca/#:~:text=Os%20defeitos%20construtivos%20t%C3%AAm%20prazo,27%2C%20CDC). Acesso em 25 jan. 2023.

GNIPPER, S. F. Especificações recomendadas para a contratação de projetos de instalações hidráulicas. In: 58º Encontro Nacional da Construção. *Anais*, 29-30 ago. 1993, Belém.

GNIPPER, S. F. Patologias mais frequentes em sistemas hidráulico-sanitários e de gás combustível de edifícios residenciais em Curitiba. In: X Simpósio Nacional de Sistemas Prediais. *Anais*, São Carlos. 29-30 ago. 2007.

GNIPPER, S. F. Qual a durabilidade do encanamento de um edifício? Qual o melhor material para as tubulações hidráulicas? Instituto Brasileiro de Arquitetura. *Fórum da Construção.* Disponível em: <http://www.forumdaconstrucao.com.br/conteudo.php?a=27&Cod=103>. Acesso em: 4 dez. 2012.

GNIPPER, S. F. *Soluções para evitar retorno de espuma nas instalações hidráulicas da A.S.* 10 out. 2010. Disponível em: <http://consultoriaeanalise.com/2010/10/solucoes-para-evitar-retorno-de-espuma-nas-instalações-hidráulicas-da.htm>. Acesso em: 28 nov. 2012.

GNIPPER, S. F. *Projeto hidráulico, ou a busca da excelência.* Disponível em https://www.aecweb.com.br/revista/materias/projeto-hidraulico-ou-a-busca-da-excelencia/1826 . Acesso em: 07 fev. 2022.

GONÇALVES, Orestes Marraccini. In: Prado, Racine Tadeu de Araújo (org.). *Execução e manutenção de sistemas hidráulicos prediais.* São Paulo, Pini, 2000.

IBAPE-SP/CREA-SP. *Manal do proprietário: a saúde dos edifícios.* São Paulo, 1998.

ILHA, M. S. O. *A investigação patológica na melhoria dos sistemas prediais hidráulico-sanitários.* Hydro, Aranda, São Paulo, ano 30, n. 30, p.60-65, abr. 2009. Ilha, M. S. O. *Qualidade dos sistemas hidráulicos prediais.* São Paulo, 1993. 50 p. Texto Técnico TT/PCC/07. Departamento de Engenharia de Construção Civil, Escola Politécnica da Universidade de São Paulo.

IUNES, Marcelo Costa. *Instalações e patologias*. In: CURSO DE INSTALAÇÕES HIDRÁULICAS, 2012. São Paulo: TIGRE, 2012.

LEAL, Ubiratan. Ruídos em tubulações podem ter várias causas. *Téchne*, São Paulo, Pini, n. 72, p. 48-51, mar. 2004.

LICHTENSTEIN, N. B. *Patologia das construções: procedimentos para formulação do diagnóstico de falhas e definição de conduta adequada à recuperação de edificações*. Dissertação (Mestrado), Escola Politécnica, Universidade de São Paulo, São Paulo, 1985.

LORENZI, L. S. *Análise Crítica e Proposições de Avanço nas Metodologias de Ensaios Experimentais de Desempenho à Luz da ABNT NBR 15575 (2013) para Edificações Habitacionais de Interesse Social Térreas*. 2013. Tese (Doutorado em Engenharia Civil) – Universidade Federal do Rio Grande do Sul, Porto Alegre, 2013.

MACINTYRE, Joseph Archibald. *Manual de instalações hidráulicas e sanitárias*. Rio de Janeiro, Guanabara, 1990.

MANUAL DE INSTALAÇÃO DE TUBULAÇÕES ENTERRADAS DE PRFV. Joplas Industrial Ltda.

MARTINHO, Edson; Aguiar, João Guilherme. *Instalações de cobre para condução de água quente*. PiniWeb, São Paulo, 1º out. 2003. Disponível em: <http://www.piniweb.com.br/construcao/noticias/instalacoes-de-cobre-para-conducao-de-agua-quente.htm>. Acesso em: 18 nov. 2012.

MARTINS, M. S.; Hernandes, A. T.; Amorim, S. V. Ferramentas para melhoria do processo de execução dos sistemas hidráulicos prediais. In: III Simpósio Brasileiro de Gestão e Economia da Construção, *Anais*, p. 16-19, set. 2003, São Carlos, 2003.

MAWAKDIYE, Alberto. A fonte secou. *Téchne*, Pini, São Paulo, n. 21, p. 14-17, jan./fev. 1996.

MELO, Vanderley de Oliveira; Azevedo Netto, José M. *Instalações prediais hidráulico-sanitárias*. São Paulo, Blucher, 1988.

MIKALDO JÚNIOR, Jorge; GNIPPER, Sérgio. *Patologias frequentes em sistemas prediais hidráulico-sanitários e de gás combustíveis decorrentes de falhas no processo de produção do projeto*. In: VII Workshop Brasileiro de Gestão do Processo de Projetos na Construção de Edifícios. Curitiba, PR, 2007.

MORAES, Anderson. *As causas das patologias de sistemas hidráulicos*. Disponível em: http://www.engenharia e arquitetura.com.br/noticias/568/As-causas-das-patologias-de-s....htm>. Acesso em: 14 out. 2012.

NAKAMURA, Juliana. Cada coisa em seu lugar. *Techné*, São Paulo, Pini, n. 156, p. 30-32, mar. 2010.

NAKAMURA, Juliana. "Check-up predial". *Téchne*, São Paulo, Pini, n. 184, p. 44-51, jul. 2012.

OKAMOTO, P. S. Os impactos da norma brasileira de desempenho sobre o processo de projeto de edificações residenciais. 2015. 160 f. Dissertação (Mestrado em Ciências) Escola Politécnica da Universidade de São Paulo, São Paulo, 2015.

OKAMOTO, P. S.; MELHADO; S. B. A Norma Brasileira de Desempenho e o Processo de Projeto de Empreendimentos Residenciais, In: Encontro Nacional de Tecnologia do Ambiente Construído. Anais... Maceió, 2014.

ORNSTEIN, S.; Roméro, M. (colaborador). *Avaliação pós-ocupação (APO) do ambiente construído.* São Paulo, Studio Nobel, Edusp, 1992.

PETRECHE, J. R. D. *Reflexão sobre metodologias de projeto arquitetônico. Ambiente Construído*, Porto Alegre, v. 6, n. 2, p. 7-19, abr./jun. 2006.

RAMOS, HÉLDER DOS REIS. *Manutenção de sistemas hidráulicos prediais*: manual de intervenção preventiva. 2010. Dissertação (Mestrado em Engenharia Civil) - Universidade do Porto, Porto, 2010.

ROCHA, Hildebrando Fernandes. Importância da manutenção predial preventiva. Holos, ano 23, v. 2. 2007.

SOUZA, Marcos Ferreira de. *Patologias ocasionadas pela umidade nas edificações.* Monografia apresentada para obtenção do título de Especialista em construção civil. UFMG. Belo Horizonte, UFMG, 2008.

THOMAZ, E. Tecnologia, gerenciamento e qualidade na construção. São Paulo, Pini, 2000.

TIGRE. *Catálogo de produtos.*

TOZAK, A; et al. *Manual técnico de manutenção e recuperação.* FDE. Diretoria de Obras e Serviços. São Paulo, 1990.

VERÇOZA, E. J. *Patologia das Edificações.* Porto Alegre, Editora Sagra, 1991.

GRÁFICA PAYM
Tel. [11] 4392-3344
paym@graficapaym.com.br